Das Social Intranet

Zusammenarbeit fördern und Kommunikation stärken – mit Social Intranets mobil und in der Cloud wirksam sein

Buchrezensionen

“Dieses Buch passt prima zu unserem Intranet-Projekt. Ich habe unsere Organisation in vielen Beispielen wiedergefunden und kann viel direkt umsetzen. Bravo.” (Frank Herforth)

“So hatte ich mir den Sonntag nicht vorgestellt - nun bin ich nach etwas mehr als 6 Stunden einmal ‘durch’, daher ziemlich ‘fertig’, aber auch sehr angetan von Deinem Werk! Du hast eine Menge an Erfahrung hineingesteckt, die sehr hilfreich ist. Vielen Dank für die Vorab-Lese-Möglichkeit. Den Appell, potentielle Systeme vorab ausgiebig zu testen, werde ich morgen einmal mit unserer Projektleiterin diskutieren.” (C. B. von einer großen deutschen Versicherung)

“Vielen Dank für die Möglichkeit dieses wunderbare Buch vorab lesen zu dürfen! Für mich, der vor gut 2 Jahren ein Linchpin-Intranet im Unternehmen mit einführen durfte, gab es unzählige Inspirationen und Gedankenanstöße. Viele der angesprochenen Punkte konnte ich nachvollziehen und Dir zustimmen. Spannend, das eigene Projekt im Kontext dieses Buches zu bewerten, gedanklich Revue passieren zu lassen und trotzdem neue Ansätze zur Weiterentwicklung zu erfahren! Denn bis zu einer so extensiven Nutzung und tiefen Integration in den Arbeitsalltag wie bei euch, wird es bei uns noch eine Weile dauern. Das Projekt Intranet ist NIE abgeschlossen ;-) Besonders hervorheben möchte ich deinen Vergleich mit den Steinen (Spezial-Softwarelösungen) und dem Sand (Intranet) - sollte man sich immer wieder vor Augen führen.

Zudem ein sehr angenehmer erfrischender Schreibstil. Danke!"
(Marcel Neufert, IPROconsult GmbH)

Bitte helfen Sie mir mit Ihrer Buchrezension. Sie können diese einfach und schnell über https://seibert.biz/intranetbuchrezension oder natürlich über Portale wie Amazon einreichen.

Inhaltsverzeichnis

Über das Buch

Warum sich dieses Buch für Sie lohnt

Einer unserer Kunden von einer großen deutschen Versicherung hat mich vorab um Zugriff auf dieses Manuskript gebeten. Danach schrieb er mir:

So hatte ich mir den Sonntag nicht vorgestellt – nun bin ich nach etwas mehr als 6 Stunden einmal "durch", daher ziemlich "fertig", aber auch sehr angetan von Deinem Werk! Du hast eine Menge an Erfahrung hereingesteckt, die sehr hilfreich ist.

Es geht mir hier erst einmal um die sechs Stunden. Ich selbst bin kein besonders schneller Leser und für den vorliegenden Buchtext würde ich länger als sechs Stunden brauchen. Aber auch falls Sie deutlich schneller sind, ist es eine Menge Zeit, die Sie investieren, wenn Sie dieses Buch lesen. Da möchten Sie doch einigermaßen sicher sein, dass sich das lohnt, oder? Es gibt sicherlich genügend andere Dinge, zu denen Sie eh schon viel zu selten kommen. Deshalb will ich Ihnen vorab zeigen, was das Buch Ihnen und Ihrer Organisation anbietet. Anschließend schildere ich ein paar Umstände, unter denen es Ihnen wohl nicht helfen wird.

Ganz allgemein ist Wissen etwas Unbezahlbares. Mit losen Behauptungen und einer guten Portion Selbstbewusstsein kommt man einigermaßen durch. In Ausnahmefällen kann man es auch zum amerikanischen Präsidenten oder zum englischen

Premierminister bringen. Aber zur allgemeingültigen Taktik würde ich es eher nicht erheben wollen.

Wenn Sie über Intranets mehr wissen als Ihre Kollegen, ist das unbezahlbar. Sie tappen in weniger vermeidbare Fettnäpfchen und können mit jedem schlauen Zug immer mehr Vertrauen des Projektteams einsammeln. Irgendwann werden Sie vielleicht zum situativen Führer des Projektteams – und zwar nicht als derjenige, der die Macht hat, sondern als der, dem das Vertrauen zugeschrieben wird.

Je erfolgreicher Ihr Intranet-Projekt ist, desto weiter steigt Ihr Ansehen in der eigenen Organisation. Ansehen bedeutet hier zunächst mal, dass die Kollegen schlicht wahrnehmen, wer Sie sind und was sie tun. Eine Garantie dafür gibt es nicht, doch ich wünsche Ihnen, dass in Ihrer Organisation alle im Team, die etwas Relevantes leisten, anschließend gesehen und gewürdigt werden.

Ein Intranet-Projekt hat etwas, das über jeden Zweifel erhaben ist: Es ist schlicht unausweichlich. Das Problem ist omnipräsent. Wir ersaufen im Abstimmungsaufwand mit seinen Meetings und E-Mails. Und gleichzeitig müssen wir die Art und Weise, wie wir Transparenz, Abstimmung und Entscheidungsfähigkeit herstellen, grundlegend neu denken. Das ist eine Mammutaufgabe. Und die Einführung eines modernen Social Intranets ist ein verdammt komplexes Vorhaben. Wer also nach einem "Quick Win" sucht, dürfte hier falsch sein. Aber wenn Sie frei nach Steve Jobs "eine Delle ins Universum schlagen wollen", sind Sie hier richtig.

Ich sehe täglich, wie schwer es ist, in diesem Dschungel aus Veränderungsresistenz, verkrusteten Strukturen, veralteten Abläufen, miesen Tools, nutzlosen Meetings und verrückt handelnden Kollegen ein produktives Vorankommen auch nur im Ansatz zu erspüren. Und trotzdem liegt alles vor Ihnen. Es gibt die Theorie. Und es gibt die Werkzeuge und Methoden. Man muss einfach nur machen.

Gott bewahre, natürlich geht das nicht in zwei Wochen. Ein Intranet zu etablieren fühlt sich in der Praxis oft so an, als ob man einen Stonehenge-Riesenfindling mit einem winzigen Plastikschäufelchen umlegen soll. Täglich ein paar Sandkörner kriegt man schon weg. Aber monate- oder sogar jahrelang scheint sich nichts zu tun. Genau in dieser Phase scheitern die meisten Projekte, die eine fundamentale Transformation anstreben. Besonders dann, wenn das Ziel immaterielle Werte sind, fällt das Durchhalten besonders schwer.

Hinzu kommt, dass sich die Resistenz und die Ablehnung gegenüber organisatorischen Veränderungen in den letzten Jahren verstärkt haben. Es ist verrückt: Einerseits erkennen die Unternehmen langsam, aber sicher, dass ein "Weiter so!" zum Scheitern verurteilt ist. Und andererseits werden die Optimierungsversuche im Unternehmen immer operativer und taktischer.

Börsennotierte Organisationen, die auf den Shareholder-Value ausgerichtet sind, denken in Quartalen. Und am Ende können wir alle ja nur mit dem Geld arbeiten, das auf dem Konto liegt. Wer nun also erklären soll, wie ein Intranet diese liquiden Mittel konkret beeinflusst, muss schon etwas weiter ausholen. Und die ganzen

Kurzfristdenker und opportunistischen Selbstoptimierer – ja, in diese Kategorie können die Shareholder-Value-Jünger gleich mit hineingesteckt werden! – belächeln so ein langfristiges Projekt bestenfalls. Es kommt sogar vor, dass sie es bekämpfen oder unterminieren. Nicht schön, aber auch nicht unüblich.

Und während Sie mit dem Plastikschäufelchen in der Erde rings um den Findling herumkratzen, sitzen einige Businesskasper seelenruhig oben drauf und lachen sich ins Fäustchen. Der Stein bewegt sich nicht. Keinen Zentimeter. Das ist doch zum Verzweifeln, oder nicht?

Nicht wirklich. Denn wir wissen alle: Der Findling wird fallen, Plastikschäufelchen hin oder her. Wenn Sie sich für mehr Transparenz und Zusammenarbeit im Unternehmen einsetzen, dann graben Sie an genau der richtigen Stelle. Die Findlinge, die auf Intransparenz und politischer Agitation aufbauen, sind perfekt geeignet, um unterhöhlt und umgeworfen zu werden.

Nein, einfach wird es nicht. Und man wird Sie sogar bekämpfen. Aber die meisten Leute in Ihrer Organisation werden schon an Tag eins wissen, dass Sie für die richtige Sache arbeiten.

Man kann auch Karriere machen, ohne dass der Findling schon gefallen wäre. Und keiner sagt, dass Sie die Plastikschaufel nicht durch einen richtigen Spaten oder sogar einen Bagger ersetzen dürfen. Was nämlich auch klar ist: Wenn der Findling erstmal zu fallen beginnt, hält ihn keiner mehr auf. Wenn Sie den Tipping-Point (Malcolm Gladwell, siehe "Literaturempfehlungen") überschritten haben, setzt sich das wikibasierte Intranet gegen alle Widerstände durch. Ich bin kein großer Freund von archaischen und gewalttätigen Vergleichen, im Gegenteil: Ich entdecke zunehmend die Vorteile einer gewaltfreien Kommunikation und eines bewussten, nachhaltigen Kapitalismus. Aber der Findling fällt, und wer nicht aufpasst, wird darunter begraben.

Wenn Sie dieses Buch lesen, weil Sie das Gefühl haben, in einem Jammertal der einsamen Intranet-Erleuchteten zu wandern, werden Sie zwei Dinge mitnehmen:

1. Es ist der richtige Weg, in Ihrer Organisation mehr Transparenz und Zusammenarbeit mit Software zu etablieren – und zwar auch dann, wenn Sie das Gefühl haben, dass es zwar viele Lippenbekenntnisse, aber keine nachhaltige operative Unterstützung dafür gibt.
2. Es geht! Sie sind nicht abgehängt, auf dem Abstellgleis gelandet oder irgendwie zum Alien mutiert. Die Organisation ist ein System, das sich gegen so fundamentale Veränderung zu wehren weiß. Geben Sie nicht auf. Wenn Sie Ihre Zeit sinnvoll investieren wollen, müssen Sie Geduld und Beharrlichkeit mitbringen.

Dieses Buch soll Ihnen dabei helfen, Situationen, die Ihnen im Alltag begegnen, besser und schneller einordnen zu können: "Hm, das erinnert mich an ein Beispiel aus dem Text; vielleicht probiere ich das mal so aus, wie es der Seibert vorschlägt ..." Und natürlich können Sie mich anschreiben. Ich lerne gerne und freue mich, wenn

Sie mir Anhaltspunkte geben, wo meine Gedanken noch weiter tragen müssen.

Wann dieses Buch wenig Nutzen entfaltet

Am meisten dürften mich die Microsoft-Verfechter hassen. Ich mag die Software aus Redmond nicht besonders. Dieses Buch habe ich mit der Intention geschrieben, dass auch Menschen, die Intranets mit MS SharePoint betreiben, etwas davon haben sollen. Und ich behaupte, dass das auch der Fall ist. Aber falls Sie zu den Menschen gehören, die keine Kritik an Ihrem bevorzugten Software-Hersteller vertragen, dürfte der Text vermutlich ziemlich anstrengend für Sie werden.

Auch wenn Sie hier nach wissenschaftlichen Belegen, Studien und Quellen suchen oder wenn Sie eine Anleitung nach dem Prinzip "In zehn Schritten zum erfolgreichen Intranet" erwarten, werde ich Sie enttäuschen. Viel sinnvoller ist es, das Buch als eine Art Meinungsbild einer Einzelperson anzusehen. Ich habe es mehr oder weniger einfach runtergeschrieben. Das dürfte man am Schreibstil, aber eben auch an der Tiefe merken. "Weiß der das oder glaubt er es nur?" Ich gebe zu, dass das manchmal unklar bleiben wird.

Zumindest ist dieses Buch frei von bewusster Meinungsmache oder Werbung für unser Produkt, die nicht aus meiner tiefen Überzeugung heraus kommt. Wo es sinnvoll ist, nehme ich unsere Software selbst aufs Korn. Und wo ich sie als gutes Beispiel anbringe, können und sollten sich SharePoint-Fans einfach was abschauen.

Für wen das Buch besonders gut geeignet ist

Falls Sie bereits ein Social Intranet auf der Basis von Linchpin im Einsatz haben, passt das Buch für Sie vermutlich perfekt, weil Sie alles eins zu eins umsetzen und anwenden können. Auch, wenn Sie schon Erfahrungen mit Atlassian Confluence als Unternehmens-Wiki haben, werden Sie viele Beispiele und Tipps wohl mit erhöhtem Gewinn lesen können.

Für Intranet-Interessierte, die gerade dabei sind, sich über ein neues System Gedanken zu machen, oder die einsehen, dass eine bestehende Plattform nicht mehr den Anforderungen unserer Zeit gerecht wird, sollte dieses Buch ebenfalls genau passen, da es ihnen Orientierung bietet.

Entsprechend dürften Verfechter alternativer Lösungen teils mehr Wert in den Abschnitten über andere Funktionen und Anwendungsfälle sehen. Ich habe die Hoffnung, dass ihnen das Buch trotzdem hilft. Das Feedback, das mich bisher erreicht hat, legt nahe, dass viele Dinge auch dann interessant sein dürften, wenn Sie noch nichts mit dem Atlassian-Umfeld zu tun haben oder auch gar nichts damit zu tun haben wollen.

Falls Sie eine andere Intranet-Software einführen möchten oder schon aktiv einsetzen, gibt es ein paar Konzepte, die einfach anders sind. Ich glaube, dass der Vergleich gesund und nützlich ist. Zu wissen, was die anderen für spannend halten, kann sehr hilfreich sein, um die eigenen Bedürfnisse und Anwendungsfälle besser zu verstehen und möglicherweise sogar neue, bislang nicht bedachte Use-Cases zu identifizieren. Erweitern Sie Ihren Horizont!

Wenn Sie selbst eine Intranet-Software herstellen oder Intranet-Projekte vertreiben, dürften Sie besonders viel Nutzen aus dem Buch ziehen. Ich versuche, hier alles offenzulegen, was wir über Intranets wissen. Sie können diesen Text auch nutzen, um Ihre eigenen Erfahrungen mit unseren abzugleichen und vielleicht ein paar Annahmen im Hinblick auf den Markt zu validieren. Wäre ich ein Marktbegleiter von Linchpin, würde ich das Buch verschlingen!

Allen, die nach diesen ersten Passagen Lust zum Weiterlesen bekommen haben, wünsche ich viel Spaß und hilfreiche Erkenntnisse. Den anderen habe ich hoffentlich etwas Zeit eingespart. Nutzen Sie sie klug und sinnvoll!

Über den Autor

Gut, dass Sie hier sind. Sie möchten wahrscheinlich wissen, mit wem Sie es zu tun haben. Sie haben recht. Es ist ziemlich klug, sich über die Person zu informieren, mit deren Buch Sie sich beschäftigen wollen.

Ich bin Geschäftsführer eines Unternehmens in Wiesbaden. Wir verdienen unser Geld zum größten Teil mit unseren Software-Produkten wie Linchpin. Linchpin ist ein Social Intranet auf der Basis der Wiki-Software Atlassian Confluence. Das Unternehmen Seibert Media ist in Deutschland der größte Partner des australischen Unternehmens Atlassian und weltweit unter den Top 5. Wir sind zudem Google-Cloud-Partner. Wenn Sie in diesem Buch von mir eine Brandrede für Microsoft-Lösungen erhoffen, werden Sie vergeblich suchen. Ich habe mir beim Schreiben allerdings trotzdem Mühe gegeben, Ihnen ein guter Ratgeber und Gesprächspartner zu sein. Ich bin hier kein Verkäufer, der seine eigene Lösung über den grünen Klee lobt.

Natürlich bin ich überzeugt von unseren Produkten und ich kenne mich damit gut aus. Wir haben inzwischen weit über 500 Intranet-Projekte mit kleinen und riesengroßen Teams umgesetzt. Unser größter Kunde hat mehr als 270.000 Mitarbeiter. Das ist unser Geschäft. Im Jahr 2019 haben wir mit über 180 Mitarbeitern knapp 35 Millionen Euro Umsatz gemacht.

Ja, ich bin befangen. Und ja, das hier ist ein meinungsstarkes Buch, eine persönliche Darstellung. Es ist ganz sicher keine objektive wissenschaftliche Arbeit. Aber es ist mein Anspruch als Berater, Ihnen zu helfen. Dafür stehe ich persönlich ein – in diesem Buch und auch in meiner täglichen Arbeit. Seit der Gründung im Jahr 1996 leben wir das Prinzip, dass wir lieber Nein sagen, als einen schlechten Auftrag anzunehmen. Und wir teilen unser Wissen offen.

Ich glaube daran, dass man immer offen und ehrlich sprechen sollte, weil das Vertrauen aufbaut. Vertrauen ist die eine (unbezahlbare) Währung, die im Geschäftsleben voranbringt. Wenn Sie mir Ihre Meinung zu diesem Buch sagen wollen, dann schicken Sie mir doch eine E-Mail an mseibert@seibert-media.net oder senden mir eine Telegram-Nachricht via https://t.me/mseibert. Sie können unter https://seibert.biz/mseibert sogar einen Termin mit mir vereinbaren.

Dieses Buch ist im Jahr 2020 entstanden. Es ist klar, dass darin auch Dinge stehen, die bald veraltet sein werden. Ich gehe davon aus, dass wir in unregelmäßigen Abständen aktualisierte Versionen präsentieren können. Auf welchem Wege ich Ihr Feedback auch erhalten mag – ich werde Korrekturen vornehmen, wenn es sinnvoll ist!

Martin Seibert
Wiesbaden, im April 2020

Aus formalen Gründen hier noch ein Link zu unserem Impressum: https://seibert.biz/impressum

Vorwort

Dieses Buch ist ein langer Monolog. Gut, das haben Bücher so an sich: Jemand hat etwas geschrieben, und anschließend lesen Sie dieses Elaborat und folgen den Gedanken des Autors. Aber lassen Sie uns das doch mal auf eine persönlichere und auch behaglichere Ebene heben. Wie wär's, wenn wir uns folgende Situation vorstellen: Sie und ich sitzen irgendwo zusammen, vor uns stehen frisch gefüllte Gläser oder Kaffeetassen. Und wir unterhalten uns in aller Ruhe, ohne Zeitdruck. Das ist doch gleich viel entspannter und auch dialogischer, als wenn ich Ihnen hier oberlehrerhaft meine Sicht der Dinge vorkaue. Sie haben eine Frage? Immer raus damit! Sie möchten widersprechen? Gerne! Ich werde mich nach meinen Möglichkeiten bemühen, Ihre Zweifel aufzugreifen.

Natürlich wollen wir über Intranet-Themen plaudern – das interessiert Sie ebenso brennend wie mich. Zum Beispiel könnten wir darüber sprechen, welche Herausforderungen uns im Alltag der Unternehmenskommunikation begegnen. Es sind nämlich ausgewachsene Schlamassel, in denen viele Organisationen stecken: Ein nicht enden wollendes E-Mail-Chaos! Die Falle, sich den ganzen Tag lang mit Mails zu beschäftigen und am Ende doch das Gefühl zu haben, nichts erreicht zu haben. Ständige Meetings, die zu nichts führen. Telefonate, Messenger, Chats und andere Formate der Echtzeitkommunikation, die einfach nur nerven und überhaupt nicht wirksam sind!

Wir könnten außerdem über konkrete Anwendungsfälle reden und diskutieren, wie sich diese nachhaltig und sinnvoll mithilfe von

Software-Technologien umsetzen lassen. Klar, dabei müssen immer mal wieder Beispiele und Lösungen aus unserer Arbeitswelt zur Sprache kommen. Aber es geht nicht um die Produkte an sich. Es ist egal, welche Software wir nutzen.

Auch über die Tool-Landschaft in unseren Organisationen sollten wir uns austauschen. Ein Intranet hat seine Grenzen. Ein Gruppenchat ist kein Allheilmittel. Meetings brauchen Sie auch morgen noch. Natürlich werden Sie telefonieren. Und die E-Mail bleibt ein verdammt wichtiger Kommunikationskanal. Aber wenn Sie eine Landkarte für diese Kommunikationskanäle haben, wenn Sie sagen können, ob jemand für sein Anliegen und die Situation gerade den richtigen Kanal nutzt oder nicht, wird das Arbeitsleben leichter. Sie können sich sinnvoll einbringen. Dinge sind auffindbar und gut sortiert. Suchmaschinen spucken hilfreiche Treffer aus. Und die Zusammenarbeit gelingt besser. Die Arbeit wird zwar nicht weniger, und manchmal ist es immer noch stressig. Aber die Wirksamkeit steigt. Die Erfolge werden besser sichtbar. Die Transparenz nimmt enorm zu und die Mitarbeiter fühlen sich besser in die Projekte und in das Unternehmensgeschehen integriert.

Wir leben in einer Welt, in der die meisten (großen) Unternehmen eine riesige Bandbreite an Kommunikationsformaten anbieten. Und hier kommt es darauf an, wie wir die Kanäle verwenden. Hören wir damit auf, IT-Werkzeuge einfach kreuz und quer zu nutzen! Missbrauchen wir E-Mails, Meetings und Konferenzen nicht in Situationen, in denen sie keinen Nutzen bringen! Versuchen wir nicht ständig, mit Chats und Messengern ad hoc die Versäumnisse einer schlechten Organisation auszugleichen!

Ich möchte Ihnen dabei helfen, mehr Klarheit für Ihr Unternehmen zu bekommen – und wer weiß: Vielleicht ändern sich damit Verhaltensweisen in den Teams und in der Organisation. Wenn das passiert, sinkt der Stress. Es sind nicht mehr alle ständig mit Kommunikation beschäftigt. Die Wirksamkeit steigt. Das wünsche ich Ihnen.

Sie wollen Ideen aus dem Buch mit anderen teilen? Ja, das geht. Dieses Buch steht auch im öffentlichen Internet zum Teilen bereit.

Ich habe mir angewöhnt, morgens auf dem Hometrainer zehn Minuten zu lesen, um etwas Neues zu lernen. Ich kam darauf, weil mein Trainingsgerät eine Ablage hat, die so groß wie ein Buch oder eben ein Kindle ist. Ich benutze einen Amazon Kindle. Und da mache ich in guten Büchern oft Markierungen. Teilweise erlauben es die Autoren aber nicht, ihre Texte – auch keine Ausschnitte daraus – zu kopieren. Notgedrungen mache ich dann Screenshots, um Ideen mit Kollegen zu teilen. Als ich dieses Buch geschrieben habe, war mir schnell klar, dass ich das als Autor selbst anders haben will.

Jeder soll frei und ohne große Einschränkungen mit den Ideen, die ihm gut gefallen, weiterarbeiten können. Es soll unkompliziert sein, Ideen mit anderen zu teilen. Deshalb habe ich zwei wichtige Informationen für Sie als Leser:

1. Das gesamte Buch steht unter der Creative-Commons-4.0-Lizenz. Das bedeutet, dass Sie mich als Autor oder das Unternehmen Seibert Media nennen müssen.

2. Wenn Sie einen Inhalt nutzen wollen, müssen Sie eine (funktionierende) Verlinkung der Originalseite von //SEIBERT/MEDIA einfügen. Ansonsten können Sie den Text auch kommerziell gerne nutzen. Für unsere Kunden und Interessenten dürfte das jedenfalls unproblematisch sein.

Jedes Kapitel und damit auch das gesamte Buch steht öffentlich und ohne Beschränkung im Internet. Am Ende eines Kapitels gibt es immer einen Kurzlink, den Sie einfach kopieren und weitergeben können.

Der Link zum Teilen des vorangegangenen Vorworts im öffentlichen Internet ist zum Beispiel: https://seibert.biz/intranetbuchvorwort

Es ist nicht immer strikt ein Kapitel zu einem Link zusammengefasst, weil die Kapitel teils aus meiner Sicht zu kurz dafür waren und ich Sie nicht mit zu vielen Links nerven wollte. Trotzdem hoffe ich, dass diese kleinen Einschübe mit den Links für Sie nützlich sind.

Und noch etwas: Am Ende des Buchs habe ich zwei Partner-Gastbeiträge von Christoph Rauhut über digitale Kompetenz und von Adil Nasri über die Bedeutung von Vorlagen in Intranets eingefügt. Danke an die beiden!

Also: Sie sind hier. Ich bin hier. Lassen Sie uns über Intranets sprechen!

Der ganz normale Wahnsinn – E-Mails, Meetings und kein Ende

E-Mails sind gut für Benachrichtigungen. Aber sie werden auch für vieles missbraucht. Meetings können produktiv sein, oft sind sie einfach nur Zeitfresser. Genau da kann das Intranet ansetzen.

Hier, schauen Sie mal auf mein Notebook: Ich habe gerade unseren Weblog aufgerufen, in dem wir täglich Artikel veröffentlichen. Allein hier haben wir das Thema schon dutzendfach aufgegriffen. Jeder kennt es. Und wer vielleicht nicht selbst betroffen ist, kennt zumindest reichlich Leute, die sich darüber beklagen: E-Mails. Es sind zu viele. Es kostet zu viel Zeit, sie zu lesen und zu bearbeiten. Die Zeit, die wir damit verbringen, fühlt sich später nicht produktiv an. Wir sind erschöpft und haben trotzdem das dumpfe Gefühl, nichts "Großes" erledigt zu haben.

E-Mail-Chaos – omnipräsent, viel analysiert, ungelöst

Finden Sie es übertrieben, wenn ich die E-Mail als eines der potenziell giftigsten Elemente für die eigene Produktivität im Berufsleben bezeichne? Es gibt so gut wie keine Rolle in Unternehmen, in der das Bearbeiten von persönlichen Mails als "wichtigste Aufgabe" angesehen werden kann. Trotzdem starten Sie Ihren Arbeitstag mit dem Blick in Ihre Mails, oder?

Warum fühlen sich viele Leute verpflichtet, nach dem Urlaub als Erstes ihren hoffnungslos vollgestopften Posteingang durchzuarbeiten? Warum verbringen sie so viel Zeit am Tag damit? Warum füllen E-Mails auch noch die wenigen Lücken und Verschnaufpausen des Arbeitstags? Es soll Menschen geben, die sogar auf der Toilette in ihrem Handy den Posteingang durchsehen.

Weshalb ist das so? Der erste Grund: weil die E-Mail omnipräsent ist. Wenn Sie zu denjenigen gehören, die unterwegs auf dem Handy nicht auf ihre Mails zugreifen können, gehören Sie zu den letzten Mohikanern. Die E-Mail ist einfach immer verfügbar: am eigenen Computer, auf dem Smartphone. Der Abruf ist kinderleicht; er erfolgt im Hintergrund und man kann E-Mails selbst ohne Internetverbindung bearbeiten. Der digitale Brief ist als Technologie so elementar und einfach, dass wir sie ständig nutzen. Auch Ihr Intranet wird auf den Erfolg von E-Mails aufbauen und das Medium integrieren wollen. Jede gute Software im Unternehmen ist mit der E-Mail kompatibel oder verschickt welche.

Der zweite wesentliche Grund für den Erfolg der E-Mail ist unsere Neugierde. E-Mails sind ziemlich gut personalisierte Newsportale in Ihrem Intranet. Sie sind wirklich nur für Sie. Irgendwer, und sei es auch nur ein Software-Prozess, hat Ihnen eine Mail geschickt. An Ihre Adresse. Das ist kein Zufall. Selbst Spammer schicken schon lange nicht mehr wahllos Mails, sondern senden sie an Ihre Mail-Adresse, weil sie diese irgendwoher bekommen haben. E-Mails sind relevant – und zwar so relevant wie sonst nur Messenger-Nachrichten. Aber das ist ein anderes Thema und im Unternehmen noch längst nicht so verbreitet.

Die E-Mail ist also erfolgreich, weil sie einfach verfügbar und persönlich ist. Als Intranet-Verantwortliche müssen wir das anerkennen. Wir sollten uns nicht dazu hinreißen lassen, leichtfertig die Eindämmung oder gar die Abschaffung von E-Mails durch das Intranet zu versprechen. Ich bin schon an zig Situationen beteiligt gewesen, in denen die E-Mail und ihre Bekämpfung die Grundlage für das Intranet-Budget war. Grenzwertig, aber nicht unüblich.

Heutzutage wird die E-Mail für die unterschiedlichsten Dinge missbraucht, die das Intranet besser kann. Ist das bei Ihnen auch so? Ja, habe ich mir gedacht. Aber in diesem Fall können Sie durchaus schon Versprechungen machen. Lassen Sie uns später noch mal darauf zurückkommen. Erinnern Sie mich daran?

Wichtig ist an dieser Stelle, dass Sie die Ambiguität der E-Mail wahrnehmen. Sie ist gut und böse gleichermaßen. Es kommt immer auf den Anwendungsfall an. E-Mails sind prima für reine Informationen, die keine Interaktion erfordern. Wenn die Aufgabe mit dem Lesen erledigt ist, gibt es auch heute kaum ein besseres Medium als die E-Mail. Auch noch gut sind Benachrichtigungen. Sie erfordern zwar meist eine Reaktion, die aber über eine Spezial-App – in unserem Fall das Intranet – abgewickelt werden kann.

Versprechen Sie also nicht, dass Sie mit einem Intranet die E-Mail in Ihrem Unternehmen abschaffen werden, sondern stellen Sie ein differenzierteres Szenario in Aussicht: "Wir sorgen dafür, dass wir alle weniger Zeit mit Mails verbringen müssen. Zusammenarbeitsprozesse bilden wir im Intranet ab. Wir eliminieren E-Mails dort, wo sie eh nur missbraucht werden, und wir nutzen sie in Kontexten, in denen sie stark sind. E-Mails werden zwar nicht weniger, aber ihr Charakter ändert sich, und das hat wiederum Einfluss auf den Umgang mit ihnen. Mail-Benachrichtigungen erhalten wir künftig auch aus dem Intranet. Aber die können alle in einem spezifischen Ordner landen. Und wer keine Zeit hat, schaut einfach ein paar Tage lang nicht rein."

Kurz gesagt: Mails sind gut für Informationen. Auch das Intranet nutzt die E-Mail für diese Zwecke. Aber das Medium wird im Arbeitsalltag vielfach missbraucht. Und da setzt ein gutes Intranet an.
Langfristig können wir unsere Zeit wirksamer und produktiver verwenden als für das Lesen, Beantworten und Verwalten von Mails.

Die Meeting-Hölle – ständig über alles reden ist auch keine Lösung

Ihr Arbeitstag umfasst neben der E-Mail noch weitere zeitaufwendige Kommunikationsarten. Überlegen Sie mal kurz: Mit welchem Format haben Sie (neben der Mail) in der letzten Woche die meiste Zeit verbracht? Aha, Meetings – das habe ich mir gedacht.

Wer etwas erledigen will, macht ein Meeting und rettet sich mit anderen in den "Fokuszwang der synchronen Zusammenkunft", der für ein persönliches Treffen in der Regel charakteristisch ist. Sie können in einem Meeting nicht einfach Ihre Mails bearbeiten oder telefonieren oder Messenger benutzen – jedenfalls nicht, ohne andere Teilnehmer durch Ihr demonstratives Desinteresse zu irritieren oder gar zu verärgern, auch wenn das vielleicht nicht direkt ausgesprochen wird.

Wenn wir mit zwei oder drei Personen in einem Raum sitzen, um den nächsten Messeauftritt zu besprechen, müssen wir zwangsläufig mit ihnen daran arbeiten. Das können wir wohl als produktiv bezeichnen, weil die Ablenkungen sinken. Meist arbeiten in so einem Meeting aber nicht alle. In hierarchischen Unternehmen bestimmt vielleicht einfach der Chef, wo es langgeht. Doch zumindest beschäftigen sich alle mehr oder weniger nur mit einer Sache. Wenn sonst überall nur Ablenkung lauert, kann sich das schon fast gut anfühlen, nicht?

Link zum Teilen dieser Kapitel im öffentlichen Internet: https://seibert.biz/intranetbuchemailsundmeetings

Elefantenrunde oder High-Energy-Meeting?

Problematisch wird es, wenn die Meetings nicht mehr aus zwei oder drei Personen bestehen, sondern fünf, zehn oder noch mehr Leute am Tisch sitzen. Da wird vorsichtshalber mal jeder eingeladen, der irgendwie betroffen sein könnte. Man will ja keinem auf die Füße treten. Und anschließend sollen ja auch alle hinter der Entscheidung stehen. Also sprechen wir lieber eine Einladung zu viel als eine zu wenig aus. Ganz genau – das wollte ich auch gerade sagen: Es ist quasi ein Pendant zum klassischen E-Mail-CC, das meistens genauso unnötig ist.

Die Chefs bekommen auf diese Weise so viele Einladungen, dass sie jeden Tag mit 48 Stunden Meetings füllen könnten. Die Leute hechten von einem Meeting zum nächsten. Und wenn der Chef dann kommt, fängt die Besprechung noch mal von vorne an. Und eigentlich ist sie auch vorbei, wenn der Chef wieder geht. Aber wir sitzen trotzdem länger zusammen. Meetings enden eigentlich nie vorzeitig. Sie ziehen sich wie Kaugummi. Im Zweifel schweifen wir vom Thema ab und reden über Verwandtes oder Tagesaktuelles.

Aber am allerschlimmsten an diesen Elefantenrunden mit viel zu vielen Leuten ist, dass sie in der Regel überflüssig wie ein Kropf sind. Es kommt nur sehr selten zu einem hilfreichen Austausch. Die Energie im Raum ist höchstens bei einzelnen Personen hoch. Besondere Talente kommen nicht zum Tragen. Die Lauten behalten in solchen Settings eher die Oberhand.

Das hört sich für Sie ein bisschen überzeichnet an? Meine Erfahrungen und die vieler Kollegen sagen mir: Das gibt es häufiger, als es den Unternehmen lieb sein kann. Die Nettoproduktivität, die durch Meetings entsteht, dürfte in einigen Organisationen durchaus negativ sein.

Für die meisten Leute sind solche Situationen einfach nur nervig und frustrierend. Führungskräfte und Mitarbeiter hassen Meetings gleichermaßen. Da schließe ich mich ausdrücklich mit ein. Im Rahmen meiner Tätigkeit als Berater und "Verkäufer" habe ich Hunderte solcher Veranstaltungen erlebt. Oft genug bin ich mit Kopfschmerzen und einem Loch im Bauch aus den Meetings rausgekommen. Man vergisst zu trinken, etwas essen geht meist gar nicht, die Luft ist schlecht. In manchen Verkaufssituationen hätte ich vermutlich nicht mal ans Atmen gedacht; gut, dass es ein Reflex ist. Aber das ist wohl eine Spezialität meiner Arbeitsweise: Ich kann Meetings überhaupt nur aushalten, wenn ich viel Energie einbringe. Das ist aber gerade in Elefantenrunden nicht immer hilfreich und wirksam.

Meine Konsequenz daraus: Heute meide ich Meetings, wo immer ich kann. Das fällt mir leichter als manchen Kollegen, weil ich Geschäftsführer und Gesellschafter bin. Aber ich behaupte, dass wir in unserem Unternehmen eine Kultur aufgebaut haben, in der man auch überleben kann, wenn man nicht ständig an Besprechungen teilnimmt.

Man sieht mich also in Meetings nicht. Damit will ich nicht sagen, dass es bei uns keine Meetings gibt. Wir haben viele davon – und einige sind wahrscheinlich genauso zwecklos wie die, die ich oben beschrieben habe. Es gibt aber auch viele sinnvolle Treffen.

Eine Grundregel sollte darin bestehen, nur wenige Teilnehmer zu haben. Mit zwei bis drei Personen funktioniert es in der Regel auch ohne Vorbereitung ganz gut. Wenn die Gruppen größer sind, empfehle ich dringend Rituale und Disziplin.

Wenn 15 Menschen unvorbereitet 90 Minuten zu einer Besprechung mit dem Agendapunkt "Messeplanung" zusammenkommen, entstehen meist weniger Ergebnisse, als zwei oder drei Leute in 25 Minuten erarbeiten könnten.

Was das eigentlich mit einem digitalen Intranet zu tun hat? Berechtigte Frage! Es hat eine ganze Menge damit zu tun, denn das Fehlen eines ordentlichen Intranets und einer Kultur, die Dokumentation, Transparenz und Teilen fördert, erzeugt den ganzen Wahnsinn aus meiner Sicht erst.

Bei uns im Unternehmen werden Meetings im Vorfeld geplant. Wir legen eine Wiki-Seite im Intranet an und stellen dort die Agenda zusammen. Jeder Meetingteilnehmer ist eingeladen, dazu beizutragen und sich einzubringen. Themen können im Vorfeld ergänzt, verändert oder sogar erledigt werden. Unterlagen lassen sich mit wenigen Klicks direkt im Kontext hinterlegen.

In unserem Buch *Enterprise Wikis* (siehe "Literaturempfehlungen") haben wir noch dazu geraten, im eigentlichen Meeting dann gemeinsam an diesem Agendadokument weiterzuarbeiten. Technisch funktioniert das auch, weil moderne Lösungen gleichzeitiges Bearbeiten unterstützen. Wir machen das aber nicht mehr. Bestenfalls gibt es eine Person, die im Wiki protokolliert, während das Meeting läuft. Andere können im Nachhinein bei Bedarf beispielsweise Ergänzungen vornehmen.

Produktiv sind High-Energy-Meetings. So wird das bei uns zumindest genannt. Das klingt für Sie ein bisschen esoterisch? Naja, lassen Sie sich von der Bezeichnung nicht beirren. Es ist jedenfalls enorm praktisch. Die Idee dahinter ist einfach die, dass die Energie der Teilnehmer für das gerade behandelte Thema hoch sein soll. Mit Energie ist hier gemeint, dass Menschen sich aktiv und bewusst an einem persönlichen Treffen beteiligen und mitarbeiten. Was passiert, wenn die Energie niedrig ist, kennen Sie sicher: Man sackt in seinen Stuhl und schaltet gedanklich ab oder checkt vielleicht sogar E-Mails und Sofortnachrichten. Man ist eigentlich nur noch anwesend, aber nicht dabei.

Wer keine Energie für das Thema hat, soll bei uns gar nicht erst kommen oder dann gehen, wenn er seine Bedenken geäußert hat. Und das funktioniert auch gut, weil alles dokumentiert wird und transparent ist. Ich kann vorher sehen, worum es geht, und ich sehe danach, was besprochen wurde. Nur in den seltensten Fällen werden in unseren Meetings Beschlüsse gefasst.

Es kommt schon mal vor, dass ich die Richtung, die in einem Meeting anvisiert wird, ändern will. Dann stelle ich meine Ansicht dar und wir fangen an zu diskutieren. Oft entstehen aus diesem Konflikt heraus persönliche Einzelgespräche, bei denen mir die Kollegen darlegen, was sie sich gedacht haben. Wenn wir uns auf nichts einigen können, was nur sehr selten vorkommt, wird dafür ein weiteres Treffen vereinbart. Das mag ineffizient erscheinen. Aber im folgenden zweiten Meeting haben wir dann meistens alle wieder genug Energie, um unsere Ideen einzubringen und Lösungen zu finden.

Während ich das schreibe, merke ich, dass hier einige kulturelle Grundlagen mitschwingen, die bei uns gegeben sind: Was relevant ist, wird dokumentiert, und damit für alle im Unternehmen transparent gemacht. Entscheidungen werden nicht in Meetings getroffen. Und Entscheidungen sind nie endgültig, sondern haben Experimentcharakter; sie lassen sich ändern und korrigieren. Über diese kulturellen Grundlagen könnte ich Ihnen noch viel erzählen. Aber lassen Sie uns mal bei der Technologie, den Werkzeugen und ihrer Nutzung bleiben. Die organisatorischen Weichenstellungen können Sie bei Lars Vollmer, Niels Pfläging, Gerhard Wohland und vielen anderen besser nachlesen (siehe "Literaturempfehlungen").

Wenn Transparenz herrscht und in Meetings keine Entscheidungen getroffen werden oder diese Entscheidungen leicht revidierbar sind, dann ist es auf einmal auch möglich, Meetings fernzubleiben. Das führt dazu, dass es bei uns eben auch Meetings gibt, an denen nur sehr wenige oder manchmal sogar zu wenige Personen teilnehmen. Viele interessieren sich einfach nicht für die Thematik. Sie haben nicht genug Energie dafür und greifen lieber nur dann ein, wenn sie feststellen, dass irgendetwas aus dem Ruder läuft. Solange sich die Veränderungen im Rahmen meiner Wünsche bewegen, kann ich als Mitarbeiter ja auch die Kollegen einfach mal machen lassen.

Damit bin ich bei einer weiteren wichtigen Grundlage unserer Kultur: Bei uns trauen die Mitarbeiter und Teams einander zu, dass sie gute und sinnvolle Entscheidungen treffen. Und sie sind offen für Kritik und Veränderungen, auch wenn diese vermeintlich spät eingebracht werden. Die Realität zeigt mir jedenfalls ganz deutlich, dass die meisten Probleme in unserem Unternehmen von den direkt betroffenen Menschen viel systematischer, analytischer und nachhaltiger bearbeitet und gelöst werden, als ich das als Geschäftsführer mit meinem beschränkten Zeitkontingent könnte. Die Kollegen sind gut informiert, fühlen die Konsequenzen von Entscheidungen selbst, investieren mehr Zeit in die Entscheidungsvorbereitung und Abwägung und gleichen damit in den allermeisten Fällen locker aus, was ich ihnen vielleicht an Erfahrung voraus habe.

Es ist übrigens auch sehr zeitsparend, wenn ich mich als Führungskraft einfach zwischendurch auf einer Wiki-Seite schnell über das aktuelle Konzept, die Argumente und die geplanten Schritte informiere und feststelle, dass das alles gut passt und teilweise sogar besser ist, als ich es selbst erdenken könnte. Beim nächsten Treffen in der Kaffeeküche kann ich die Kollegin oder den Kollegen ansprechen, meine Zustimmung und Dankbarkeit für die Konzepte zum Ausdruck bringen – und mehr ist nicht nötig.

Kurzlink zu diesem Kapitel:
https://seibert.biz/intranetbuchelefantenrunde

Noch mehr Kontrolle oder lieber mehr Eigenverantwortung?

Warum sollten Sie in einem Meeting sitzen, wenn ein sinnvolles Ergebnis ohne Ihr Zutun zustande kommt? Haben Sie mal darüber nachgedacht, ob es theoretisch nicht sein könnte, dass die Resultate auch ohne Sie erreicht werden könnten?

Selbst wenn Sie in einem Unternehmen arbeiten, das komplett hierarchisch ist, kann dieser Gedanke ein Anlass sein, es mal mit mehr Transparenz zu versuchen. Dann bräuchte der Chef einfach nur noch ab und an zu "kontrollieren", was die Untergebenen so "treiben", und könnte deutlich mehr steuern – bei geringerem Zeitaufwand. Da zeigt sich übrigens auch, wie ein Intranet kulturell in beide Richtungen entwickelt werden kann. Intern sagen wir dazu "Daumenschrauben andrehen", wenn Zusammenarbeitssoftware nur genutzt wird, um die Kontrolle zu erhöhen. Empfehlenswert ist das nicht. Aber viele Wege führen nach Rom.

Transparenz ist der Schlüssel!

Ich halte Transparenz für absolut grundlegend, um eine vertrauensvolle Zusammenarbeit auf Augenhöhe herzustellen. Sie ist aber auch essenziell, um die maximale Kontrolle und Steuerung von einer zentralen Position aus zu etablieren. Wir nennen das, was manche Kunden sich mit unseren Systemen bauen, auch "Intranet 1.2". Also ein System, das zwischen der reinen Top-down-Kommunikation (Intranet 1.0) und der reinen Zusammenarbeitslösung (Intranet 2.0) liegt. Je nach aktueller politischer Gemengelage kann mehr Kontrolle oder mehr Freiheit eingebaut werden. Die Gemeinsamkeit ist aber immer, dass die Transparenz steigen muss, damit das funktioniert.

Auf die eine oder andere Art und Weise besteht mein Arbeitstag tatsächlich auch aus ziemlich viel Kontrolle. Ich lese sehr viel in unserem Intranet und auch in unserem Aufgabenverwaltungssystem Jira. Ich informiere mich darüber, was mit Konzepten passiert, in die ich mal eingebunden war, oder wie sich Aufgaben entwickeln, die ich mit "eingekippt" oder ersonnen habe. Ich bin nie auf Streifzug und schnüffele in anderer Leute Arbeit herum, die ich nicht verstehe. Das finde ich selbst langweilig. Und ich erlebe es auch von Kollegen nicht, dass plötzlich ein ganz Unbeteiligter "aus der Versenkung auftaucht und komische Fragen stellt".

Es kommt jedoch sehr wohl ab und zu vor, dass Menschen, die wir seit Wochen nicht mehr zur Sache "gesehen" haben, in digitalen Systemen mit Konzepten und Aufgaben interagieren. In 80 Prozent der Fälle handelt es sich dabei um Beiträge, die das Team gerne annimmt – zum Beispiel Tipps, Vorschläge, Anregungen oder einfach auch nur Lob. Ich beobachte jedoch auch, dass Leute Kritik, Vorbehalte, Bedenken oder sogar ein Veto vorbringen.

Wir haben die Erwartung, dass Teams solches Feedback berücksichtigen und bearbeiten. Ich weiß von unseren Kunden, dass nicht jede Unternehmenskultur offen und wertschätzend mit kritischen Rückmeldungen umgehen kann. Eine wichtige organisatorische Grundlage ist aus meiner Sicht, dass das Vergütungssystem keine Politik begünstigt. Am giftigsten sind individuelle oder operative Teamziele mit einer variablen Vergütung (oft als Zielvereinbarungen bezeichnet). Eine variable Vergütung ist gut, wenn sie auf Unternehmensebene und an alle Mitarbeiter ausgeschüttet wird. Bei uns werden zum Beispiel zwanzig Prozent des Gewinns an die Kollegen ausgezahlt.

Individuelle Zielvereinbarungen treiben in Unternehmen hingegen immer wieder skurrile Blüten und führen manchmal zu Situationen, in denen gerade offene Kritik nicht mehr willkommen ist. Der Grund dafür ist, dass Veränderungen möglicherweise die Zielerreichung aufhalten könnten. Wie fänden Sie es, wenn Kollegen ein Experiment absetzen wollen, dessen Durchführung und Erledigung mit Ihrem Gehalt zusammenhängt? Und wie objektiv könnten Sie die Lage beurteilen?

Diese Folgen von Zielvereinbarungen sind seit Jahrzehnten wissenschaftlich eindeutig belegt (siehe auch https://seibert.biz/danarielyonbonuses). Dass so viele Unternehmen heute noch auf dieses Mittel setzen, ist bedauerlich. Es ist aber nicht meine Aufgabe, das zu ändern. Auch hierzu können Sie unter anderem bei Lars Vollmer umfangreiche und pointierte Gedanken nachlesen.

Aber Hand aufs Herz: Wie sieht es konkret bei Ihnen aus? Haben Sie mit solchen giftigen Organisationsroutinen zu kämpfen? Dann ist es tatsächlich sinnvoller, keinen puren Intranet 2.0-Ansatz zu verfolgen, sondern ein paar Schritte zurückzugehen.

Ein Intranet ist ja nicht in Stein gemeißelt und nicht auf ewig unveränderbar. Vielleicht können Sie in einem Bereich, den Sie selbst steuern und beherrschen, ja mehr Freiheiten ermöglichen. Sie sollten sich aber darüber im Klaren sein, dass die Transparenz nicht "von selbst" zunimmt, wenn die Anreize es verhindern. Sie müssen dann deutlich mehr tun und sich zu Beginn auf andere Anwendungsfälle konzentrieren. Ich komme später darauf zurück und will Ihnen ein paar Ansätze an die Hand geben, um trotzdem erfolgreich arbeiten zu können.

Link zum Teilen dieser Kapitel im öffentlichen Internet: https://seibert.biz/intranetbuchtransparenz

Wie ich mich persönlich organisiere und mit dem Intranet interagiere

Ein Blick in meinen Arbeitsalltag: Welche Anwendungen nutze ich für welche Aufgaben und wie greifen sie ineinander?

Wir haben uns ja hier getroffen, um über ein Verständnis für Abläufe, über Organisation von Teams und über Anforderungen an Software zu diskutieren, richtig? Wenn es darum geht, wie ich mich selbst organisiere und mit dem Intranet interagiere, komme ich nicht daran vorbei, Produktnamen zu nennen.

Wenn wir uns in ein paar Monaten wieder unterhalten, ist es allerdings nicht unwahrscheinlich, dass sich meine persönliche Produktzusammenstellung bereits geändert hat. Trotzdem hilft es, mal ganz konkret zu werden. Ich werde mich aber auf die Abläufe konzentrieren.

Vorab sei gesagt, dass ich im Unternehmen eine kommunikative und verwaltende Rolle einnehme. Manche der New Worker würden mich vermutlich als einen dieser überflüssigen Manager ansehen. Wer mir günstiger gesinnt ist, bezeichnet mich vielleicht als "Servant Leader". Jedenfalls bin ich so ein BWLer, der über Geschäftsmodelle, Neukundenakquise, Marketing, Vertrieb und alle möglichen Formen der Zusammenarbeit in unserem Unternehmen nachdenkt. Die Gemengelage aus Anforderungen, Kommunikation und Verwaltung, die ich im Tagesgeschäft vorfinde, dürfte keineswegs selten sein.

Los geht der Tag mit einem Weckerklingeln. Ich bin ziemlich stolz darauf, dass ich es geschafft habe, das Handy aus dem Schlafzimmer zu verbannen. Also begebe ich mich nach dem Aufstehen direkt ins Arbeitszimmer und nehme das Smartphone von der Ladestation. Morgens sogleich mein Handy auf neue Informationen und Nachrichten zu checken, ist für mich relevant, weil wir Mitarbeiter, Partner und Kunden in den USA und über die Welt verteilt haben. Wenn ich schlafe, arbeiten diese Leute teilweise noch. Einen großen Teil meiner Ausgeglichenheit für den Tag beziehe ich dann aus der Gewissheit: Es ist nichts explodiert. Es brennt nichts. Es droht kein Unglück.

Um es offen zu sagen: Ich erinnere mich an keinen einzigen Fall, an dem über Nacht etwas so abgefackelt wäre, dass ich morgens aufgesprungen wäre und alles stehen und liegen gelassen hätte, um beim Löschen zu helfen. In zwanzig Jahren gab es vielleicht eine Handvoll Situationen, in denen mir wirklich mulmig wurde. Aber das waren retrospektiv betrachtet bestenfalls Schwelbrände. Und meine Beiträge waren in der Regel auch marginal. Es gibt bei uns ja Teams, die sich rund um die Uhr kümmern. Für alle Notfälle gibt es einen Zuständigen und einen Ablauf.

Trotzdem sehe ich morgens nach dem Rechten. Das mache ich, seit ich mich mit siebzehn Jahren selbstständig gemacht habe. Früher habe ich eben nicht aufs Smartphone geschaut, sondern mich vor den Computer gesetzt, um meine Mails durchzusehen. Das war auch kein großer Unterschied – nur dass von außen expliziter sichtbar ist, was man tut, weil man eben direkt an einem Rechner sitzt.

Es gibt also in aller Regel keinen Notfall. Spätestens nach zehn Minuten ist alles einmal durchgesehen und verschoben. Seit ein, zwei Jahren erlauben es die Programme, E-Mails einfach auf später zu verlegen. Anfangs wirkt das wie eine Aufschieberitis-Fördermaßnahme, ist für mich aber inzwischen sehr hilfreich, um Aufgaben zu priorisieren und zu planen.

Wie ich E-Mails nutze und vermeide

Eigentlich will ich meine Mails natürlich ganz weg und erledigt haben. Da arbeite ich recht strikt nach Getting Things Done (GTD) von David Allen (siehe "Literaturempfehlungen"). Kann ich diese E-Mail in zwei Minuten vollständig abschließen? Dann mache ich es gleich. Ansonsten wandern die Nachrichten in meine Aufgabensysteme. Ich habe tatsächlich zwei unterschiedliche Lösungen: ein privates und unser zentrales Jira-System, in dem alle Aufgaben unserer Mitarbeiter landen.

Mit Mails beschäftige ich mich aktuell vier- bis fünfmal pro Tag und versuche dabei, sie immer komplett zu erledigen. Verschieben zählt bei diesen schnellen Durchläufen auch. Schließlich will ich dabei nur sicherstellen, dass nichts explodiert. Ich glaube, dass man mit mehr Disziplin auch mit ein- bis zweimal Mails-Checken pro Tag auskommt. Aber dafür ist meine Neugierde aktuell noch zu groß.

Wichtig ist mir an dieser Stelle noch mal: Die E-Mail ist kein Arbeitsmedium. E-Mails haben keinen großen Wert. Sie informieren mich nur. Ich erhalte die allermeisten Mails eh aus unserem Linchpin-Intranet (Confluence-Basis) oder aus Agile Hive (Jira-Basis) – also von Systemen, nicht von Menschen. Ich schreibe so gut wie nie selbst E-Mails. Wenn ich doch mal Mails schreibe, sind es Antworten an Leute, mit denen ich bisher kein gemeinsames Zusammenarbeitssystem nutze. Ich kann ja nicht einfach jeden Interessenten direkt in unser Extranet scheuchen und ihm sagen, dass wir uns jetzt dort abstimmen. Ich kann auch nicht einfach jemanden X-Beliebigen über den Telegram-Messenger anschreiben, den ich heiß und innig liebe. Dafür sind Abstimmungs- und Vereinbarungsprozesse erforderlich. Die andere Person muss das natürlich ebenfalls wollen.

Interne Nachrichten: Wie ich digital auf dem Laufenden bleibe und Präsenz zeige

Zu meiner Routine gehört, die internen Nachrichten des Unternehmens zu lesen, sobald ich am Desktop-Rechner im Büro bin. Das sind unser Microblog (so etwas wie ein internes Facebook) mit kurzen und schnellen, oft auch lustigen Inhalten und unser News-Bereich im Intranet, in dem jeder im Unternehmen etwas "verkünden" kann. Das ist quasi die offizielle Postille in unserer Organisation. Wer im Intranet einen Blogbeitrag schreibt, hat etwas zu berichten, das alle oder jedenfalls sehr viele Kollegen tangiert oder interessiert. Das ist hochrelevant und wird nahezu von allen gelesen.

Über die Funktion dieser Inhalte oder Nachrichten "für alle" sollten wir uns nachher noch ein bisschen ausführlicher unterhalten. Gerade in großen Unternehmen ermöglicht eine personalisierte

Ausstrahlung, dass jeder gezielt diejenigen Leute erreichen kann, die er oder sie erreichen will. Wenn die Toilette im dritten Stockwerk defekt ist, ist das für die Betroffenen auf dieser Etage eindeutig relevant – für alle anderen jedoch gar nicht.

Ich lese also die internen Nachrichten und kurzen Updates. Oft verbringe ich damit auch mal zwanzig oder dreißig Minuten, weil ich sie kommentiere und mit Gefällt-mir-Markierungen versehe. Mir ist es als Führungskraft wichtig, dass ich Präsenz in unseren internen Systemen zeige. Ich glaube, dass mehr Oberfläche zur Reibung in digitalen Systemen für mich den Vorteil hat, dass ich über meine physische Zeit im Büro besser selbst verfügen kann. Wenn ich digital nicht so gut erreichbar wäre, würden vermutlich viel mehr Fragen analog und persönlich an mich herangetragen werden.

Ich bin ein großer Verfechter persönlicher Absprachen. Sie sind intensiver, verlässlicher, reichhaltiger und bieten einfach eine höherwertige Möglichkeit, über Aufgaben, über Pläne oder auch über Schlamassel zu sprechen. Unglücklicherweise ist die Zeit, die für synchrone Kommunikation zur Verfügung steht, stark begrenzt. Deshalb versuche ich es meist zunächst auf digitalem Wege. Und die wertvolle Zeit für die persönliche Abstimmung nutze ich dann für die Fälle, in denen es digital nicht klappt.

Sie haben das bestimmt auch schon erlebt: Man schreibt aneinander vorbei. Die Situation ist vertrackt, scheint fast unlösbar zu sein. Die Emotionen kochen hoch. Und kaum steht man sich Angesicht zu Angesicht gegenüber, ist ohne große Aufgeregtheit innerhalb von wenigen Minuten und ganz ruhig eine Lösung gefunden. Da fragt man sich oft: Warum überhaupt noch über diese ganzen digitalen Werkzeuge kommunizieren? Mit persönlicher Abstimmung geht doch alles viel besser!

Das Problem ist aber, dass man in einem modernen Unternehmen, das Freiheiten bietet, auch mal tagsüber mit den Kindern unterwegs sein oder etwas Privates erledigen kann und die Stunden dafür am Abend oder am Wochenende nachholt. Und anders als die Möglichkeit zur persönlichen Abstimmung besteht die Option der digitalen, asynchronen Kommunikation halt jederzeit. Die Nachrichten warten einfach auf die Adressaten. Und wer mit Leuten auf einem anderen Kontinent und in anderen Zeitzonen zusammenarbeitet, weiß, dass persönliche Kommunikation nun mal nicht immer möglich ist.

Ich schreibe und kommentiere also selbst viel. So wissen die Kollegen, dass ich mitlese und "da bin". Das funktioniert auch gut. Es kommt fast nie vor, dass Mitarbeiter zu mir kommen und mir etwas präsentieren wollen, um sich auf die Schulter klopfen zu lassen. Und auch bei anderen Führungskräften erlebe ich das kaum. Denn bei uns kann jeder seine Arbeitsergebnisse stolz digital präsentieren und erhält dann Rückmeldungen. Aufgrund der digitalen Distanz geht dabei immer wieder auch kritisches Feedback ein, doch das macht die positiven Rückmeldungen umso authentischer und wertvoller.

Link zum Teilen dieser Kapitel im öffentlichen Internet:
https://seibert.biz/intranetbuchemails

Mit Erwähnungen Ergebnisse voranbringen

Nachdem ich die Nachrichten bearbeitet und kommentiert habe, was nebenbei auch meine Neugierde befriedigt, wende ich mich den Erwähnungen (@-Mentions) aus unserem Aufgabensystem Jira mit der Agile-Hive-Erweiterung zu. Vermutlich ist es auch egal, welches System man verwendet. Moderne Aufgabenverwaltungen ermöglichen es, andere Nutzer per @-Mention zu erwähnen. Die angesprochenen Personen erhalten dann entweder in der Anwendung selbst oder per E-Mail eine entsprechende Nachricht. Jeder, der zu einer Aufgabe eine Frage hat oder denkt, dass ich etwas dazu beitragen kann oder dass ich informiert sein sollte, erwähnt mich.

Diese Nachrichten arbeite ich nun also ab und kommentiere sie. Hier sind die Kommentare nicht mehr nett und freundlich. Sie sind aufs Wesentliche beschränkt. Denn (und das erlebe ich auch bei unseren Kunden ab und zu) wenn man auf solche Erwähnungen nicht zuverlässig reagiert, bringt man den Mitarbeitern bei, sich mit ihren Anliegen doch lieber persönlich oder auf anderen Wegen, die deutlich mehr Zeit rauben, bei den Ansprechpartnern zu melden.

Wenn ich einmal denke, dass meine Kollegen mich zu oft erwähnt haben, melde ich ihnen das einfach in der Aufgabe zurück: "Ich habe noch nicht verstanden, warum diese Info für mich so wichtig ist, dass du mich erwähnt hast? Welche Rückmeldung oder Unterstützung brauchst du von mir?" Dann kann der betreffende Mitarbeiter meinem Verständnis auf die Sprünge helfen bzw. sein Anliegen konkreter beschreiben. Oder es einfach bleiben lassen. So kann ich jedenfalls recht einfach dafür sorgen, dass Erwähnungen tatsächlich nur zielgerichtet und aktionsorientiert (und nicht inflationär) genutzt werden.

Die Bearbeitung dieser Erwähnungen macht wohl einen Großteil meiner Kernarbeit im Unternehmen aus. Sie dauert jedenfalls immer ziemlich lange. Meist werde ich erwähnt, wenn die Kollegen auf meine Erfahrung oder meine Spezialkenntnisse zugreifen wollen. Manchmal möchten sie aber auch ihre Pläne oder ihre Analysen im Hinblick auf Alternativen und Entscheidungen validieren lassen. Das halte ich für unheimlich wertvoll.

Manchmal sind mir Aufgaben zu aufwendig oder ich habe einfach nicht genug Zeit oder Energie, um sie direkt zu lösen. Dann lege ich eine separate neue Aufgabe an, verknüpfe sie mit dem bestehenden Ticket und kündige in einem kurzen Kommentar an, mich gelegentlich eingehender darum zu kümmern.

Es klingt jetzt so, als wäre ich bei dieser Arbeit hauptsächlich in der Aufgabenverwaltungs-Software aktiv (also bei uns Jira). Das stimmt aber nicht. Da ich stark in Tätigkeitsbereiche wie Konzeption, Text, Oberflächen und grundsätzlich auch in die Kommunikation mit Kunden involviert bin, finden große Teile dieser Tätigkeit in unserem Linchpin-Intranet statt, wo wir alle textbasierten Anwendungsfälle bearbeiten.

Während dieser Arbeiten hüpfe ich ständig von einer Software in die nächste und wieder zurück. Das wird durch Verknüpfungen, Links und Integrationen erleichtert. Einige Intranet-Teams wollen das vermeiden und suchen nach der einen, einzigen, großen, alles beherrschenden und umfassenden Intranet-Lösung. Vergessen Sie diese Idee! Bei solchen Unterfangen kommt nach meiner Erfahrung nur Mist heraus. Die einzelnen Funktionen sind mittelmäßig. Und die natürliche und bessere zentrale Datenhaltung in einem System kann es nicht wettmachen. Auch dazu sollten wir uns später noch austauschen.

Aber bleiben wir bei meinem Arbeitsablauf und Arbeitstag. Wenn ich mit den Erwähnungen aus Jira und Confluence durch bin, habe ich meine Kernaufgabe erledigt. In der Regel nehme ich mir dann Zeit, um ein bisschen durchs Büro zu laufen und Kollegen persönlich zu treffen. Daraus entsteht noch mal eine andere Qualität an Interaktion – und nicht selten nehme ich ein paar Aufgaben mit zurück. Oft bringe ich unterschiedliche Aktivitäten zusammen oder weise auf bestehende Gedanken hin. Dafür nutze ich wiederum die @-Erwähnungen.

Den verbleibenden Rest des Arbeitstages (manchmal bleibt auch gar kein Rest) nutze ich zum Schreiben und um eigene Themen voranzutreiben. Das Schreiben ist schnell erklärt. Da ich bei uns im Marketing tätig bin, unterstütze ich die Produktion von Inhalten. Früher, als wir noch keine Teams in der Redaktion hatten, habe ich oft schnell und dreckig YouTube-Videos aufgezeichnet und veröffentlicht. Heute gibt es in diesen Bereichen Leute, die bessere Ergebnisse als ich erzielen. Also habe ich mein Wirken auf eher konzeptionelle Vorarbeiten verlagert.

Kurzlink zu diesem Kapitel:
https://seibert.biz/intranetbuchmentions

Wie ich meine Aufgaben verwalte – mein persönliches, digitales System

Für Sie ist ein Einblick in die Aufgabenverwaltung, die ich mir angewöhnt habe, bestimmt spannender als das Schreiben, stimmt's? Ich habe jahrelang daran herumgefeilt. Es ist nicht perfekt. Aber seit längerer Zeit habe ich an diesem Prozess auch nichts mehr verändert, was mich glauben lässt, dass er schon ziemlich reif ist.

Der Ablauf beginnt mit einer Idee für eine Aufgabe. Diese Ideen fliegen mir überall zu: in Gesprächen, unterwegs oder in der Dusche. Diese Situationen haben oft den gemeinsamen Nenner, dass ich gerade nicht an meinem Arbeitsplatz sitze und höchstens mein Smartphone oder sogar nur Zettel und Stift als Werkzeug habe.

Es muss also schnell gehen. Bei mir hat sich dafür Google Keep etabliert (Google-Notizen). Die Anwendung startet schnell und funktioniert auch bei schlechter oder ganz ohne Internetverbindung. Das ist mir wichtig. Doch es gibt zig geeignete Apps für Android und iOS, die dafür ebenfalls infrage kommen.

Anschließend räume ich meine Ideen und Notizen wieder aus Google Keep raus. Das ist für mich wirklich nur ein schneller Ablageort. Mein Ziel besteht darin, diesen Container möglichst immer leer zu haben.

Meine privaten Aufgaben landen von dort aus in Basecamp. Andere Leute nutzen dafür Trello. Beide Lösungen sind gut, schnell und einfach. Die geschäftlichen Aufgaben wandern erst mal eins zu eins in unser Jira-System und werden dort zu Vorgängen. Hier arbeite ich dann mit Filtern weiter daran. Der erste Filter heißt "Vet these issues", also "Schau dir diese Vorgänge mal an". Wenn ich das tue, sorge ich direkt dafür, dass alles, was nicht dringend ist, in den Status "on hold" geschoben wird. Hier definiere ich in der Regel einen automatischen Wiedervorlagetermin. Ähnlich wie bei den Mails schiebe ich die Aufgaben also zunächst einfach weg. Das ist zwar nicht besonders effizient, aber es hilft mir dabei, mich auf die wirklich wichtigen Sachen zu konzentrieren. Und viele Dinge, die ich monate- oder manchmal sogar jahrelang vor mir herschiebe, brauche ich schließlich gar nicht anzugehen.

Es bleibt übrig, was ich nicht verschieben kann. Von dieser Art Aufgaben gibt es immer wieder etwas: "Bereite das Meeting morgen vor" muss ich heute erledigen oder gar nicht. Denn wenn ich das Meeting morgen nicht heute vorbereite, findet es halt ohne Vorbereitung statt. Dann ist die Vorbereitungsaufgabe obsolet geworden. Um diese Aufgaben kümmere ich mich dann direkt. Manchmal bin ich auch mutig und bearbeite etwas bewusst nicht; dann informiere ich die anderen Beteiligten nur über die Entscheidung. Aber das geht natürlich nicht immer.

Glücklicherweise gibt es in meinem Flow nicht allzu viele Dinge, die so ungeplant reinkommen und nicht sauber priorisiert und eingeplant werden können. Denn im nächsten Schritt kommt die Priorisierung. Das ist eine komplexe Angelegenheit. Es soll Menschen geben, die mit A, B und C auskommen. Oder mit Zahlen von eins bis zehn. Ich gehöre nicht dazu. Und unsere Projektteams auch nicht. Irgendwann sammeln sich immer Unmengen von

Vorgängen in den wichtigsten Kategorien an und hängen ganz oben fest. Wenn letztlich alles gleich wichtig ist, verliert das System seinen Nutzen.

Eine bessere Methode, die wir inzwischen in vielen Teams anwenden, ist WSJF nach Donald G. Reinertsen (siehe "Literaturempfehlungen"). Diese Abkürzung steht für Weighted Shortest Job First und folgt einer ziemlich überzeugenden Logik: Wir starten am besten mit denjenigen kleinen Aufgaben, die uns sehr weit voranbringen. So können wir mit wenig Zeitaufwand die besten Fortschritte erzielen.

Die Effekte von WSJF will ich jetzt nicht ausführlich behandeln, weil das nur peripher mit Intranets zu tun hat. Nur so viel: Wir arbeiten (ähnlich wie im agilen Projektmanagement) an kleineren Aufgaben. Wir schließen häufiger Dinge ab. Wir werden systematisch dazu getrieben, große Pakete in kleinere Päckchen aufzuteilen, denn dadurch erhalten sie einen höheren WSJF-Wert.

Im zweiten Schritt vergebe ich also die WSJF-Werte für die folgenden vier Fragen: Entsteht durch die Nichtdurchführung ein Risiko oder entgeht uns eine Chance? Ist die Umsetzung mit einem Termin versehen und zeitkritisch? Wie hoch ist der Geschäftswert, wenn das erledigt ist? Wie hoch ist die Komplexität der Umsetzung? Die entsprechenden Schätzungen sind dimensionslos und erfolgen anhand der angepassten Fibonacci-Zahlen (1, 2, 3, 5, 8, 13, 20, 40, 100).

Der WSJF-Wert berechnet sich dann aus der Summe der ersten drei Zahlen geteilt durch die letzte Zahl. Das Ergebnis sind bei mir Werte zwischen null und 20, die durch die Nachkommastellen immer in eine konkrete Reihenfolge gebracht werden können. Das ist unglaublich entlastend. Natürlich ist die Vergabe weiterhin ziemlich willkürlich und leicht beeinflussbar. Aber im Großen und Ganzen passen die Priorisierungen für mich eigentlich immer. Es gehört zu meinem Wesen, dass ich mehr Ideen als Arbeitszeit habe. Da ist so eine Liste unheimlich hilfreich.

Wenn alle Prioritäten mit WSJF definiert sind, schaue ich auf meinen Filter "aktuelle Aufgaben". Das sind letztendlich alle offenen Aufgaben, die nicht "on hold" auf ein Wiedervorlagedatum warten. Von hier aus schiebe ich Aufgaben mit Wiedervorlage oft einfach wieder weg, bis die Liste übersichtlich wird.

Zugegeben: Mich trifft immer noch regelmäßig das Problem, dass ich mir viel mehr vornehme, als ich tatsächlich schaffe. Und meine Aufgabenpakete sind auch regelmäßig viel zu groß. Da muss ich mich mit WSJF noch besser konditionieren, um die Einzelschritte schön klein zu halten. Ich bin noch nicht hundertprozentig sicher, worin der beste Weg für die Bearbeitung der Aufgaben von "heute" besteht. (Dafür gibt es eigene Apps – und ich bin sicher, dass dies auch der Grund dafür ist, warum sich Filofax bis heute hält.) Aber dies ist der wichtigste Aspekt:

Es zählt ausschließlich das, was Menschen im Hier und Jetzt erledigen.

Wenn ein Intranet erfolgreich sein soll, muss es die Arbeit beeinflussen und verbessern, an der die Mitarbeiter heute sitzen.

Klar, man kann investieren. Aber irgendwann muss auch geerntet werden. Und das ist für eine Software eine Herausforderung. Nicht selten nervt sie so sehr, dass die Leute alle möglichen Umgehungsstrategien ersinnen und verfolgen. Wir erleben das in Confluence- und Linchpin-Intranets oft: Sobald die Mitarbeiter die Grundfunktionen verstanden haben, missbrauchen sie diese teils genauso wie die E-Mail. Es ist nicht gut, wenn Ihr Intranet als CRM- oder ERP-System herhalten muss oder Teile davon redundant dupliziert.

Zurück zu meiner Intranet-Nutzung heute. Ich gestehe, dass ich regelmäßig an der Herausforderung scheitere, genug Aufgaben per Wiedervorlage auf "später" zu verschieben. Im Ergebnis ist meine Liste für heute stets zu umfangreich und am Ende des Tages bleibt etwas übrig. Das fühlt sich nicht so gut an. Aber wenn ich diszipliniert bin, arbeite ich die Liste von oben in Richtung unten durch. Dann kommen zumindest die wichtigsten Sachen dran.

Wenn ich die kommende Woche, den Rest des Monats, das ganze Quartal oder den Rest des Jahres planen will, habe ich dafür eigene Filter angelegt. Wichtige Filter sind außerdem meine Gammellisten. Darin sortiere ich meine eigenen und die von mir angelegten, aber anderen Nutzern zugeordneten Vorgänge so, dass die gammeligsten ganz oben stehen. (Gammelig ist hier ein saloppter Begriff für ein weit zurückliegendes letztes Aktualisierungsdatum.) Das ist zugleich schrecklich und wirksam. Transparenz darüber zu bekommen, was alles nicht erledigt wird, ist sehr schmerzhaft. Das gilt besonders für große Unternehmen, in denen Transparenz für alle Mitarbeiter nie gelebte Realität gewesen ist.

Diese Listen mit alten Vorgängen gehe ich alle zwei bis drei Monate durch. Dabei finde ich oft Sachen, die inzwischen bereits abgeschlossen wurden, und manchmal auch Dinge, die einfach durch Abwarten und Aussitzen obsolet geworden sind. Aber es hilft mir auch dabei, kontinuierlich zu lernen.

Ja, Ihre Frage ist berechtigt: Gut und schön, aber was hat das ganze Aufgabenmanagement mit Ihrem Intranet-Projekt zu tun? Tja, die Antwort müssen Sie selbst finden. Im Rahmen Ihrer Intranet-Einführung sollten Sie darüber nachdenken, ob eine solche systematische und auch über eine große Anzahl von Mitarbeitern hinweg funktionierende Aufgabenverwaltung zu Ihrem Projekt gehört oder nicht. Denn ohne Zweifel ist eine solche Aufgabenverwaltung ein eigenes, großes Projekt mit seiner ganz eigenen Komplexität.

Die gerade angesprochene schmerzhafte Transparenz ist da nur der Anfang. Da gibt es auch noch den Betriebsrat, der Leistungsüberwachung wittert. Da müssen Sie sich auch noch mit agilen Projektmanagement-Methoden wie Scrum und Kanban beschäftigen – oder sogar mit agiler Skalierung über die gesamte Organisation hinweg (beispielsweise mit dem Scaled Agile Framework, SAFe). Die Welt des Projektmanagements birgt riesige Themenfelder, die in einigen Unternehmen, für die wir arbeiten, deutlich umfangreicher und detaillierter behandelt werden als Intranets.

Hüten Sie sich also davor, in Ihre 200 Kriterien lange Excel-Tabelle mit Ihren Anforderungen an ein Intranet einfach den Punkt 201 “Aufgabenverwaltung für alle Mitarbeiter” aufzunehmen! Ja, da lachen Sie, aber so etwas lesen wir öfter. Und das offenbart ein fundamentales Missverständnis dahingehend, was systematisches Aufgabenmanagement eigentlich bedeutet. (Mit solchen Anforderungschecklisten habe ich übrigens ein grundsätzliches Problem. Das sollten wir nachher noch im Detail diskutieren.)

Meine Aufgaben im Tagesablauf habe ich also sortiert, priorisiert und verschoben und bin gut aufgestellt, um nun die wichtigsten Dinge anzugehen, die in meiner Liste für heute übrig geblieben sind. Das klingt einfach. In der Realität ist es für mich und vermutlich auch für Sie so, dass die schnelle und unkomplizierte Abstimmung extrem wichtig und grundlegend ist.

In unserem Unternehmen bin ich jemand, der mehr Erfahrung als viele andere hat. Das wollen meine Kollegen nutzen. Und ich will ansprechbar sein – als Servant Leader, wie es im agilen Kontext heißt. Doch zugunsten einer besseren Verständlichkeit will ich an dieser Stelle mal auf die Komplexitätsbremse treten und so tun, als seien die Prozesse alle schön getrennt und nicht so furchtbar ineinander verwoben, dass man vor lauter Multitasking manchmal nicht mehr weiß, woran man jetzt eigentlich wirklich zuerst arbeiten sollte.

Kurzlink zu diesem Kapitel:
https://seibert.biz/intranetbuchaufgaben

Wie ich neue Konzepte anstoße

In der Realität gibt es allerdings Tage, die so hektisch sind, dass ich meine Aufgaben gar nicht sortieren und priorisieren kann. Dann ertappe ich mich dabei, wie ich nur noch reagiere und kommuniziere. Und die ganze schöne Systematik, die ich gerade beschrieben habe, findet nicht statt. Diese Szenarien lasse ich außen vor. Ich fange also an zu arbeiten. Ganz oben auf meiner Liste steht die Erstellung eines Konzepts für unser Contentmarketing. Das klappt gut und davon wollen wir mehr. Also soll das jetzt meine wichtigste Aufgabe des Tages sein.

Allerdings habe ich es hier mit einem großen Unterfangen zu tun. Viele Mitarbeiter, ganze Teams und unterschiedliche Disziplinen sind einzubinden. Und ich weiß schon, dass ich alter Hallodri nicht in der Lage sein werde, das am Ende auch umzusetzen. Ich brauche also einen Ort für meine Ideen (Konzept kann man das anfangs eh kaum nennen), der im Unternehmen offen zugänglich ist und an dem meine Kollegen teilnehmen können.

Damit scheidet ein Blatt Papier schon mal aus, das bestenfalls für die ersten zwanzig Minuten oder bei sehr konzentrierter Arbeit auch für die ersten zwei Stunden geeignet ist. Aber ich kriege in meinem Arbeitsalltag eh keine unterbrechungsfreien zwei Stunden geschenkt. Da fange ich mit Papier gar nicht erst an, denn mir ist auch bewusst, dass ich diese Notizen in diesem Leben nicht mehr digitalisiert bekomme. Besser sind für mich Werkzeuge, die ich in kurzen Intervallen, aber über längere Zeiträume hinweg nutzen kann, um Beiträge zu einem Thema zusammenzuführen.

In unserer Welt sind das Google Docs (das moderne Pendant zu Microsoft Word aus der Office-365-Suite) oder eben eine Wiki-Seite, die bei uns im Intranet erstellt wird, das auf Atlassian Confluence basiert. Beides hat Vorteile. Für ein langfristig angelegtes Konzept ist ein Wiki deutlich besser geeignet.

Aber gehen wir mal davon aus, dass ich gerade unterwegs bin. Ich habe nur mein Smartphone dabei und sitze im Bus. (Das kommt öfter vor, seit wir in der Firma ein Jobticket haben.) Dann schreibe ich die ersten Zeilen und Gedanken in ein Google Doc. Die mobile App ist cool und funktioniert auch ohne Internetverbindung. Sobald ich aber am Desktop-Rechner bin, kopiere ich den neuen Text in meine Wiki-Seite.

Warum ein Intranet so ein simples Google Doc aussticht, habe ich an anderer Stelle ausführlich behandelt. Ich schreibe Ihnen den Kurzlink mal auf: https://seibert.biz/wikiintranetvorgoogledocs.

Hier ist mir erst mal wichtig zu zeigen, wie divers meine Werkzeugnutzung ist: Die Aufgabe erstelle und verwalte ich in Jira. Den Text beginne ich in Google Docs. Am Rechner überführe ich den Text in eine Wiki-Seite in Confluence. Da haben wir schon drei unterschiedliche Werkzeuge, die für meinen digitalen Arbeitsplatz unverzichtbar sind, um mal ein anständiges Buzzword rauszuhauen. Hehe, ja, ich kann Ihnen auch gerne schnell einen Bingozettel zum Ankreuzen ausdrucken, wenn Sie mögen!

Jedenfalls sind diese drei Tools nur der Anfang. Insgesamt gibt es locker fünfzig unterschiedliche Software-Systeme, die ich bei uns brauche. Und Leute, die in größeren Unternehmen arbeiten, brauchen vermutlich noch mehr. Hören Sie also auf, nach der einen Lösung zu suchen, die alles kann. Das ist schlicht unerfüllbar und macht sehr unglücklich.

Aber zurück zu meinem Konzept, das jetzt auf der Wiki-Seite gelandet ist. Warum eine Wiki-Seite? Die Liste mit den Vorteilen ist lang. Aber fangen wir doch spaßeshalber mal mit den Vorurteilen an.

“Ein Wiki? Nee, brauchen wir nicht. Wir sind ein richtiges Unternehmen.” So ähnlich haben Kunden einem unserer Linchpin-Partner mal auf die Frage geantwortet, ob ein Intranet auf Wiki-Basis gewünscht sei. Eigentlich ist das eine sinnvolle und korrekte Frage. Denn auch wenn Atlassian seine Software Confluence gerne als “Team Collaboration Software” verkauft, so handelt es sich doch im Kern um ein Wiki. Okay, sagen wir “Enterprise Wiki”, um auf den Hauptanwendungszweck im Unternehmen hinzuweisen. Aber Wiki bleibt Wiki. Und das erinnert die Unternehmenslenker an Wikipedia.

Das ist doch dieses nicht steuerbare, dezentrale Wissenslexikon, das von ganz vielen Nerds und Tausenden Einzelpersonen geführt wird. Passt das zu unserer Firma? Keinesfalls! Es mag ja Unternehmen geben, die dezentral organisiert sind. Aber unseres gehört nicht dazu. Bei uns wird noch in weiten Teilen “angesagt, wo es lang geht”. Wir brauchen kein Wiki.

Das klang für mich lange total absurd. Aber inzwischen weiß ich, dass Leute in vielen Unternehmen genauso denken. Lassen Sie mich mal erklären, warum Sie genau dann, wenn Sie ein Unternehmen mit zentralen Führungsstrukturen haben, auf ein Wiki setzen sollten. Und ich will Ihnen zeigen, warum ein Wiki die Word-Dokumente in Office 365 oder die Google Docs schlägt. Dafür brauchen Sie übrigens nicht mal Confluence. Fast jedes andere Wiki tut's auch.

Kurzlink zu diesem Kapitel:
https://seibert.biz/intranetbuchkonzepte

Meine fünf besten Argumente für ein Wiki

1. Kontrolle und Transparenz

Wiki-Seiten schaffen eine gemeinschaftliche Eigentümerschaft durch Kontrolle und Transparenz.
Die Dokumente, die in Word und Google Docs entstehen, leben in der Regel nicht besonders lange. Man sagt auch, dass die "Persistenz" gering ist. Aber das ist nur das eine Problem. Viel kritischer ist die Tatsache, dass diese Dokumente theoretisch zwar Zusammenarbeitsmöglichkeiten bieten – doch in der Praxis bleiben sie ungenutzt. In einem durchschnittlichen Unternehmen sind an den allermeisten Dokumenten höchstens eine Handvoll Leute beteiligt; meist gibt es sogar nur einen einzigen Bearbeiter.

Wiki-Seiten funktionieren anders. "Wiki" oder "wikiwiki" ist Hawaiianisch und steht für "schnell". Mit einem Wiki können viele Leute schnelle Änderungen durchführen. Das ist beim Erstellen eines Dokuments oft noch gar nicht so wichtig, aber wenn es schließlich eine erste Version einer Wiki-Seite gibt, die anderen Leuten zugänglich ist, zahlen sich die Vorteile eines Wikis aus.

Wie schon gesagt, nutze ich in der Entstehungsphase einer neuen Idee oft Google Docs. Danach kopiere ich die erste Version des Dokuments immer ins Wiki. Wenn auf einer Wiki-Seite ein anderer Nutzer eine Änderung vornimmt, erhalte ich eine Nachricht nativ im System und per E-Mail.

Für diese Benachrichtigungs-Mails empfehle ich übrigens, sie in einen separaten Ordner leiten zu lassen, damit sie in stressigen Zeiten nicht den Blick auf Dringendes versperren. Denn das können bei einem aktiv genutzten System ziemlich viele Benachrichtigungen werden.

Es ändert also jemand etwas an meinem Wiki-Dokument. Das kann bei manchen Anwendern, die mit dem Wiki-Konzept noch nicht so vertraut sind, anfangs durchaus zu Irritationen führen: "Was erlaubt der sich? Pfuscht der etwa in meinem Dokument herum? Mir war gar nicht klar, dass er das überhaupt darf. Kann ich das unterbinden?"

Es spielt eigentlich keine Rolle, ob Sie das jetzt amüsant oder berechtigt finden. Wichtig ist, dass viele Mitarbeiter genau diese Gedanken haben. Darüber müssen Sie sich im Klaren sein. Denn es ist eine Sache, dass Sie selbst verstanden haben, dass ein Wiki für Texte sinnvoll ist. Eine komplett andere Sache ist es, ob Ihre Mitarbeiter und Kollegen das ebenso sehen. Wikis und ihre Nutzung müssen kollektiv erlernt werden. Wenn Sie keine Zeit oder Lust haben, das aktiv zu fördern, werden Sie kein aktives Wiki ernten können. Und dann verschwinden alle Dokumente früher oder später in der Versenkung.

Aber bleiben wir beim konkreten Nutzungsszenario: Jemand hat eine Änderung vorgenommen und ich bin darüber informiert worden. Ob ich nun zunächst skeptisch bin oder nicht – jedenfalls schaue ich mir das mal an. Und siehe da: Die Änderung ist sinnvoll. Da hat eine Kollegin einen zusätzlichen Aspekt beleuchtet, den ich als nicht so wichtig angesehen hatte, der aber wirklich gut ins Thema passt. Und nebenbei hat sie gleich noch ein paar Flüchtigkeitsfehler korrigiert. Ist das ein unwahrscheinliches Szenario? Nein, keineswegs.

Aber könnte es nicht auch vorkommen, dass jemand mein Dokument unterm Strich schlechter macht, als es vorher war? Das wäre doch richtig ärgerlich! Ja, theoretisch ist das schon möglich. Nur in der Realität habe ich das noch nie erlebt. Das liegt insbesondere daran, dass man sich einloggen muss, um Änderungen vorzunehmen. An jeder Änderung steht also mein Name. Wenn ich Quatsch mache, wird dieser Quatsch dokumentiert, und jeder kann das sehen. Der positive Effekt besteht darin, dass es in Unternehmens-Wikis keinen "Vandalismus" gibt. Die negative Folge ist, dass sich kaum jemand traut, überhaupt etwas zu schreiben.

Die gute Änderung, die ich gesehen habe, gibt mir (und in der gleichen Situation auch anderen Anwendern) ein ziemlich cooles Gefühl. Dieses Gefühl kann kaum eine andere Software so gut herstellen wie ein Wiki: “Ach komm! Die hat echt eine Änderung durchgeführt, die meinen Text verbessert hat. Hätte ich nicht gedacht.” Wenn man das einmal erlebt hat, kann man es noch als Ausnahme abtun. Aber nachdem es fünf- oder zehnmal passiert ist, weiß auch der Letzte: Zusammen erreichen wir bessere Texte. Das schafft nur ein Wiki.

Es ist nicht nur so, dass ein Wiki das Gefühl der gemeinsam geschaffenen Ergebnisse stärkt. Die Benachrichtigungen über Änderungen per E-Mail sind einfach und schnell zu konsumieren. Und diese Änderungen geben mir als Nutzer das Gefühl der Kontrolle. Ich habe das im Griff. Ich habe das Dokument geschrieben. Ich behalte es soweit unter Kontrolle. Und zwar ganz einfach und ohne viel Arbeit. Und gerade deshalb ist es nach einer gewissen Zeit auch kein Problem, wenn andere an meinem Dokument mitarbeiten.

2. Mehr Zusammenarbeit

Wiki-Seiten aktivieren Zusammenarbeit durch kleine und schnelle Änderungen. Normalerweise ist die Übergabe und die Zusammenarbeit an Dokumenten ein ziemlich aufwendiges Unterfangen. Wenn Sie noch mit Dateien arbeiten, wissen Sie, wie lästig es ist, wenn Leute Änderungen an unterschiedlichen Dateien vornehmen und Sie dann später versuchen, diese zu einer einzigen, aktuellen Version zusammenzufassen. Das ist einfach schrecklich, und niemand sollte sich mit so etwas herumplagen müssen!

Da sind Google Docs und MS Word im Rahmen von Office 365 wirklich eine Entlastung. Aber in der Realität entstehen in den weiterhin komplett isolierten Dokumenten trotzdem keine Horte der Zusammenarbeit. Dokumente werden erstellt, manchmal auch von mehreren Personen. Aber nach der Erstellung und ein paar Iterationen ist es dann auch vorbei.

In einem Wiki hingegen läuft es anders. Änderungen sind einfach und schnell durchgeführt. Jeder, der eine Änderung anbringt, wird in der Standardeinstellung einem Abonnement hinzugefügt und über künftige Änderungen per Mail benachrichtigt. Über diese Änderungsbenachrichtigungen werden oft weitere Aktivitäten hervorgerufen.

Ich erstelle die erste Version eines Dokuments. Dann arbeitet eine Kollegin eine Ergänzung ein, die mir wiederum klarmacht, welche Aspekte in dem Dokument noch genauer beleuchtet werden könnten. Zu diesen Aspekten habe ich als Ersteller dann oft auch noch weitere Informationen, die wieder andere Mitarbeiter dazu anregen, etwas beizutragen.

Mir ist schon klar, dass ich mich wiederhole. Aber in einem Wiki entstehen solche sich gegenseitig befruchtenden Ketten auf einfache und natürliche Weise. In den vermeintlich modernen Zusammenarbeitsumgebungen von Google und Microsoft ist das theoretisch denkbar, aber es passiert in der Praxis nicht.

3. Gute Auffindbarkeit

Wiki-Seiten sind gut auffindbar. Der Zusammenarbeitseffekt hängt auch damit zusammen, dass Dokumente und selbst kleine Änderungen in einem Wiki leicht auffindbar sind. Das Wiki lädt förmlich zum Stöbern ein. Haben Sie sich schon mal bei Wikipedia festgelesen? Mir passiert das öfter, wenn ich mich über ein Thema informiere und dann von einem Artikel in den nächsten springe. Die thematische Verknüpfung von Beiträgen regt dazu an, sich weiter zu informieren. In MS Word und Google Docs schaltet man so gut wie nie Links zu anderen Dokumenten. Alle Dokumente liegen wie isolierte Container nebeneinander und werden hauptsächlich durch Verzeichnisse und Bereiche zusammengehalten.

In Wikis gibt es neben den semantischen Links im Inhalt, die sich einfach schalten lassen und tatsächlich auch geschaltet werden, noch weitere Möglichkeiten, die Auffindbarkeit signifikant zu verbessern. Dazu gehören die oben schon erwähnten Benachrichtigungen, die allerdings eher eine Erinnerungsfunktion haben. Aber ganz besonders möchte ich die Aktivitätslisten erwähnen, die manche Wiki-Systeme zusätzlich einmal täglich per Mail-Benachrichtigung versenden. Diese Listen antworten auf die Frage: “Was tut sich gerade in diesem Intranet?”

Das ist wirklich spannend. In einem großen System ist eine ungefilterte Liste nach der Etablierung bestenfalls am Sonntag nützlich. Aber zu Beginn der Etablierung eines Wikis und mit entsprechenden Filtern sind solche Listen richtig praktisch: Zeige mir alles, was es im Marketing gerade Neues gibt und was verändert wurde!

Ein Kunde hat mir neulich erzählt, dass er das Überfliegen der neuesten Aktivitätslisten sogar in sein tägliches Morgenritual aufgenommen hat, um auch mal Blicke über den Tellerrand zu werfen und interessante Themen zu entdecken, mit denen er bei seiner eigentlichen Arbeit vielleicht nicht ohne Weiteres in Berührung kommt.

Wir sollten nachher noch über Nachrichten sprechen, die für ein Intranet sehr wichtig sind. Aber hier geht es eher um digitale Spuren, die die Nutzer hinterlassen. In Gesprächen mit Betriebsräten werden diese Listen oft als "Überwachungslisten" missverstanden. Dafür sind sie nicht gut (oder meiner Meinung nach sogar gar nicht) geeignet. Aber um zu entdecken, was wirklich gerade passiert und an welchen Dokumenten und Konzepten gearbeitet wird, ist das einmalig effektiv und wirklich spannend. Wenn Sie selbst in einer verwaltenden, organisierenden oder kommunizierenden Rolle im Unternehmen (zum Beispiel als Manager) unterwegs sind, gehört es zu Ihren zentralen Aufgaben zu wissen, was im Unternehmen passiert. In solchen Aktivitätslisten erfahren Sie es. Das ist unschätzbar wertvoll.

4. Leichte Verknüpfbarkeit

Wiki-Seiten können in einem Netz miteinander verknüpft werden. Die Rolle semantischer Netze habe ich gerade schon kurz erwähnt und möchte das gerne etwas vertiefen. Es gibt da draußen inzwischen ein paar Microsoft-Gläubige. Das war früher nicht so, denn als Microsoft noch nicht in der Cloud war, war die Software einfach viel einschränkender und meines Erachtens auch einfach schlechter als moderne Alternativen. Das neue Office 365 haut mich persönlich auch nicht gerade vom Hocker, aber insgesamt ist das ein ordentliches Stück Software, deren wirtschaftlicher Erfolg nicht wegdiskutiert werden kann.

In Gesprächen wenden diese Microsoft-Nutzer ein: "Ja, aber man kann doch bei Word und Excel und PowerPoint auch Links schalten. Und dann entsteht ebenfalls ein semantisches Netz." Und ja, das ist in der Theorie richtig. In der Realität passiert es dennoch nicht. Und auch die vorhin beschriebenen weiteren Funktionen, die die Zusammenarbeit und das Setzen von Links begünstigen, fehlen.

Aber nehmen wir mal an, dass es in Ihrem Unternehmen anders ist und Sie tatsächlich regelmäßig alle verwandten und relevanten Dokumente und Inhalte miteinander verlinken. Dann entsteht ein Netz, dass das Entdecken von Inhalten ("discovery of content") deutlich einfacher macht. Auf einmal finden wir auf Übersichtsseiten bzw. in Dokumenten eine Orientierung. Wir können Gewissheit darüber bekommen, welche Infos für Mitarbeiter zur Verfügung stehen, und einen sinnvollen Ort finden, um selbst etwas von unserem Wissen beizutragen.

Die Bildung solcher semantischer Netze reduziert redundante Arbeiten und begünstigt Situationen, in denen an bestehenden Inhalten weitergearbeitet wird, statt immer wieder das Rad neu zu erfinden.

Das lässt sich aus unserer Sicht ganz gut am Fall des Onboardings verdeutlichen. Vor einigen Monaten haben wir zwei Vollzeitkräfte in den USA eingestellt. Der gesamte Einstellungsprozess war neu für uns und das Onboarding natürlich auch. Bei der Rekrutierung, aber noch viel mehr bei der späteren Einarbeitung habe ich massiv von unserem Wiki profitiert. Nahezu alle meine Ideen zu Dingen, was man “mal aufschreiben müsste”, habe ich bei der Recherche tatsächlich in unserem Wiki schon gefunden. Und mit einem Mal hatte sich meine Arbeit darauf reduziert, nur noch die deutschen Inhalte zu englischen machen zu lassen.

Ein weiterer Vorteil war, dass ich an einer Stelle andocken konnte, an der unser Personalteam bereits zahlreiche Iterationen und Verbesserungen integriert hatte. Mein Ergebnis wurde also auch besser. Nur durch eine gut aufbereitete Übersichtsseite und durch die Verlinkung der Seiten untereinander war es mir möglich, Themen und Vorlagen zu entdecken, an die ich gar nicht gedacht hatte, die aber für die Einarbeitung der amerikanischen Mitarbeiter wirklich hilfreich waren. Das alles hat die spätere Einarbeitung vermutlich erheblich effektiver werden lassen und den Aufwand für die Vorbereitungsarbeiten dramatisch gesenkt. Wenn man sowas in der eigenen Geschäftssituation erlebt, zweifelt man nicht mehr an den Vorteilen eines Wikis.

Natürlich können Sie auch ohne semantisches Netz in E-Mails, Netzlaufwerken und Dateiablage-Servern suchen. Aber warum das nervig ist, brauche ich Ihnen wohl nicht zu erklären, denn Sie haben es vermutlich schon öfter erlebt: Sie finden die immer gleichen Inhalte in unterschiedlichen Versionen und müssen erst einmal mühselig zusammentragen, was Sie davon wirklich gebrauchen können. Ganz viele Sachen finden Sie wiederum gar nicht, obwohl Sie wissen, dass es sie gibt. Und wenn Sie nicht wissen, wie Sie suchen sollen, oder wenn die Leute einfach schlechte Dokumententitel vergeben haben, finden Sie einfach so gut wie nichts.

Mich nervt immer am meisten, wenn ich etwas suche, von dem ich weiß, dass es irgendwo ist. Die gesamte Suchzeit ist lästig und fühlt sich wie verschwendete Zeit an. In einem semantischen Netz entdecke ich dagegen oft so viele so gute Sachen, dass ich die Präsentation von vor sechs Monaten entweder in aktueller oder in besserer Form finde oder aufgrund der vielen anderen Ideen und Möglichkeiten gar nicht mehr suchen muss.

5. Universelle Abrufbarkeit

Wiki-Seiten sind Webseiten und können multimedial aufbereitet und von überall leicht abgerufen werden. Manchmal bin ich richtig sauer auf Google. In der G Suite haben die einfach Microsoft Office (heute 365) kopiert und zugegebenermaßen besser umgesetzt. Das ist taktisch ziemlich klug, denn die Nutzer kennen nun mal Dokumente wie Word, Excel und PowerPoint. Und das kriegen sie in der G Suite auch.

Aber eigentlich ist diese Technologie, diese Methode schon längst überholt. Das World Wide Web hat doch bereits vor fast 30 Jahren begonnen, diesen Dokumentensilos etwas entgegenzusetzen. Es gibt Facebook, Wikipedia, YouTube, Amazon, die Google-Suche, Chats und Messenger, Streaming – und jeden Tag kommen neue Anlaufpunkte in Sachen Medienkonsum und Aufmerksamkeit hinzu.

Diese Dinge haben mit Dokumenten nichts, aber auch gar nichts mehr zu tun. Warum benutzen wir sie dann intern immer noch? Weil es einfach ist. Weil wir uns daran gewöhnt haben. Weil wir uns nicht vorstellen können, wie es anders gehen sollte: "Mein Unternehmen soll zu einer Website werden? Kann ich mir nicht vorstellen!"

Gleichzeitig kennen wir alle die Situationen, in denen wir abends auf dem Sofa sitzen und eigentlich nur ganz entspannt konsumieren wollen. Wir surfen zu Spiegel Online, gucken auf die Website der FAZ, schauen, was unsere Freunde auf Facebook und anderen sozialen Plattformen posten. Warum machen wir das nicht mit Unternehmensinhalten?

Auch die Nachrichten aus aller Welt sind irgendwann mal ausgelesen und wiederholen sich. Und manchmal nervt es mich auch, dass viele dieser Themen gar keine Relevanz in meinem Leben haben. Ja, irgendwie beeinflusst mich die Wahl des amerikanischen Präsidenten auch. Und wenn der Regenwald abbrennt, fühlt sich das gar nicht gut an. Diese Art von Nachrichten werden ja auch weiterhin von vielen gelesen.

Aber glauben Sie nicht, dass Ihre Mitarbeiter abends auf dem Sofa keine Lust hätten zu lesen, wann die Kaffeemaschine, die schon seit vier Tagen kaputt ist, endlich repariert wird. Oder warum der Vorstand den Kauf des Unternehmens XY doch abgeblasen hat. Diese Dinge lesen die Mitarbeiter zuerst im Bus, beim Warten an der Supermarktkasse oder abends daheim. Ihre Leute haben keine Lust auf Ihr Unternehmen, wenn sie abends auf der Couch liegen? Da irren Sie sich!

Natürlich will ein Beschäftigter der Müllabfuhr um 21 Uhr keine Weiterbildung betreiben. Es geht um Medienkonsum. Es geht darum, dass ich mich wie von einer Nachrichtenseite berieseln lasse und mich informiere. Mal gebe ich vielleicht noch einen Like oder einen kurzen Kommentar ab. In den Kommentaren werden (zumindest bei uns) auch Scherze und lockere Sprüche gemacht. Das ist gar nicht immer sachlich und produktiv, aber nett und unterhaltsam.

Das funktioniert natürlich nur, weil die Inhalte sich einfach und schnell konsumieren lassen. Sie bestehen nicht nur aus Texten, sondern sie haben viele Diagramme, Bilder, Videos. Sie sind interaktiv. Ich kann mich selbst mitteilen und am Team und am ganzen Unternehmen "teilhaben". Und das ist toll.

Verstehen Sie mich bitte nicht falsch. Das soll kein Aufruf sein, die Arbeitszeitgesetze über Bord zu werfen. So etwas ist aus meiner Sicht ganz klar Arbeitszeit und ein Mitarbeiter sollte diesen Aufwand selbstverständlich ganz normal in die Zeiterfassung einbuchen.

Wenn Sie der Meinung wären, dass Ihr Unternehmen in die Information der eigenen Mitarbeiter keine Zeit und damit kein Geld investieren sollte, würden Sie jetzt sicherlich nicht mit mir zusammensitzen. Sich jetzt davon abschrecken zu lassen, dass der Betriebsrat die Hände über dem Kopf zusammenschlagen könnte, wenn die Menschen auch noch abends auf dem Sofa Unternehmensnachrichten lesen sollen, ist auch keine Lösung. Genau damit müssen Sie sich als Intranet-Verantwortlicher nämlich konstruktiv auseinandersetzen. Das Thema Arbeitnehmervertretung sollten wir auf jeden Fall noch besprechen!

Hier ist nur wichtig: Wikis und wikibasierte Intranets machen Website-ähnliche Nutzererlebnisse möglich. Das ist sehr wertvoll, weil es multimedial ist und sich sehr leicht konsumieren lässt.

Kurzlink zu diesem Kapitel:
https://seibert.biz/intranetbuchargumente

Gruppenchats in Unternehmen sinnvoll einsetzen

Chats sind inzwischen fast so allgegenwärtig wie die E-Mail. Und manchmal auch genauso nervig. Wie geht man damit um, damit der Nutzen überwiegt?

Sie wissen jetzt, was ich tue, um weniger an Meetings teilzunehmen, und wie ich mithilfe digitaler Werkzeuge wie unserem Linchpin-Intranet und Jira trotzdem auf dem Laufenden bleibe. Doch was ist mit Gruppenchats? Sind die nicht auch sinnvoll, um sich abzusprechen und um immer zu wissen, was in der Firma so passiert?

Gruppenchats sind mittlerweile eine Art Totschlag-Technologie geworden, die für viele Unternehmen ähnliche Formen wie die E-Mail angenommen hat. Chats – allen voran der Marktführer Slack – sind schneller, unkomplizierter und in ganz vielen Anwendungsbereichen auch praktischer als E-Mails. Wir können räumliche Entfernungen und sogar Zeitzonen einfach und sinnvoll überwinden. In Kombination mit Videotelefonie entsteht auch ohne örtliche Nähe eine Situation, in der wir wirksam als Team zusammenarbeiten können, selbst wenn wir über den ganzen Erdball verteilt sind.

Slack ist eine tolle Software, aber in meinen Augen viel zu teuer und für diesen hohen Preis nicht gut genug. Wer Office 365 von Microsoft oder die G Suite von Google nutzt, kann problemlos mit den dort integrierten Gruppenchat-Anwendungen Microsoft Teams bzw. Google Chat arbeiten. Ich räume jedoch ein, dass ich das bei Microsoft Teams nur aus zweiter Hand weiß. Bei meinen eigenen Tests mit dem Mac ist der ganze Rechner abgestürzt.

Entscheidend ist nicht, welche Gruppenchat-Software Sie nutzen, sondern dass Sie wissen, wofür sie geeignet ist und welche Anwendungsfälle darin gut aufgehoben sind (und welche nicht). In unserem Unternehmen nutzen wir übrigens eine Kombination aus Google Chat als offizieller Lösung und Telegram für mobile Anwendungsfälle (beispielsweise wenn Teams auf einer Messe oder unterwegs sind). Und für die Kommunikation mit Externen wie Partnern und Kunden, die schon Slack nutzen, haben wir ebenfalls Slack-Accounts. Sie sehen schon: Allein in unserer überschaubar großen Organisation müssen Mitarbeiter teilweise mit drei unterschiedlichen Gruppenchat-Lösungen arbeiten. Das erscheint verrückt, oder? Aber ich glaube, dass dieser Zustand bald zur Normalität werden wird. Über die technische Diversität und die Vielzahl an unterschiedlichen Werkzeugen werden wir nachher noch ausführlicher sprechen.

Fangen wir aber an dieser Stelle mal mit den guten und praktischen Aspekten von Chats im Unternehmen an.

Schnelle Abstimmungen

Es ist unglaublich, wie viele Dinge man über Chat abstimmen kann! Sie kennen das vermutlich längst selbst: Die meisten Menschen sind in WhatsApp-Gruppen. Ich bin allerdings ein Verfechter der Alternative Telegram und werde nicht müde, sie intern und öffentlich anzupreisen. Ich notiere Ihnen mal einen Link zu einem Vergleich, den ich aufgesetzt habe: https://seibert.biz/whytelegram.

“Ich bin etwas spät dran”, “Wir kommen heute leider nicht”, “Könnten wir auch einen Salat statt des Gratins mitbringen?”, “Kannst du meine Schicht übernehmen?”, “Hast du mit dem Kunden Meyer schon telefoniert?”, “Können wir das Projekt Alpha noch retten oder sollen wir es lieber gleich abschreiben?”, “Ich bin heute krank ...” – Die Liste an sinnvollen Chatnachrichten, die nicht selten in weiteren Konversationen münden und Dinge wirklich voranbringen, ist endlos. Das gilt sowohl für private als auch für geschäftliche Anwendungsfälle – nur mit dem Nachteil, dass heute immer noch ganz viele Arbeitnehmer im beruflichen Umfeld auf Schatten-IT zurückgreifen (müssen), um geschäftliche Kommunikation zu betreiben. Als Schatten-IT bezeichnen wir Software, die nicht vom Unternehmen kontrolliert wird und die dennoch in der geschäftlichen Koordination zum Einsatz kommt. WhatsApp ist mit Abstand das prominenteste Beispiel. Natürlich ist es verboten und nicht datenschutzkonform, im Krankenhaus per WhatsApp über Patienten und Schichtpläne zu kommunizieren. Aber es ist eben so praktisch, dass es trotzdem überall gemacht wird. Bei Ihnen natürlich nicht, ist klar.

Link zum Teilen dieser Kapitel im öffentlichen Internet: https://seibert.biz/intranetbuchgruppenchats

Mehr Transparenz

Mit einem Gruppenchat können Sie schneller und besser sehen, was andere Teams gerade bewegt. Sie können Räume betreten und auch wieder verlassen und rasch auf einen aktuellen Stand kommen. Das klingt vielleicht für Unerfahrene irgendwie beunruhigend. Doch in unserer Unternehmensrealität ist das sehr hilfreich, weil sich oft auch Kollegen melden, die Erfahrungen in einem bestimmten Bereich haben, in dem das eigentliche Team nicht heimisch ist, und wirksam unterstützen können. Und das tun sie sehr niederschwellig. Ohne ein extra einberufenes Meeting. Ohne formale Hürden. Manchmal ist es vielleicht nur eine knappe Nachfrage, die das Team dazu bringt, einen Aspekt noch mal zu durchdenken. Aber auch umgekehrt können erfahrene Mitarbeiter einfach und schnell angepingt werden:

"@Martin Seibert: Denkst du, wir sollen diesem Kunden diesen Wunsch einmalig gewähren? Das Team will das machen. Aber du hattest in den letzten Monaten ja auch oft persönlichen Kontakt und deshalb wollten wir dich noch mal befragen."
"Ja, das würde ich wie vorgeschlagen machen."
"Danke, läuft."

Solche Dialoge erlebe ich bei uns mehrmals am Tag. Der Vorteil für das Team besteht darin, dass die Kollegen einfach und unkompliziert auf mein Wissen zugreifen können. Und ich habe den Vorteil, dass die Bearbeitung niederschwellig ist. Das heißt, dass ich für einzelne Fragen nicht in Meetings eingeladen werden muss und die ganzen Pings auch gebündelt zu einem bestimmten Zeitpunkt des Tages bearbeiten kann. Mit Pings meine ich hier

Benachrichtigungen auf dem Smartphone oder am Rechner: Sie klingeln oder pingen einen Kollegen an, damit er auf eine Sache aufmerksam wird.

Und jeder weiß durch diese Benachrichtigungen, was Sache ist. Viele neue Mitarbeiter melden uns zurück, dass das reine Mitlesen der digitalen Kommunikation ihnen bereits ein sehr gutes Gefühl für unsere Kultur und unsere Kommunikation mit Kunden gibt. Wobei ich ihnen zugestehen muss, dass es gerade am Anfang ziemlich herausfordernd und schwierig sein kann, zu entscheiden und zu filtern, was für sie wichtig ist und was nicht.

In einer solchen Umgebung muss ich natürlich auch "Ich weiß es nicht" oder "Ich bin mir unsicher" sagen können. Ansonsten hängen die Chats unnötig lange in der Luft, weil sich niemand eine Blöße geben will.

Ein Gruppenchat sorgt auch in einer hierarchischen, eher steifen Umgebung für mehr Transparenz. Wenn ein kultureller Wandel von oben mitgelebt wird, etabliert sich auch ein solches Tool schneller und leichter.

Flüchtige Kommunikation – gespeichert wird woanders

Über einen Aspekt müssen sich alle Beteiligten klar sein: Die Kommunikation via Gruppenchat ist flüchtig. Natürlich will ich, dass jemand antwortet, wenn ich ihn per @-Mention persönlich erwähne. Aber dafür sorgt in diesem Fall auch das System selbst, weil es eine Mail verschickt, wenn die Nachricht nicht online abgerufen wird. Aber wir speichern keine Kommunikation und suchen in der Regel auch nicht darin.

Bei dem vielen Hin und Her in einem belebten Gruppenchat ist die Suche sowieso relativ sinnlos. Technisch speichert Google Chat die Nachrichten natürlich schon. Das ist aber für uns kein valider Anwendungsfall. Wir behandeln die Abstimmung in Gruppenchats wie mündliche Kommunikation: Sie ist nirgendwo sinnvoll abgelegt, nicht referenzierbar, komplett flüchtig. Darüber kann man bestimmt diskutieren. Und ich kann mir vorstellen, dass Sie das anders sehen. Im Einzelfall krame ich vielleicht selbst auch mal einen Chat hervor, um ihn einem Kollegen unter die Nase zu halten und ihm zu beweisen, dass er mir XY fest zugesagt hat. Aber wir koordinieren mit Chats keine Aufgaben. Wir schreiben dort keine Protokolle. Wir dokumentieren damit kein Wissen. Alles, was längerfristig wichtig ist, wird in anderen Systemen untergebracht.

Es gibt übrigens auch keine Schnittstelle zu einem Chat, und die braucht es auch nicht. Wenn wir eine Konversation als hilfreich für den Fortschritt einer Aufgabe empfinden, dann kopieren wir die entsprechenden Beiträge einfach und fügen sie als Kommentar zum Beispiel in ein Jira-Ticket ein. Wenn ich dann etwa aus dem Urlaub zurückkomme, lese ich nicht die Konversation von letzter Woche im Chat nach. Die ist flüchtig und heute längst unwichtig.

Machen Sie sich am besten schon mal Gedanken darüber, wie Sie das handhaben wollen. So, wie wir damit umgehen, fühlt es sich für uns gesund an. Und so machen es auch die meisten Unternehmen, die ich kenne und die einen Gruppenchat intensiv einsetzen.

Gruppenchat als Zentrale für Echtzeitkommunikation

Einen guten und etablierten Gruppenchat können wir wie eine Art Betriebssystem für das Unternehmen betrachten:

> Angestoßene Prozesse werden verwaltet, abgestimmt und koordiniert.
> Alles, was jetzt passiert, wird analysiert, verarbeitet und gegebenenfalls umgeleitet und den geeigneten Stellen zugewiesen.
> Einfache Entscheidungen werden direkt abgestimmt.
> Punktuell werden Könner hinzugezogen.
> Abläufe werden damit schneller und geschmeidiger gemacht.
> Die Reibung im Tagesgeschäft nimmt merklich ab.
> Kleine Schwächen lassen sich einfach und schnell ausgleichen.
> Schlamassel sind schnell bekannt und können gemeinsam bekämpft werden.

Halten wir fest: Wer heute ein modernes Intranet oder einen funktionierenden digitalen Arbeitsplatz bereitstellen will, kommt um eine Chat Software nicht herum. Und inzwischen haben auch viele Intranet-Systeme integrierte Chats mit an Bord.

Eines sollte Ihnen dabei allerdings klar sein: Wenn die Lösung nicht besser ist als WhatsApp, wird sie sich kaum durchsetzen. Eine Lösung, die besser als WhatsApp ist, kann sich dagegen in Windeseile verbreiten. Wer macht schon gerne Illegales?

Natürlich ist WhatsApp keine ganz so schlechte Software, schließlich nutzen sie ja über eine Milliarde Menschen jeden Monat. Unsere Erfahrung ist die, dass die meisten Standard-Chats in Intranet-Systemen nicht dagegen ankommen. Es ist zwar eine nette Idee, mit dem Intranet auch gleich einen Chat anzubieten. Aber wenn diese Funktion nicht die Mindestanforderungen erfüllen kann, bleibt es ein frommer Wunsch.

Link zum Teilen dieser Kapitel im öffentlichen Internet:
https://seibert.biz/intranetbuchkommunikation

Mindestanforderungen für eine Chat-Anwendung

Die folgenden Punkte sind aus meiner Sicht unabdingbare Voraussetzungen für eine Chat-Lösung:

Mobile Applikation für iOS und Android

Eine Chat Software kann heute nur sauber und gut funktionieren, wenn die Leute sie auch mobil nutzen können. Skype for Business oder einen anderen Messenger im Unternehmen zu haben, heißt noch lange nicht, dass das Thema Chat damit abgehakt ist – selbst dann nicht, wenn diese Anwendungen ganz gut und zuverlässig funktionieren.

Der Sinn von Gruppenchats ist es, viele unterschiedliche Menschen spontan und schnell zusammenzubringen, damit sie sich informell austauschen können. Nun ist es aber so, dass nicht immer alle am Arbeitsplatz sind. Manche sind unterwegs, andere sind womöglich gerade privat beschäftigt. Vielleicht bringen sie ihre Kinder ins Bett oder sind mit Freunden in der Stadt. Wenn Unternehmen die Möglichkeit haben, Mitarbeiter in solchen Situationen stören zu dürfen, müssen sie es ihnen auch so einfach wie nur möglich machen, in so einen Chat hinein- und auch wieder aus ihm herauszukommen. Um das mal etwas überspitzt zu formulieren: Niemand geht vom Spielplatz, auf dem der Sohn gerade fröhlich schaukelt, schnell ins Büro, um eine Chatnachricht zu beantworten. Und wenn die Chatnachricht warten muss, bis ich wieder im Büro bin, ist der Inhalt längst obsolet.

Verstehen Sie mich nicht falsch. Ich möchte hier keine Always-on-Mentalität pushen, in der man die Zeit auf dem Spielplatz nicht genießen und dem schaukelnden Sohn nicht seine volle Aufmerksamkeit schenken darf. Ich wünsche allen unseren Mitarbeitern Erholung und Ruhe. Über die Nachteile von Messengern müssen wir später sicherlich noch reden.

Ein großer Vorteil der leichten Erreichbarkeit entsteht jedenfalls erst durch mobile Apps. Das beginnt mit der reinen Verfügbarkeit dieser Software auf den gängigen Smartphones. Damit sind wir bei einer spannenden Frage, die in vielen großen Organisationen sehr aktuell ist: Dürfen diese Apps überhaupt genutzt und installiert werden? Da stehen sich etliche Unternehmen noch ziemlich stark selbst im Weg.

Alle Mitarbeiter besitzen heute Smartphones. Das gilt für Deutschland und fast alle anderen Länder der Welt. Doch viele Organisationen haben nicht für alle Angestellten E-Mail-Adressen. Das trifft ganz besonders auf Konzerne zu. Der Grund ist in der Regel banal: Mit E-Mail-Adressen sind weitere Kosten verbunden. Für eine Mail-Adresse braucht ein Nutzer ein Konto in Microsoft Active Directory. Damit bekommt er automatisch auch Zugriff auf Office 365 und andere Applikationen. Die Gesamtkosten belaufen sich Pi mal Daumen auf 40 bis 350 Euro pro Kopf und Jahr, was stark variiert.

Es ist nachvollziehbar, dass Unternehmen mit Tausenden oder Hunderttausenden von Mitarbeitern solche Lizenzgebühren nicht zahlen wollen, wenn die Leute nicht mal Computer haben, an denen sie E-Mails nutzen können. Sie haben also keine Mail-Adressen und natürlich auch keine geschäftlichen Smartphones. Dazu gibt es noch viel zu sagen und auf mobile Apps sollten wir noch umfassender zu sprechen kommen.

Superschnell und stabil mit zuverlässigen Push-Notifications

Als weitere wichtige Grundlage sehe ich Push-Notifications an. Das sind Benachrichtigungen, die sich aktiv (oft sogar mit Ton) auch im gesperrten Zustand auf dem Smartphone-Bildschirm zeigen und die Aufmerksamkeit des Nutzers einfordern. Wir sprechen später noch über die Nachteile. Vorteilhaft ist daran, dass genau diese Funktion die hohe Erreichbarkeit und schnelle Abstimmung ermöglicht.

Das ist so wirksam, dass ich, während ich diese Zeilen im Zug auf der Rückfahrt aus Berlin schreibe, mit meiner Kollegin Inga chatte, die am Tisch gegenüber im gleichen Großraumabteil keine zwei Meter entfernt sitzt. Wir könnten durchaus miteinander sprechen. Aber eigentlich ist im Zug alles so schön ruhig, und die Chat-Unterhaltung schließt auch noch unseren Kollegen Sebastian ein, der an einem anderen Ort ist. Solche Situationen wirken auf Außenstehende vielleicht absurd und es gibt sogar Comedians, die das bereits aufgegriffen haben. Aber sie sind auch effizient, um über verteilte Standorte hinweg zu kommunizieren. Dafür müssen die Benachrichtigungen in einer Chat-Lösung natürlich sauber funktionieren.

Server steht im öffentlichen Internet

Es gibt in Unternehmen berechtigte Diskussionen darüber, ob eigene (und oft geheime) Daten auf fremden Servern von amerikanischen Unternehmen in der öffentlichen Cloud gespeichert werden dürfen. Lösungen von Microsoft, Google oder Salesforce lassen einem da gar keine Wahl mehr. Hier werden nur noch Cloud-Abos angeboten. Die Systeme in der eigenen IT-Infrastruktur selbst zu betreiben, ging noch nie oder geht nicht mehr. Nur kleinere Anbieter oder Open-Source-Lösungen kann man heute noch in der eigenen Umgebung hinter der Firewall installieren.

Grundsätzlich halte ich es für ziemlich schlau, wenn wichtige Infos hinter der Firewall gespeichert werden, falls das praktisch und unkompliziert geht. Bei unseren Linchpin-Intranets ist das kein Problem. Der überwältigende Teil unserer Kunden hostet entweder im eigenen Rechenzentrum oder in einer sogenannten Private Cloud, die sie selbst kontrollieren und verschlüsseln. Oft werden die Systeme von uns betrieben, manchmal auch in unserer Private Cloud in Deutschland. Doch bei einem Chat-Server geht das nicht.

Oder genauer: Es geht schon. Aber der Chat-Server muss im öffentlichen Internet erreichbar sein. Ohne Firewall. Ohne besondere Schutzmaßnahmen. Denn wer sich am Smartphone erst mal mit einem VPN verbinden muss, um auf eine Chat-Nachricht antworten zu können, nutzt den Messenger auf dem Smartphone bald gar nicht mehr. Die Hürden müssen so niedrig wie irgend möglich sein. Daher muss der Chat-Server direkt und schnell verfügbar bleiben. Ich sehe dazu weit und breit keine Alternative. Und wenn Sie wollen, dass die Mitarbeiter in Ihrem Unternehmen von dieser Kommunikationsform profitieren, müssen Sie diese Anforderung akzeptieren.

Usability mindestens auf WhatsApp-Niveau

Der Wunsch nach einer guten Usability für eine Intranet-Lösung oder in unserem Fall einer Chat-Lösung im Rahmen eines digitalen Arbeitsplatzes geht dem Intranet-Team schnell von den Lippen: Klar! Die Usability ist wichtig! Aber wenn es dann darum geht, eine Software wirklich auf Herz und Nieren zu testen, erleben wir oft Excel-Checklisten statt echter Tests der Projektteams, die prüfen, wie sich die Nutzung des Systems anfühlt.

Das Fatale daran ist, dass eine gute Usability heute längst nicht mehr optional ist. Gerade Systeme, die von Kommunikation leben, müssen auch wirklich genutzt werden. Wenn das nicht der Fall ist, droht die Einführung zu scheitern – und zwar einfach durch Nichtnutzung. Die Verbreitung einer Schatten-IT, zum Beispiel in Form von WhatsApp-Gruppen, zur Koordination im Unternehmen entsteht ja gerade dadurch, dass sie so einfach und schnell abläuft: Niemand muss das legitimieren, jeder hat sofort Zugriff, die Nutzung ist bekannt und es kann sofort losgehen.

Wenn Sie jetzt mit einer hakeligen und schwerfälligen Messenger-Lösung um die Ecke kommen, ist Ihr Vorhaben von vornherein zum Scheitern verurteilt. Die Usability der Messenger-Software im Unternehmen muss mindestens so gut wie die von WhatsApp sein. Sonst wird sie einfach nicht genutzt und die Umstellung von Schatten-IT (WhatsApp) auf die offizielle Lösung (beispielsweise Google Chat, Microsoft Teams oder Slack) scheitert. Die genannten drei Tools haben übrigens eine ausreichend gute Usability, um eine solche Transition zu fördern. Hinter die Open-Source-Alternativen Mattermost, Rocket.Chat und Matrix.org muss man derzeit allerdings noch Fragezeichen setzen.

Chaträume für alle Nutzer

Hach, was liebe ich den Telegram-Messenger! Sämtliche Innovationen der letzten Jahre in Sachen Chat kommen aus meiner Sicht von dort. Aber trotz meiner grundsätzlichen Überzeugung, dass Telegram mit ziemlich großem Abstand der beste Messenger der Welt ist, weiß ich wohl, dass er sich als Unternehmenslösung nicht eignet.

Sie können WhatsApp und Telegram nicht für die eigene Organisation nutzen, weil es keinen geschlossen Bereich gibt. Es gibt kein innen und kein außen. Es gibt keine Raumliste, die Mitarbeiter einsehen könnten. Es gibt keine zentrale Steuerung. Und es gibt auch keine Sicherheitsmechanismen, die es beispielsweise erlauben, bestimmte Nutzer an zentraler Stelle zu deaktivieren, damit sie keinen Zugriff auf die ganzen geschäftlichen Räume haben. Und auch das ganze Thema Datenschutz und DSGVO / GDPR ist mit Whatsapp und Telegram nicht auflösbar.

Oh ja, Ihre Frage ist berechtigt! Gerade habe ich doch noch gesagt, dass wir Telegram in der Tat geschäftlich mit Partnern und Kunden nutzen. Und warum, um Himmels willen? Weil's nicht besser geht.

Im Unternehmen verwenden wir Google Chat. Das ist eine gute Lösung, die auch sehr günstig ist, weil sie als Teil der G Suite nichts extra kostet. Aber aktuell gibt es hier nicht die Möglichkeit, Räume mit Externen zu teilen. (Bei Slack geht das. Aber auch dort lauern Beschränkungen, denn die Anzahl der externen Nutzer ist beschränkt und muss ab einer gewissen Anzahl per Quota lizenziert werden.)

Wir nutzen Telegram dann, wenn Kunden oder Partner selbst noch keinen Messenger verwenden. Das klappt auch super, weil Telegram so stark in Sachen Usability und Funktionsumfang ist. Mit den Partnern, die schon Slack im Einsatz haben, teilen wir einen Slack-Kanal. Dafür hat unser Partnerteam sich extra ein Slack-Konto eingerichtet. Noch ein Messenger? Ja, weil wir empfängerorientiert kommunizieren und dorthin gehen wollen, wo unsere Kunden oder in diesem Fall unsere Partner sind.

Dass wir allein in unserer Firma mit drei Messengern arbeiten, zeigt übrigens, wie hoffnungslos es ist, nach der einen, übergreifenden, mächtigen Intranet-Lösung zu suchen, die alles kann. Eine schöne Überleitung zum nächsten Punkt.

Eigenständige App und nicht Beiwerk

Ihre Gruppenchat-Anwendung muss eine eigenständige Mobile App sein. Ich kenne Kunden, die sich für eine Lösung entschieden haben, die Intranet, ERP-Anbindung, Dokumentenablage, Chat und noch weitere Systemfunktionen samt und sonders in einer einzigen Mobile App anbietet. Das klingt zu schön, um wahr zu sein – wie das Versprechen von SAP, in einer Software alle Unternehmensanforderungen abzubilden. Okay, vermutlich ist das nie ein konkretes Versprechen gewesen. Aber diese Sehnsucht wird von vielen Kunden auf diese Marke projiziert.

In Gesprächen höre ich dann manchmal Argumentationen wie diese: "Unsere Mitarbeiter wollen keine zehn Apps auf ihrem Smartphone installieren. Das ist viel zu kompliziert. Wir brauchen etwas Einfaches."

Haben Sie es damals mitbekommen, wie Facebook den Facebook-Messenger aus der eigentlichen App herausgelöst hat? Was gab das für einen Aufschrei der Nutzer! Das wollten die nicht. Die wollten die Nachrichten in der vertrauten Umgebung behalten. Was meinen Sie: Warum hat sich Facebook diesen Shitstorm angetan? Ich behaupte, die wollten die Usability verbessern und die Nutzung vereinfachen. Die Komplexität sollte reduziert werden. Heute kräht kein Hahn mehr danach, dass es eine App für Facebook und eine für den Facebook-Messenger gibt. Und das war's noch gar nicht: Es gibt eine weitere App für die Verwaltung von Seiten und noch eine für das Management von Werbeanzeigen. Und eine fünfte für Analytics. Und das Workplace-Angebot von Facebook bringt wieder eine eigene App mit – und natürlich eine separate für Workplace Chat.

Jetzt will ich Facebook natürlich nicht zum Maß aller Dinge erklären. Aber der Gedanke, Ihre Mitarbeiter wären mit mehreren Apps überfordert, ist einfach falsch und durch keine empirische Entwicklung im Smartphone-Markt glaubhaft zu belegen. Das Gegenteil ist der Fall. Abgeschlossene Anwendungsfälle werden in eigenständige Apps verpackt. Das ist bei Google so. Das ist bei Microsoft so. Das ist bei Salesforce und SAP so. Und bei allen anderen wirklich relevanten Lösungen, die ich mir im Rahmen meiner Recherchen angesehen habe.

Ja, es gibt Hersteller, die alles in einer App implementieren. Der Hauptgrund, warum sich Kunden für diese Angebote entscheiden, ist meiner Meinung nach der, dass es günstig ist, eine solche Lösung einzuführen. Es gibt einen Preis für alles: Nachrichten, Intranet, Austausch, Chat, SAP-Schnittstelle und so weiter – alles inklusive. Das klingt im ersten Moment gut. Aber einige unserer Kunden haben 300.000 Angestellte. Davon besitzt ein Großteil gar keine Mail-Adressen. Die können nicht einfach Google Chat oder Microsoft Teams mitbenutzen. Wenn Sie günstig noch einen Chat "dazu" haben wollen, sollten Sie eine separate App anstreben – etwa eine, die Open Source ist. Das könnte als Grundlage für den Chat-Server zum Beispiel matrix.org sein. Als Chat-App für Smartphones und als Weboberfläche gibt es dann Riot.im. Und diese Lösung lässt sich schließlich in eine Intranet-Lösung integrieren.

Hüten Sie sich davor, eine so wichtige Funktion wie Gruppenchat als Beiwerk in einer Intranet-App zu akzeptieren. Das funktioniert in den meisten Fällen nicht. Aus meiner Sicht muss der Gruppenchat ein separates Produkt sein.

Kurzlink zu diesem Kapitel:
https://seibert.biz/intranetbuchchatanwendung

Warum Gruppenchat und Messenger im Unternehmen nerven können

"Always on" stinkt

Chat- und Messenger-Anwendungen haben sich im Privatleben längst durchgesetzt und sorgen für schnelle und unkomplizierte Kommunikation. Die Programme haben aber auch ihre Schattenseiten. Sie haben bestimmt auch schon Ihre Erfahrungen mit sehr aktiven Gruppen gemacht, die dafür sorgen, dass das Handy ständig vibriert und bimmelt. Das nervt natürlich unglaublich.

Chats verleiten Menschen dazu, sich mit Dingen zu beschäftigen, die andere Leute initiieren. Zu Zeiten, die andere vorgeben. Wir reagieren ständig auf Trigger von außerhalb. Diese Trigger kommen immer dann, wenn andere gerade Zeit haben oder ihnen langweilig ist. Und sie reißen uns aus dem heraus, was wir gerade tun oder tun wollten.

Sowohl im privaten Umfeld als auch im geschäftlichen Kontext sollten wir uns daher angewöhnen, die Benachrichtigungen zu konfigurieren und großzügig auszuschalten. Nur die wenigsten Gruppen sind wirklich wichtig genug, um ständig pingen zu dürfen.

Solange einen das "Always on", die ständige Verfügbarkeit, die permanenten Aufmerksamkeitserreger nicht nerven, muss man die Benachrichtigungen natürlich nicht deaktivieren. Aber ich stelle bei mir selbst und bei vielen Kollegen fest, dass wir in der Regel sehr selektiv mit dem Bimmeln und Brummen des Smartphones umgehen. Gerade in Situationen, in denen Chats durch eine Flut von Nachrichten auf sich aufmerksam machen, packe ich die Gelegenheit gerne beim Schopf und schalte Räume still. Das mache ich auch, wenn es um Themen geht, die mich weder interessieren noch aktiv angehen: einfach alles stumm schalten. Das bereue ich fast nie.

Wenn Chats und Messenger in einem Unternehmen genutzt werden sollen, braucht es dort eine Kultur, die akzeptiert, dass Menschen nur dann verfügbar und erreichbar sind, wenn sie sich selbst dazu entscheiden. Ich persönlich halte es für viel sinnvoller, diese selektive und aktiv gewählte Erreichbarkeit in die Hände der Mitarbeiter zu geben, als so etwas mit festen Regeln oder Zeitfenstern festschreiben zu wollen.

Es gibt Situationen (zum Beispiel direkt vor einer Messe oder Konferenz), in denen meine Kollegen bereitwillig "always on" sind, weil sie sich proaktiv und schnell abstimmen wollen, um noch letzte Dinge abzuschließen. Und es gibt andere Situationen, in denen sie einfach mal wegbleiben und auch mit gutem Gewissen "offline" sein können. Das gilt natürlich erst recht für Freizeit, Urlaub, Wochenenden etc.

Wenn Sie wissen, dass jemand im Urlaub oder nicht erreichbar ist, sollten Sie versuchen, auf Erwähnungen zu verzichten. Ich empfehle, generell sparsam mit @-Mentions umzugehen, die andere Leute aktiv anpingen. Erwähnungen sind ein mächtiges Werkzeug, das sich jedoch schnell abnutzen kann. Wenn es missbraucht oder inflationär eingesetzt wird, sind die Empfänger schnell genervt und wenden Alternativstrategien an.

Ständige Unterbrechungen verhindern fokussiertes Arbeiten

Die Produktivität der Arbeit wird durch Gruppenchat-Anwendungen wie Google Chat, Slack oder Microsoft Teams auf die Probe gestellt. Ich habe vor Jahren mal gelesen, dass der durchschnittliche Manager gerade mal sieben Minuten am Stück ununterbrochen arbeiten kann. Nageln Sie mich nicht darauf fest, vielleicht waren es auch fünf oder neun Minuten. Jedenfalls sind die Zeiträume kurz. Und durch Gruppenchats wird das nicht besser, sondern schlimmer. Jetzt stehen die Kollegen nicht mehr nur in der Tür, sondern klopfen auch noch digital ständig an und wollen etwas.

Unternehmen, in denen es kein funktionierendes und erfolgreiches Intranet gibt, haben, was diese Unterbrechungen angeht, übrigens einen besonders schweren Stand. Denn wenn keine Transparenz herrscht und man sich Infos nicht eigenständig zusammensuchen kann, ist es quasi programmiert, dass zentrale, erfahrene und wichtige Mitarbeiter ständig per Chat angesprochen werden – und zwar blöderweise immer wieder zu denselben Themen und Fragen, die mit einem guten, etablierten Intranet längst dokumentiert und allgemein verfügbar sein würden.

Eine zentrale Dokumentationsplattform wie ein Wiki oder ein wikibasiertes Intranet hat viele Vorteile, über die wir vorhin schon diskutiert haben (siehe "Meine fünf besten Argumente für ein Wiki"). Bezogen auf Messenger gibt es noch einen Vorzug: Im Chat kann ich einfach mit einem Link antworten, statt mich ausführlich (und entsprechend aufwendig) zu äußern. Oder ich gebe den kurzen Hinweis: "Steht im Intranet." Der geeignete Suchbegriff führt dann schnell zur Antwort auf die gestellte Frage.

Wie auch immer: Ein Gruppenchat stört beim Arbeiten. Man wird unterbrochen. Es gibt Menschen, die damit kein Problem haben. Andere finden es furchtbar. Wirklich hilfreich sind diese Störungen meist jedenfalls nicht. Der beste Tipp, um sich nicht stören zu lassen, ist schrecklich simpel: einfach die Applikationen und Smartphones stumm stellen und die Zeit bewusst nutzen, um konzentriert zu arbeiten. Ähnliche Strategien wenden etliche Kollegen im Büro an. Einige setzen sich Kopfhörer auf, andere stellen ein Schild auf, das klarmacht: "Aktuell bitte ich dich, mich nicht zu stören."

Es ist gerade für Führungskräfte, die sich selten durch Geduld auszeichnen, eine gute Übung, sich nicht von Impulsen leiten zu lassen und den Kollegen nicht zu unterbrechen, sondern solche Flow-Momente zu fördern und zu respektieren. Die meisten Chats können ein paar Stunden warten. Nur weil es schnell gehen kann, heißt das noch lange nicht, dass es auch immer schnell gehen muss.

Steigendes Gefühl der Zerrissenheit

Es ist nicht nur so, dass die Chatanfragen stören. Sie sorgen zusätzlich auch für ständige Kontextwechsel. Sie können den Kollegen Franz mal rasch nach seiner Meinung fragen oder die Kollegin Karla um eine Validierung bitten. So hilfreich dieser Input für Sie selbst und für Ihre Arbeit sein mag, so stark reißt es Franz und Karla aus dem, was sie eigentlich gerade tun oder tun wollen.

Fünf Minuten hier, zehn Minuten da, dann ein Meeting. Noch zwei Fragen, dann ein paar Mails und zwischendrin immer wieder Sachen im Chat diskutieren und beantworten. Nach einem solchen Arbeitstag fühlen sich Franz und Karla, als hätten sie nichts Relevantes erledigt. Das ist frustrierend.

Einerseits ist es aus meiner Sicht eine Aufgabe für Franz und Karla, sich damit anzufreunden, dass das Beantworten von Fragen zur Wertschöpfung im Unternehmen und zu ihren Rollen als Projektleiter gehört. Menschen, die den Sand im Getriebe reduzieren und dafür sorgen, dass Prozesse wie geschmiert laufen, sind immanent wichtig für eine Organisation. Der moderne dienende Manager kann darin Freude und Erfüllung finden. Aber andererseits ist es eindeutig befriedigender, wenn man eine großartige Idee zu einem Konzept entwickeln kann oder einfach etwas erschafft, von dem alle im Unternehmen wissen, dass es wertvoll ist. Beides gleichzeitig geht nicht.

Als Führungskraft muss ich dieses Gefühl der Zerrissenheit annehmen und akzeptieren. Gleichzeitig ist es wichtig, Oasen zu schaffen, in deren Rahmen ich selbst Dinge vorantreiben kann. Folgende Taktiken habe ich dafür anzubieten:

- Beginnen Sie (sofern es einigermaßen zu Ihrem Biorhythmus passt) sehr früh am Tag mit der Arbeit.
- Gehen Sie früher als andere nach Hause und nehmen Sie sich spät am Abend Zeit, wenn alle anderen nicht mehr arbeiten.
- Arbeiten Sie während der Mittagspause und verlegen Sie Ihre eigene Pause.

Sie können also grundsätzlich einfach mal austesten, ob es Zeiten gibt, in denen Sie produktiv sein können, während der Großteil der Kollegen nicht aktiv ist und nichts von Ihnen will. Das ist eine sehr einfache und wirksame Taktik. Ansonsten muss man lernen, auch mal Nein zu sagen und auf Dinge zu verzichten. Ich habe ja schon beschrieben, dass ich auf die Teilnahme an Meetings verzichte (siehe "Wie ich mich persönlich organisiere und mit dem Intranet interagiere").

Steigende Komplexität

Ich bin nicht sicher, ob es mit der Zerrissenheit besser würde, wenn wir keinen Chat hätten. Ich halte das Zerrissene für eine Grundeigenschaft der VUCA-Zeit, in der wir leben. Das Akronym VUCA steht für "volatile", "uncertain", "complex", "ambiguous". Es beschreibt eine Zeit, in der sich die Digitalisierung immer mehr durchsetzt, die Arbeitsstrukturen sich verändern, Hierarchien sich auflösen und bisherige Weisheiten infrage gestellt werden.

VUCA beschreibt die Komplexität unserer Welt. Diese Komplexität und die damit einhergehende Unsicherheit führen dazu, dass Menschen heute geradezu die Einfachheit suchen. Ich will zum Beispiel nicht, dass an zig unterschiedlichen Stellen Nachrichten eingehen. Das ist komplex. Denn jede einzelne Botschaft könnte wichtig sein und im Fall der Fälle eine sofortige Reaktion erfordern, damit die Dinge nicht eskalieren. Ich persönlich versuche ständig, eskalierende Situationen zu vermeiden. Wenn erst mal irgendwo ein größeres Feuer ausgebrochen ist, müssen wir ziemlich viel Aufwand betreiben, um es wieder zu löschen. Solange die Feuerchen noch klein sind, können wir sie mit einfachen Mitteln löschen. Je mehr

Eingangskanäle es gibt, desto mehr muss ich durchsehen, um zu prüfen, ob es kokelt. Das nervt.

Ich höre von Kunden und Kollegen immer wieder: Kann das nicht alles an einer einzigen Stelle gesammelt werden? Die klare Antwort: Nein, das geht nicht. Es gibt E-Mails. Es gibt Chats. Es gibt alle möglichen Nachrichten, die auf allen möglichen Kanälen eingehen. Da sind nicht nur die WhatsApp- und Facebook-Messenger. Auch in LinkedIn, Xing, Instagram, Twitter und anderen Social-Media-Plattformen sind eigene Messenger integriert. Und dazu kommen die in den Teams genutzten Gruppenchat-Tools. Es sind bei manchen Kollegen zehn bis fünfzehn Messenger-Lösungen ohne einen gemeinsamen Eingangskanal. Wenn in Ihrem Unternehmen nur vier bis sechs zum Einsatz kommen, dann möchte ich Sie zu Ihrer Disziplin beglückwünschen.

Es gibt Tools wie Rambox (Open Source) oder Franz bzw. Station (Freemium), die alle Messenger in eine Containersoftware stecken. Das ist zwar keine einheitliche Inbox, aber zumindest eine zentrale Stelle im Desktop-Computer, an dem die gesamte Chat-Kommunikation gebündelt werden kann. Ich selbst nutze solche Werkzeuge nicht, sehe aber einige Kollegen, die das sinnvoll finden.

Chats und die allgemeine Hektik in den Griff bekommen

Ein Chat hat eine viel geringere Karenzzeit für Antworten. Oft bekommt man das Gefühl, dass man sofort antworten muss. Letztendlich ist ein Chat ja so was wie ein persönliches Gespräch, und wenn man sich unterhält, sitzt man auf eine Frage hin ja nicht einfach minutenlang still da, führt noch ein Telefonat und antwortet erst danach, oder? Bei persönlichen Eins-zu-eins-Chats sind die gefühlte Dringlichkeit und der damit verbundene Druck sogar noch höher, da ich für die Lösung eines Problems oder die Beantwortung einer Frage erst mal allein verantwortlich bin und es ja offenbar an mir hängt, ob die ratsuchende Kollegin jetzt mit ihrem Thema vorankommt oder nicht.

Ich bin fest davon überzeugt, dass wir uns von solchen Gedanken schnell verabschieden müssen, weil uns die Chats sonst garantiert wahnsinnig machen. Ich sehe folgende Möglichkeiten, mit der Schnelllebigkeit von Chats umzugehen:

a) Sie können Chats einfach generell ignorieren, alle Benachrichtigungen abstellen und feste Zeitpunkte am Tag definieren, an denen Sie nachsehen und dann auch konzentriert antworten. Vermutlich ist das eine gute Strategie. Ich selbst bin allerdings viel zu neugierig, um mich daran zu halten.
b) Sie können sich angewöhnen, schnell und kurz zu antworten. Dabei helfen ein guter Schuss Selbstvertrauen und Pragmatismus. Sätze wie: "Das weiß ich nicht", "Das macht mir Angst", "Darüber muss ich nachdenken", "Das würde ich gerne in Ruhe besprechen", "Kannst Du mir dazu eine Nachricht oder Aufgabe im Intranet als Erinnerung erstellen?" oder "Was schlägst Du vor?" helfen mir oft, schnell zu antworten, ohne lange daran arbeiten oder intensiv darüber nachdenken zu müssen.

c) Oft kopiere ich mir die Nachricht auch als Erinnerung in mein Notiz-System Google Keep und komme dann zu einem ganz anderen Zeitpunkt auf die Chatanfrage zurück. (In Lösungen wie Telegram ist es übrigens möglich, Chats als "ungelesen" zu markieren, falls die Bearbeitung mehr Zeit in Anspruch nehmen würde, als man gerade hat. Hier hat Google noch Nachholbedarf. Es gibt inzwischen zumindest die Möglichkeit, Posts ans Postfach weiterzuleiten.)
d) Sie können Chatanfragen einfach ignorieren oder vergessen. Das klingt auf den ersten Blick nicht wie eine besonders sinnvolle Strategie. Aber dieser Ansatz ist trotzdem sehr verbreitet. Viele Menschen vergessen Chats einfach. Es ist nun mal ein flüchtiges Medium. Das ist vielleicht keine Legitimation, aber ein kapitales Problem ist es auch nicht.
e) Sie können natürlich auch anstreben, immer auf alles gleich richtig zu antworten. Wenn Sie generell wenig zu tun haben, wird Ihnen das womöglich gar nicht schwerfallen. Und es ist vielleicht sogar eine unterhaltsame Sache. Eine nachhaltige Strategie ist es für die allermeisten Leute jedoch nicht. So etwas würde ich mir jedenfalls gar nicht erst angewöhnen.

Dass es für Chats im Unternehmen gute mobile Lösungen braucht, darüber waren wir uns ja eben schon einig, nicht? Und ich bin sicher, dass auch ein Intranet durch eine mobile Alternative stark aufgewertet wird.

Damit gehen allerdings ein paar Fragen einher, die weit über die reine Funktionalität hinausreichen. Zwei davon lauten: Welche Geräte nutzen wir denn dafür eigentlich? Und wie steht es mit Aspekten wie Sicherheit und Compliance? Spätestens jetzt betreten wir also das Feld der Unternehmenspolitik. Darf ich Ihr Glas nachfüllen?

Kurzlink zu diesem Kapitel:
https://seibert.biz/intranetbuchmessenger

Mobile Apps in Intranets gezielt integrieren und nutzen

Sicherheit und Datenschutz haben in Unternehmen Priorität. Andererseits geht es nicht mehr ohne mobile Apps. Wie gelingt es, Usability und Sicherheit in Balance zu bringen?

Mobile Apps sind heute für Social Intranets grundlegend. Ich bin deshalb aber noch lange kein Verfechter des Mobile-first-Ansatzes und fest davon überzeugt, dass Mobile-Device-Management-Lösungen (MDM) in Unternehmen einen zu hohen Stellenwert genießen. “Bring your own device” (BYOD) ist praktischer und kann ebenfalls sicher funktionieren. Natürlich müssen Organisationen auf Themen wie Sicherheit, Datenschutz und Geheimniswahrung achten. Aber eine Kollaborationslösung wird erst dann wertvoll, wenn sie von vielen Mitarbeitern genutzt wird. Dafür muss die Komplexität gering sein und die Usability hoch. Leider sind Usability und Sicherheit im Unternehmen natürliche Antagonisten. Wie können wir beiden Aspekten gerecht werden? Welche Möglichkeiten gibt es?

Kein Intranet mehr ohne Smartphones

Die Möglichkeit, auf Unternehmensinhalte und geschäftlich relevante Informationen über Smartphones zuzugreifen, ist in den letzten Jahren zunehmend wichtiger geworden. Wer arbeitet, sitzt längst nicht den ganzen Tag an seinem Schreibtisch. Wir reisen, wir bewegen uns im Gebäude oder sind sonstwie unterwegs. Die Zeit, die Menschen mit dem Handy verbringen, ist heute auch bei vielen Wissensarbeitern länger als diejenige, die sie am Desktop-Rechner sitzen. Die Leute nutzen ihr Smartphone im Bus, auf dem Sofa, im Bett, am Frühstückstisch und zu allen möglichen und unmöglichen Gelegenheiten.

Irgendwann wurden die Google-Gründer mal gefragt, ob sie denn vor hätten, eines Tages mal Geld zu verdienen. Google hatte damals schon Hunderte von Millionen verbrannt und niemand wusste, wie diese Firma je profitabel arbeiten würde. Die lapidare Antwort der Gründer: "Money follows the eyeballs." Dieser Satz stammt nicht von ihnen. Aber ich habe ihn damals zum ersten Mal gelesen. Es geht letztendlich um Aufmerksamkeit: Wer die Aufmerksamkeit hat, verdient Geld. Oder aufs Intranet übertragen: Wer die Aufmerksamkeit hat, bestimmt, lenkt und wirkt. Daher gilt:

Ein gutes Intranet-Team umarmt Smartphones mit Apps und einer mobil zugänglichen Lösung, mit Push-Notifications und mit Offline-Inhalten, die auch unabhängig von der Internetverbindung schnell und unkompliziert abgerufen werden können.

Warum "mobile first" nicht die höchste Priorität für ein Unternehmen hat

Wie oft habe ich mich schon über die Missverständnisse aufgeregt, die die zwei simplen Worte bei Kunden und Intranet-Teams auslösen: Mobile first. So ähnlich wie "America first". Als der amerikanische Präsident das im Wahlkampf 2016 sagte, klang es für mich wie “America only”. Und genau so verstehen manche Intranet-Teams auch den Mobile-first-Ansatz: “Ja, lasst uns doch ein Intranet machen, das man auf dem Smartphone am besten nutzen kann. Wir haben ja eh überwiegend Mitarbeiter, die unterwegs sind und gar keine Computer-Arbeitsplätze zur Verfügung haben.” Zack, und schon ist das Kind in den Brunnen gefallen.

Gestatten Sie, dass ich Ihnen mal ein Zitat von Jakob Nielsen aus dem Intranet Design Annual 2018 (siehe https://seibert.biz/intranetdesignannual2018) vorlese, dem Übervater der Usability-Forschung? Falls Sie das Intranet Design Annual nicht kennen, sollten Sie sich diese Publikation unbedingt zulegen. Bei uns im Unternehmen wird sie wie die jährliche Intranet-Bibel behandelt. Nielsen sagt:

MOBILE SECOND
Organisationen wissen, dass Mobile für ihre Mitarbeiter wichtig ist, und die Gewinner bieten bereits einen mobilen Intranet-Zugriff oder sind dabei, ihn zu schaffen. Gleichwohl verfolgen die meisten Sieger einen realistischen, praktischen Ansatz im Hinblick auf mobiles Design – den Ansatz, sich im Rahmen sehr realer Ressourcenbeschränkungen dennoch hohe Ziele zu setzen. In einigen Fällen fokussieren sich die Teams zuerst auf den Desktop – wie etwa bei eBay. In anderen Fällen wählen sie einen inkrementellen Ansatz. Bei AMA zum Beispiel war die erste Version responsiv für Tablets, aber nicht für Smartphones; obwohl das Team ein Framework für Mobiltelefone erarbeitet hatte, wurde es im ersten Intranet-Release nicht implementiert. Auch die Sicherheit kann für Mobile eine

Herausforderung sein. Das responsive Intranet von Capital Power funktioniert über alle Geräte hinweg. Doch weil die Mobilnutzer eine Zwei-Faktor-Authentisierung durchlaufen müssen, blieb die mobile Nutzung hinter den Erwartungen zurück. Das Team sucht nun nach einer einfacheren Sicherheitslösung.

Ich habe, was das angeht, eine ausgeprägte Meinung: Ein Intranet ist langfristig nicht erfolgversprechend, wenn es sich nur mobil vollumfänglich nutzen lässt und auf der Weboberfläche nur einen billigen Abklatsch der mobilen Features anbietet.

Die Erstellung von Intranet-Inhalten findet auf Desktop-Computern statt. Der Konsum erfolgt immer mehr auf Smartphones.

Das Zentrum eines Intranets bilden Informationen und Kommunikation. Und das Smartphone ist unbestritten auf einem beeindruckenden Siegeszug, was den Konsum dieser Informationen betrifft. Wenn es allerdings um die Erstellung von Infos geht, kann das Smartphone nur Fotos, Videos und Ton beisteuern. Das sind gerade für soziale Anwendungsfälle auch spannende Dinge, keine Frage. Aber Videos, die Hunderte oder Tausende Leute ansehen, sollen oder besser müssen geschnitten werden. Und die allermeisten Infos lassen sich einfach mit einer Kombination aus Text und kontextuellen Bildern oder Visualisierungen am besten vermitteln. Und dafür braucht man Desktop-Computer.

Ein modernes Intranet muss den Desktop-Computer der Redakteure genauso umfangreich unterstützen, wie die mobilen

Konsumenten und kleinen Bearbeitungsvorgänge mit dem Smartphone. Und hier meine ich keine Erfassungsoberfläche für Nachrichten, die dann mobil ausgestrahlt werden können, oder eine Schnittstelle zu einem System, das auf Computern gut funktioniert. Sie benötigen eine Informationszentrale, die brummt. Diese Zentrale wird von allen Mitarbeitern in allen Situationen stark genutzt – ob am Computer oder unterwegs am Smartphone. Diese Fusion aus Mobile-first- und Desktop-first-Anwendungsfällen ist es, die Intranets heute erfolgreich macht.

Wenn Sie also das nächste Mal mit Intranet-Konzepten konfrontiert werden, die versuchen, komplexe Dinge extrem zu vereinfachen, dann schauen Sie genau hin. Das ist mit großer Wahrscheinlichkeit Quatsch und funktioniert in der Realität nicht gut.

Link zum Teilen dieser Kapitel im öffentlichen Internet: https://seibert.biz/intranetbuchmobileapps

"Cloud first" – Trend oder Gefahr?

"Wir brauchen ein Intranet, das mit unserer Cloud-first-Strategie kompatibel ist!" Solche Sätze bekommen Kunden von Unternehmen wie Salesforce, Google und neuerdings auch Microsoft immer häufiger eingetrichtert. Diese Hersteller haben nämlich inzwischen nur noch Angebote, die auf ihren eigenen Servern – also in ihrer Cloud – betrieben werden. Wenn ein Kunde nun eine Cloud-first-Strategie verfolgt, stellt das kein Problem dar.

Tatsächlich hat die Cloud eine ganze Reihe von Vorteilen. Den Anwendern eines Systems ist es jedoch vollkommen egal, wo der

Server steht. Die Applikation soll schnell laufen und verlässlich sein. Lange Ausfälle und schneckenlahme Reaktionszeiten torpedieren die Nutzerakzeptanz sehr wirksam und nachhaltig.

Anbieter wie Google, Salesforce oder Microsoft können skalierende Server zuverlässig und schnell betreiben. Das nehmen viele Kunden auch deshalb gerne an, weil sie selbst nicht in der Lage sind, professionell eigene Server zu hosten – vielleicht weil sie nicht genug kompetente Systemadministratoren haben oder weil ihnen Budgets fehlen oder weil die Compliance-Anforderungen der Organisation so hoch sind. Das ist das beste Feature der Cloud: Für Betrieb, Wartung und Skalierung ist jemand anderes verantwortlich und sämtliche Kosten lassen sich direkt der Anwendung zuordnen.

Nun muss man sich als Unternehmenslenker freilich fragen, wie gefährlich es werden kann, wenn die eigenen Daten in der Cloud potenziell für andere zugänglich sind. Wer mal beim FBI, bei der Bundespolizei, bei der Bundesdruckerei oder bei Apple gearbeitet hat, dem dürfte schnell klar werden, dass Geheimniswahrung in diesen Organisationen einen anderen Stellenwert einnimmt als in einem Start-up mit zehn Beschäftigten.

Je höher Ihr Anspruch an Datensicherheit, Datenschutz und Geheimniswahrung ist, desto eher sollten Sie sich damit beschäftigen, eigene Personalressourcen aufzubauen, um Server künftig in Ihrer "privaten Cloud" zu hosten.

Es zeichnet sich bereits heute ab, dass Unternehmen die Server-Ressourcen anderer Organisationen (zum Beispiel Amazon Web

Services AWS, Google Cloud oder Microsoft Azure) sehr wohl auch bei höchsten Sicherheitsansprüchen nutzen können. Beispielsweise können Sie bei Amazon & Co. Ihre Daten sicher verschlüsselt halten, sodass am Ende doch nur Ihre Mitarbeiter oder Beauftragten die Informationen einsehen, auslesen und verarbeiten können.

Wichtig ist, dass Sie eine belastbare Antwort auf die folgende Frage finden: "Haben wir die Kapazitäten, um die Server für unser Intranet selbst zu betreiben?" Wenn die Reaktion ein klares Ja ist, passt eine Cloud-first-Strategie nicht zu Ihrem Unternehmen. Falls Sie aber die sowieso schon knappen Ressourcen an Systemadministratoren nicht mit dem Intranet-Projekt belasten wollen oder dürfen, sollten Sie sich auf jeden Fall mit dem Betrieb in der Cloud beschäftigen. Dabei spielt es für Sie und Ihr Intranet-Team allerdings keine besonders große Rolle, in welcher konkreten Cloud das Intranet betrieben wird.

Es gibt Unternehmen, die aus strategischen Gründen alle Anwendungen in einer bestimmten Cloud laufen lassen wollen. Das ist aber nicht immer sinnvoll. Atlassian zum Beispiel hat seine Data-Center-Produkte sehr stark auf eine AWS-Umgebung zugeschnitten und stellt dafür viele Automatisierungen zur Verfügung, die man nutzen sollte. SAP hingegen hat eine enge Partnerschaft mit Google und kann einen Betrieb in der Google Cloud besonders effizient und automatisiert anbieten.

Am besten Sie sprechen mit Ihren eigenen Systemadministratoren oder mit kompetenten Beratern darüber, wo und wie ein Betrieb Ihres Intranets stattfinden sollte. Nur Experten können technische

Aspekte wie Bandbreitenbeschränkungen, Backup-Anforderungen, Aufwand und Stabilität der Anbindung an andere Dienste valide einschätzen. Dabei müssen Sie natürlich Beschränkungen der Anbieter berücksichtigen.

Wenn Ihre Intranet-Lösung ohnehin nur in der Cloud angeboten wird, brauchen Sie natürlich niemanden zu fragen, ob ein lokales Hosting vielleicht eine Alternative ist. Aber Sie sollten sich auch nicht erzählen lassen, dass diese Einschränkung Ihrer Entscheidungsfreiheiten perfekt zur Cloud-first-Strategie Ihres Unternehmens passt. Das ist Quatsch.

Ich bin ziemlich froh, dass wir mit unserem Linchpin-Intranet und der Basis Atlassian Confluence einen sehr flexiblen Intranet-Betrieb anbieten können. Kunden haben die Wahl, Hardware selbst zu stellen, sie in einer privaten Cloud ihrer Wahl anzumieten oder alles vollständig an die Anbieter zu übergeben. Von einer Installier-Software bis zu einem Cloud-Abo-Angebot samt Rundum-sorglos-Paket ist alles drin. Sozusagen eine Customer-first-Strategie.

Kurzlink zu diesem Kapitel:
https://seibert.biz/intranetbuchcloud

MDM-Lösungen: nett in der Theorie, nervig in der Praxis

Grundsätzlich sind Strategien, die es Unternehmen erlauben, geschäftliche Software auf die vorhandenen Smartphones ihrer Mitarbeiter auszurollen, eine interessante Idee: Jeder Mensch hat ein

Handy und ein breiter Rollout könnte vergleichsweise schnell vonstatten gehen. Doch bei einem solchen Ansatz wünscht sich die IT- oder auch die Compliance-Abteilung oftmals ein besonderes Maß an Kontrolle.

MDM-Lösungen wie AirWatch, Intune oder MobileIron ermöglichen es einem Unternehmen, die Ausführung seiner Software auf iOS- und Android-Geräten zu kontrollieren. Vereinfacht gesagt, es wird ein geschützter Bereich mit einer sicheren Brandmauer eingerichtet, in deren Umgebung die Anwendungen ausgeführt werden.

Doch das ist technisch und vor allem organisatorisch deutlich schwieriger in die Realität umzusetzen, als man denkt. Sie errichten eine Hürde, die die Situation für die Mitarbeiter oft so kompliziert macht, dass eine Nutzung der Apps gar nicht stattfindet. Darüber hinaus schränken die MDM-Tools die Geschwindigkeit und die Einfachheit der Apps so stark ein, dass viele Anwender lieber dankend abwinken und diese Option ungenutzt bleibt.

Auch für unsere eigene Intranet-Lösung Linchpin haben wir eine mobile App entwickelt, und die ersten Kunden haben alle versucht, sie per MDM zum Laufen zu bekommen. Einigen gelang es, anderen nicht. Die Situation als Hersteller solcher Apps ist immer undankbar, weil wir uns eigentlich sämtliche MDM-Lösungen selbst installieren müssten, um sauber testen zu können, ob alles läuft. Dieses Vorgehen unterstützen die Hersteller aber gar nicht. Ein vernünftiger Support, der MDM-spezifische Fragen beantwortet, stand unseren Konzernkunden ebenfalls nicht zur Verfügung, obwohl sie teilweise enorme Summen für die Lösung bezahlen.

Am schlimmsten finde ich persönlich, dass dieser künstliche, unhandliche und insgesamt unpraktische MDM-Käfig mehr an Lizenzkosten verschlingt als unsere gesamte Intranet-Lösung an sich. Das hat bei vielen unserer Kunden (auch und gerade in Konzernen mit Tausenden gewerblichen Mitarbeitern) dazu geführt, dass der MDM-Weg schon aus wirtschaftlichen Gründen versperrt war. Hinzu kamen immer mehr Probleme auf technischer Seite, die in einem Großteil der Fälle gar nicht sauber aufgeklärt werden konnten, weil weder automatisierte noch sonst irgendwelche durchgängigen Testszenarien sinnvoll etablierbar waren.

Der Frust rund um MDM hat bei uns als Hersteller dazu geführt, dass wir unsere eigene kleine Speziallösung geschaffen haben, die MDMs überflüssig macht: einen Gateway-Server. Dazu muss ich etwas ausholen: Wenn Sie Ihr Intranet sehr sicher betreiben wollen, dann residiert es hinter einer Firewall. Das hat den unverrückbaren Vorteil, dass der Intranet-Server vor all den bösen Halunken, die im Internet versuchen, Server zu kompromittieren, sicher ist. Das gilt auch dann, wenn Ihre Intranet-Software mal eine Sicherheitslücke aufweisen sollte – und jede Software hat solche Mängel, die irgendwer irgendwann findet. Lassen Sie sich von niemandem etwas anderes erzählen. Software gammelt. Sie ist abhängig von Diensten, die wiederum abhängig von Bibliotheken sind. Das Gebilde ist so komplex, dass niemand seriös ausschließen kann, dass eines der Elemente eine Schwachstelle aufweist. Gute Anbieter wissen das und reagieren schnell, wenn so ein Sicherheitsproblem auftritt. Wenn Ihr

System also mit einer zusätzlichen Schutzmauer ausgestattet ist, sind Sie auch dann noch vor Fremden geschützt, wenn es mal einen Sicherheitsmangel hat, der noch nicht behoben wurde.

Viele unserer Konzernkunden betreiben ihre Systeme hinter einer Firewall. Wenn Sie jetzt mit einem Smartphone auf so ein geschütztes System zugreifen möchten, müssen Sie erst einen Tunnel durch die Firewall aufmachen. Das macht man auf dem Handy mit einem sogenannten VPN-Client (Virtual Private Network). In der Regel kostet diese VPN-Lösung aber auch wieder Lizenzgebühren pro Nutzer, die ähnlich wie im Fall von MDM zu enormen Kosten führen können. Aber selbst wenn Sie zum Beispiel mit OpenVPN eine kostenfreie Open-Source-Lösung im Einsatz haben, macht die Nutzung keinen Spaß, denn immer dann, wenn Sie mobil auf das Intranet zugreifen wollen, müssen Sie erst das VPN aktivieren.

Falls Sie in einer solchen Situation eine Push-Nachricht erhalten, können Sie sie nicht einfach anklicken. Erst müssen Sie den VPN-Tunnel öffnen. Das macht kein Mensch.

Ich behaupte – ganz ohne Studien, aber mit voller Überzeugung: Im Hinblick auf die aktive Nutzung sind Systeme hinter VPN-Tunneln auf Smartphones tot.

Und ja, vielerorts werden Menschen einfach dazu gezwungen, Apps via VPN-Tunnel zu verwenden. Aber gerne macht das niemand. Und eine Nutzung findet unter diesen Umständen auch nur dann statt, wenn es gar nicht anders geht. Wenn ich wirklich muss, mache ich alles Mögliche. Aber mal so nebenbei über etwas informieren? Dafür aktiviere ich als Nutzer nicht extra VPN.

Die MDM-Lösungen hatten eigentlich das Versprechen im Gepäck, diese Scherereien zu vermeiden und den VPN-Tunnel automatisch mit an Bord zu haben, sodass Nutzer die Intranet-Systeme problemlos über die mobile App aufrufen können. Im Großen und Ganzen klappt das auch. Im Detail sieht es dann aber schon wieder nicht so gut aus – zum Beispiel dann, wenn Nutzer versuchen, Anhänge und Dateien auf dem Smartphone mit den lokal installierten Anzeige-Apps zu öffnen. Dann hätte die Datei nämlich aus der Brandmauer des MDM herausgelöst werden müssen, und das war in vielen Fällen verboten.

Hmm, während ich das erzähle, weiß ich gar nicht, ob Sie all diese Einzelheiten verstehen müssen. Mit MDM-Systemen sind die Dinge jedenfalls unglaublich kompliziert und auch noch unglaublich teuer. Und obwohl wir Hunderte erfolgreiche Systeme im Einsatz haben, sind sie im Verbund mit MDM-Systemen in der mobilen Nutzung eher Krücken. Sie brauchen in jedem Fall sehr motivierte und kompetente MDM-Spezialisten. Einfach ist da gar nichts.

Zurück zu unserer Linchpin-Lösung. Die sollte wirklich einfach sein. Also haben wir einen Gateway-Server gebaut. Dieser Gateway-Server steht für Verbindungsaufrufe von Intranet-Systemen hinter der Firewall zur Verfügung. Mobile Apps auf Smartphones können sich mit dem Gateway-Server verbinden. Die Legitimation erfolgt einmalig über QR-Codes, die in der mobilen App gescannt werden. Und mittels einer Ende-zu-Ende-Verschlüsselung ist sichergestellt, dass keine Daten zwischen Intranet-Server und Smartphone abgefangen werden können.

Nutzen Sie entweder gleich ein öffentlich erreichbares Intranet oder verwenden Sie eine Lösung, die einen einfachen Zugriff vom Smartphone auf Ihren Intranet-Server zulässt.

Bei Linchpin haben wir viel investiert, damit auch sichere Systeme über den Gateway-Server erreichbar werden. Falls Sie an MDM-Lösungen nicht vorbeikommen, sollte Ihr Intranet-Team sie in jedem Fall auf Herz und Nieren testen. Es kann funktionieren. In 80 Prozent der mir bekannten Fälle ist das Ergebnis allerdings ziemlich zweifelhaft und nichts, wofür Ihre Anwender Beifall spenden werden. Hier sollten Sie wirklich vorsichtig sein.

Kurzlink zu diesem Kapitel:
https://seibert.biz/intranetbuchmdm

Bring-your-own-device-Konzepte und ihre Stärken

Alle Ihre Mitarbeiter haben Smartphones. Warum sollten Sie für die Leute zusätzlich geschäftliche Geräte anschaffen? Meiner Meinung nach ist das absurd, auch wenn es heutzutage noch recht üblich ist. Ich will keinen Hehl daraus machen, dass, während wir hier zusammensitzen, noch keiner unserer Konzernkunden Linchpin Mobile vollständig auf Privatgeräte ausgerollt hat. (Ich hoffe aber sehr, dass das der Fall sein wird, wenn wir uns das nächste Mal unterhalten.) Es ist also eher der Normalzustand, wenn in Ihrem

Unternehmen niemand geheime Unternehmensdaten auf den privaten Handys von Mitarbeitern sehen möchte. Klingt ja auch irgendwie komisch und fast beängstigend, oder? Trotzdem will ich den Versuch unternehmen, Sie davon zu überzeugen, dass es nahezu unvermeidlich ist und dass es früher oder später doch dazu kommen wird.

Wir wollen an dieser Stelle nicht noch mal aufrollen, wie wichtig Smartphones heute sind. Lassen sich mich in diesem Zusammenhang aber mal ein Erlebnis schildern, das ich kürzlich hatte. Wir haben neulich unsere ersten beiden Vollzeitmitarbeiter in den USA eingestellt, einen Mann und eine Frau. Er hatte ein altes Android-Smartphone. Alles gut. Sie allerdings besaß ein über 1.000 Euro teures iPhone der neuesten Generation und sagte auch, dass sie das Gerät gerne behalten wolle.

Sie müssen dazu wissen, dass ich selbst in einem Unternehmen arbeite, in dem die IT Unternehmensdaten gerne nur auf Firmengeräten sehen möchte. Wir lösen das heute so, dass wir den Mitarbeitern einfach ein Mobiltelefon der neuesten Generation mit einem High-End-Datenvertrag zur Verfügung stellen, sämtliche Kosten bezahlen und die private Nutzung zusätzlich erlauben. Nun hatte diese neue Mitarbeiterin aber bereits ein Telefon, das ebenbürtig war. Ich ging davon aus, dass schon die monatlichen Kosten das zweite (private) Telefon überflüssig machen würden. Aber aktuell plant sie, das geschäftliche Gerät als Zweithandy zu nutzen und immer zwei Geräte mitzuführen.

Wie, bei Ihnen ist das ganz normal? Im Konzern hat man eben zwei Handys – ein privates und ein geschäftliches? Also, ich finde das wie gesagt absurd. Erstens ist es total unpraktisch, ständig zwei große Smartphones mit sich herumtragen zu müssen. Und kein Mensch macht das durchgehend. Zweitens geht ein gewichtiger Teil der Argumentationskette hinsichtlich der Aufmerksamkeit flöten, die ein modernes Intranet nutzen möchte, wenn das Intranet-Handy nicht auch das Hauptgerät ist. Denn dann schaue ich da so gut wie nie drauf.

Ein modernes Intranet bietet nicht nur die aktuellsten Nachrichten. Es ist der Schmelztiegel, in dem alle Aktivitäten zusammenlaufen. Die immens hohe Aufmerksamkeit ist Anlass für alle Führungskräfte im Unternehmen, Nachrichten zu schreiben, weil sie wissen, dass sie dort gelesen werden. Und die Nachrichten und natürlich auch all die anderen Anwendungsfälle, die wir hier besprechen, sorgen dafür, dass die Aufmerksamkeit weiter steigt. Dieser Schmelztiegel bestätigt und unterstützt sich selbst.

Es ist enorm schwer, ein solches Intranet zu etablieren. Aber es funktioniert wie ein Netzwerkeffekt: Jede Information sorgt für eine noch stärkere Etablierung des Systems und ab einem gewissen Zeitpunkt unterstützt das System sich selbst durch die hohe Aufmerksamkeit.

Daher ist es meines Erachtens viel besser, wenn das geschäftliche Intranet neben dem privaten WhatsApp, neben Facebook, Instagram, Snapchat und anderen Apps läuft, die die Mitarbeiter so im Einsatz haben. Dann ist das Intranet nur einen Klick entfernt und nicht ein ganzes Gerät, das möglicherweise schon wieder im Büro vergessen wurde.

Ich möchte hier nicht den Eindruck erwecken, als wolle ich unsere Mitarbeiter zu Wochenendarbeit verleiten. Und ich weiß, dass einige unserer Kunden von 18 Uhr bis morgens um 6 Uhr ihre Mailserver nicht ansehen. Das kann man gut finden oder auch nicht.

An dieser Stelle muss ich erklärend hinzufügen, dass in unserer Firma jeder Kollege ein Diensthandy haben kann, ob er es für seine geschäftliche Arbeit braucht oder nicht. Damit gehen natürlich gleichzeitig gewisse "Pflichten" einher. Wir haben durchaus Mitarbeiter, die das Dienstgerät auch für alle privaten Anwendungszwecke nutzen. Kein Problem! Doch dann muss der Kollege im Zweifel natürlich die Bereitschaft mitbringen, in “Notfällen” auch mal in seiner eigentlichen Freizeit erreichbar zu sein.

Wenn dann wirklich mal ein dringender Fall entsteht und ich samstags oder sonntags eine Kollegin erreichen will, dann ist es schon besser, wenn sie das Handy dabei hat, oder? Ein Zweitgerät ist überhaupt kein Vorteil. Denn das geschäftliche Handy bleibt am Wochenende und abends ganz sicher immer zu Hause oder liegt ausgeschaltet in der Handtasche.

Viele Organisationen zementieren und konservieren auf diese Weise einen selbst gewählten Zustand, der die Etablierung eines mobilen Intranets erschwert. Solange Sie selbst als Unternehmer die

Kontrolle darüber haben, wie viele Geräte Ihre Mitarbeiter so mit sich herumschleppen (sollten), ist das auch recht und billig.

Aber in immer mehr Branchen (vermutlich auch in Ihrer) hat inzwischen dieser neue Typus an Beschäftigten aufgeschlagen, der an Sie als Arbeitgeber konkrete Anforderungen mitbringt. Diese Leute haben genaue Vorstellungen davon, was sie mitmachen und was nicht. Sie arbeiten einfach nur vier Tage pro Woche, obwohl sie gut Vollzeit und sogar Überstunden leisten könnten. Sie fragen schon während der Bewerbungsphase aktiv danach, wie sie ihre Arbeit organisieren dürfen, ob sie Home-Office machen können, welche Freiheiten sie haben werden. Natürlich tun das nicht alle. Viele sind weiterhin froh, einfach einen coolen Job bei Ihnen zu bekommen und fair bezahlt zu werden. Aber diejenigen, die Sie unbedingt haben und behalten wollen, sind meist auch von anderen Unternehmen umworben. Und das versetzt begehrte Leute in eine sehr gute Verhandlungsposition.

Im Silicon Valley haben Arbeitnehmer in der Tech-Industrie bereits Anforderungslisten, die ein Job erfüllen muss. Wenn eine Firma da nicht mithalten kann, ist das ein Ausschlusskriterium.

Was macht Ihr Unternehmen, wenn Mitarbeiter nicht mehr bereit sind, ein Zweitgerät zu akzeptieren? Oder anders formuliert: Wie, glauben Sie, wird Ihre Organisation die Mitarbeiter über die nächsten zehn Jahre dazu bringen, dass sie gegen ihren Willen zwei Geräte mit sich herumtragen?

Diesen Kampf sollten Unternehmen meines Erachtens sofort aufgeben. Aber ich vermute, es wird noch eine Weile dauern, bis die Realität der Erkenntnis auf die Sprünge hilft.

Die andere Seite der Medaille ist die, dass viele Organisationen es sich gar nicht leisten wollen, allen Mitarbeitern Smartphones zu besorgen. Inzwischen gibt es ja Android-Geräte, die halbwegs akzeptabel sind, schon für unter 200 Euro pro Stück zu kaufen. Aber wenn Sie 35.000 Werksmitarbeiter haben, sprechen wir schon über ein Budget von 7 Millionen Euro – ganz zu schweigen von den Folgekosten der Anschaffung, Verteilung, Verwaltung und Software-Ausstattung. Ja, hier bieten die MDM-Lösungen einige Möglichkeiten. Aber selbst wenn Sie die eben besprochenen Herausforderungen mal außen vor lassen, wird Ihnen beim Blick auf den Kostenüberschlag ganz anders zumute: Solche Lösungen schlagen auch gut und gerne mit 1 bis 5 Euro pro Person und Monat zu Buche, was über einen Zeitraum von fünf Jahren bei 35.000 Mitarbeitern stattliche 2,1 bis 10,5 Millionen Euro ausmacht. Und es kommt noch dicker. Viele Organisationen haben gar keine E-Mail-Adressen für die Angestellten. Dasselbe Unternehmen, das es übrigens in der Realität gibt, müsste 40 Euro pro Person und Jahr bezahlen, damit die Mitarbeiter E-Mail-Konten im Microsoft-Netzwerk bekommen. Wieder auf fünf Jahre hochgerechnet, sind das also noch mal schlappe 7 Millionen Euro Lizenzgebühren zusätzlich.

Natürlich verdient ein solches Unternehmen genug, um solche Kosten stemmen zu können. Aber warum sollte es? Am Ende geht es um ein digitales Intranet, eine Informations- und

Kollaborationsplattform. In der Welt, in der wir unterwegs sind, geben Unternehmen für so etwas nicht zig Millionen Euro aus. Das mag schon vorkommen, ist aber nicht die Regel.

Mit Linchpin haben wir die Sache so gelöst, dass es für die Lizenzierung der Basis-Software Confluence von Atlassian glücklicherweise eine Benutzerstaffel gibt, die unbegrenzt viele Mitarbeiter zulässt. Die gilt schon ab 10.000 Mitarbeitern. Das bedeutet, dass weitere Mitarbeiter ab der 10.001. Person keine weiteren zusätzlichen Kosten verursachen. Andere kleinere Anbieter offerieren in der Regel ebenfalls Pauschalpreise. Und die Lösungen funktionieren ohne Benutzerkonten bei Microsoft und ohne E-Mail-Adressen. Das ist sozusagen eine wirtschaftlich sinnvolle Umsetzung für eine Verlängerung der Intranet-Kommunikation auf alle gewerblichen Mitarbeiter.

Jetzt ist es ja schön, wenn ich eine Intranet-Lösung habe, die keine Zusatzkosten erfordert, und über einen Gateway-Service sicher auf ein hinter der Firewall betriebenes Intranet zugreifen kann. Aber wo kommen die Handys her? Von den Mitarbeitern natürlich. Und die Sicherheit? Die ist bereits heute ausreichend gewährleistet. Lassen Sie mich das mal kurz erklären:

Moderne Smartphones werden heute bereits von den meisten Anwendern mit einer biometrischen Sicherung ausgestattet, die sicherer als ein Haustürschlüssel ist. Dazu gehören vornehmlich Fingerabdrücke und Gesichtserkennung. Aber auch sechsstellige Codes oder Entsperrmuster sind grundsätzlich nicht unsicher.

Hinzu kommt, dass eine sinnvolle Intranet-App selbst eine zusätzliche Sicherung ermöglicht. Auf diese Weise können auch zum Beispiel Familienmitglieder nicht einfach im Intranet surfen, selbst wenn sie zeitweilig mal Zugriff auf das Gerät haben.

In den aktuellen Versionen von Android und iOS werden die Apps außerdem in verschlüsselten Containern gehalten, sodass die dort geladenen und gespeicherten Daten nicht über andere Apps oder externe Programme eingesehen werden können. Die Sicherheit dieser Betriebssysteme steigt kontinuierlich und die Funktionen zur Geheimniswahrung verbessern sich stetig. Ich halte es für sehr sinnvoll, dass Sie das Gespräch mit Ihrer IT-Abteilung suchen und prüfen, wie es ermöglicht werden kann, dass die Mitarbeiter ihre bestehenden Geräte nutzen dürfen.

Einen Wermutstropfen hat das Ganze allerdings aus ethischer Sicht. Es gelingt einigen Unternehmen (zumindest anfangs) schon, die Bring-your-own-device-Strategie als freiwilliges Angebot darzustellen. Das führt zu der eleganten Lösung (vorausgesetzt, Sie arbeiten mit einer wie von mir beschriebenen Intranet-Lösung, die ab einer gewissen Nutzeranzahl keine weiteren Kosten mehr verursacht), dass die Umsetzung für das Unternehmen kostenneutral erfolgen kann. Gut! Vielleicht ermöglicht Ihre Intranet-App auch das Herunterladen von Informationen in WLANs, sodass keine Datentarifgebühren erforderlich sind. Noch besser! Aber wie sieht es mit einem Entgelt für die geschäftliche Nutzung eines privaten Geräts aus? Wäre das aus ethischer Perspektive nicht angemessen?

Sie kommen argumentativ vermutlich eine gewisse Zeit um diese Frage herum. Und wir haben durchaus bereits Betriebsräte gesehen, die es gut fanden, wenn Mitarbeiter mehr Zugriff auf Informationen bekommen. Aber solche Apps sind eben auch Einfallstore in die private Zeit der Arbeitnehmer und werden auch deshalb in den meisten Arbeitnehmervertretungen kritisch gesehen. Früher oder später müssen Sie im Unternehmen vermutlich darüber diskutieren, dass eine geschäftliche Nutzung privater Geräte auch mit einem Obolus zu entgelten ist.

In der Realität ist die Nutzung privater Handys jedenfalls sicherer, als es die meisten IT-Lenker wahrhaben wollen. Und es ist zudem auf lange Sicht nahezu unvermeidlich. Wenn Sie (wie ich) in einem Unternehmen mit 160 Leuten arbeiten, haben Sie die einfache Möglichkeit, allen Angestellten die Geräte samt Nebenkosten zu bezahlen. Dann werden Teile unserer Diskussion obsolet. Wenn Ihre Organisation aber größer ist, wird's vermutlich komplizierter und komplexer.

Kurzlink zu diesem Kapitel:
https://seibert.biz/intranetbuchowndevice

Sicherheit, Datenschutz und Geheimniswahrung gegen Usability

Es ist zumindest in unserem Unternehmen ein ewiger Diskurs: Sicherheit und Usability stehen sich gegenseitig im Weg. Ein Login zum Beispiel ist ja eine bewusste Hürde, um die Sicherheit von Informationen zu erhöhen. Aber er sorgt auch dafür, dass ein

Anwender seinen Benutzernamen und sein Passwort eingeben muss, wenn er auf die Inhalte zugreifen will. Ich selbst verwende einen digitalen Passwortmanager, um den Prozess des Logins und die Verwaltung von immer wechselnden und immer sichereren Passwörtern für mich einfach zu machen und so eine hohe Usability zu erreichen. Und auch alle unsere Mitarbeiter werden im Rahmen von Security-Audits dazu angehalten, das so zu machen.

Solche Passwortmanager sind ein gutes Beispiel dafür, wie Usability und Sicherheit so miteinander verwoben werden können, dass eine akzeptable Lösung entsteht.

Ein weiteres gutes Beispiel ist die Zwei-Faktor-Authentisierung von Google. Klar, eigentlich ist ein solches Verfahren fast immer lästig, weil man irgendeine per SMS oder E-Mail verschickte Ziffernfolge irgendwo eingeben muss. Google dagegen hat den Login über eine App (zum Beispiel Gmail) auf dem Smartphone gelöst. Wenn ich mit dem entsprechenden Google-Konto schon in Gmail eingeloggt bin, kann ich durch Aufruf der App den Login auf einem anderen Gerät (zum Beispiel einem Notebook) bestätigen: keine Nummern, wenig Komplexität. Auf einmal wird aus der lästigen eine aushaltbare Sicherheitsmaßnahme.

Es ist nicht so, dass die Usability dank Passwortmanager oder Zwei-Faktor-Authentisierung optimal werden würde. Aber es ist ein guter Kompromiss. Und darum geht es in einem Intranet:

Sie erreichen keine maximale Sicherheit und Sie erreichen auch keine maximale Usability.

Ich warne davor zu glauben, Sie könnten ein "offensichtlich unsicheres System" einkaufen und da auch nur "wenige unternehmenskritische Informationen" veröffentlichen. Das klingt schon in dem Moment absurd, in dem man es ausspricht. Aber so denken tatsächlich viele. Dabei können Infos aus dem Unternehmen sehr leicht für so genanntes Social Hacking benutzt werden. Sie erschleichen Sie dabei durch die Kombination aus internen Informationen Vertrauen und weitere Informationen, bis es für einen digitalen Einbruch reicht.

Die Vertraulichkeit einer Information steht im direkten Zusammenhang mit ihrer Relevanz und Attraktivität für das Unternehmen. Wenn Sie nur generische Unternehmenspropaganda zu veröffentlichen haben, können Sie konsequent sein und dafür gleich eine öffentliche Plattform nutzen. Das ist dann aber kein Intranet und damit werden Sie keine dauerhafte Aufmerksamkeit bei Ihren Mitarbeitern erzielen. Und wenn Sie eben doch relevante Informationen veröffentlichen, müssen Sie diese auch sichern.

Sie haben es vermutlich längst gemerkt: Mir persönlich ist Usability extrem wichtig. Die meisten unserer Kunden tendieren jedoch ganz stark in Richtung Sicherheit.

Am besten ist es, wenn Sie es schaffen, mit Ihrem Intranet-Team eine ungefähre Strategie zu definieren: Wo wollen Sie das Projekt verorten? Sind Ihnen Sicherheit und Usability gleich wichtig? Ist Ihnen im Zweifel Usability oder Sicherheit wichtiger?

Teile Ihrer Positionierung in diesen Fragen dürften schon durch Ihre Unternehmenskultur, die Art und Beschaffenheit Ihres Geschäftsmodells und die Präferenzen der Entscheider determiniert sein. Wenn Sie darüber Klarheit haben, hilft Ihnen das ungemein bei der weiteren Planung.

Kurzlink zu diesem Kapitel:
https://seibert.biz/intranetbuchsicherheit

Vor dem Start – eine breite Unterstützung finden

Eine einzige Abteilung kann das Intranet nicht erfolgreich machen. Wer muss von Beginn an aktiv beteiligt werden? Und welche Rolle spielen Zweifler und Kritiker?

"Wir haben eine Cloud-first-Strategie."
"Wir sind ein Microsoft-Laden und müssen deshalb SharePoint nutzen. SharePoint ist ja auch kostenfrei für uns."

Ich bin ziemlich fest davon überzeugt, dass die meisten Leute, die so etwas sagen, meine Argumente, warum dies keine nachhaltigen Erklärungen sind, gar nicht brauchen. Der Hintergrund ist oft viel banaler: Es sind Ausreden, die andere, viel schwerer wiegende Probleme kaschieren sollen.

Häufig fehlt es im Unternehmen an einer breiten Unterstützung für eine Intranet-Lösung. Und statt eine solche Basis zu schaffen, werden Totschlagargumente benutzt. Diese Ausreden helfen, darüber hinwegzutäuschen, dass es eben an einer gemeinsamen Strategie fehlt. Da kommt es zum Beispiel der IT-Abteilung ganz gut zupass, dass im Unternehmen eben nur Microsoft genutzt wird. Damit lassen sich alle anderen Systeme und Ideen ohne weitere Diskussion abwürgen. Die Cloud-first-Strategie wiederum dient beispielsweise der Unternehmenskommunikation als Rechtfertigung, warum die IT in der Sache gar nicht befragt werden oder mitreden muss. Das Denkmuster dahinter: Wir wollen sowieso alles in der Cloud hosten, weil wir dann nicht mehr so abhängig von der starren IT-Abteilung sind. Machen wir doch gleich eine Strategie daraus: die Cloud-first-Strategie.

Und ja, das funktioniert. Mit einer solchen Politik, mit derartigen Argumenten können Sie im Unternehmen Systeme durchdrücken oder im Keim ersticken. Ich habe das schon mehrmals beobachtet. Ziemlich sicher ist allerdings, dass ein solcher Alleingang, den ein Teil der Organisation unternimmt, nicht nachhaltig ist. Dabei spielt es eigentlich keine Rolle, welche Argumente vorgebracht werden und durch wen.

Nur ein System, das von allen wichtigen Gruppen im Unternehmen gleichermaßen getragen wird, hat die Chance, wirklich erfolgreich zu werden.

Entscheidend sind in der Regel die Geschäftsführung (also das Topmanagement), die IT-Abteilung und die Unternehmenskommunikation. Wichtig können außerdem die Personalabteilung oder das Marketing sein. In den meisten klassisch geführten Unternehmen wird das System inhaltlich von den drei letztgenannten Bereichen befüllt. Am besten ist es also, wenn alle mit im Boot sitzen.

Sofern es eine Unternehmenskommunikation im Unternehmen gibt, fungiert sie zumeist als essenzieller Treiber für den Erfolg eines Intranets. Genauso sind IT und Geschäftsführung grundlegend. Stark vereinfacht sagen wir intern:

Das Intranet gehört der Unternehmenskommunikation. Die IT hat ein Vetorecht.

Als Teil des Intranet-Teams sollten Sie also darauf aus sein, im Unternehmen Konsens für ein System herzustellen. Eine schlechte Lösung kommt zwar nicht so gut bei den Endanwendern an, aber richtig gute Inhalte wirken trotzdem. Sofern dann alle an einem Strang ziehen, ist es vielleicht sogar besser, eine Software aus der Kategorie "noch okay" zu nutzen.

Ein größeres Problem stellen in einem Konzern allerdings die Verschmähten und Übergangenen dar. Damit meine ich insbesondere einzelne Menschen (vornehmlich in Führungspositionen), aber auch ganze Abteilungen. Ein "Not invented here"-Syndrom kann die Motivation der Mitarbeiter, die die Inhalte erstellen sollen, im Keim ersticken. Ich habe es selten erlebt, dass jemand, der nicht gefragt wurde und dem nun eine Zusammenarbeitssoftware übergestülpt werden soll, geantwortet hat: "Ich habe mir jetzt mal zwei Stunden Zeit genommen und eure Software ausgiebig getestet. Die ist wirklich gut. Das Verfahren finde ich zwar echt panne, aber die Lösung ist stark. Und deshalb machen wir jetzt mit. Vollgas!" Die übliche Antwort lautet eher: "Solange ich hier für irgendwas verantwortlich bin, machen wir mit diesem Werkzeug gar nichts. Aber das sagt so bitte keiner. Wir verhalten uns einfach ruhig und inaktiv. Ich weiß, dass Meyer, Müller und Schmidt das in ihren Abteilungen genauso machen. Das Problem sitzen wir einfach aus." Und schwupp, ist Ihr Intranet-Projekt zu einem Himmelfahrtskommando geworden, ohne dass Sie es wissen.

Wenn jemand in Ihrer Organisation schon so windige Totschlagargumente wie "cloud first" oder "mobile first" bemüht, dann lohnt es sich, die Sache genauer zu betrachten. So ein Intranet tritt nämlich auf die Bühne, um dort die nächsten drei bis fünf Jahre zu bleiben, bevor man offiziell einen Relaunch angehen kann. Und wer will schon nach ein paar Monaten oder einem Jahr einräumen, dass das Projekt ein Flop war und neu gestartet werden muss? Solange also noch nichts entschieden ist, lohnt es sich für das Intranet-Team, aktiv beizutragen, konstruktiv mitzusteuern und vor allem auf Stakeholder und Kollegen zuzugehen, um sie von Anfang an abzuholen, damit diese Abwehrhaltung gar nicht erst entsteht.

Und die gute Nachricht ist: Eigentlich haben alle Unternehmensbereiche Lust auf ein Intranet! Viele Menschen haben nur keine Zeit oder andere Prioritäten. Aber von besserer Kommunikation und Zusammenarbeit, von mehr Effizienz und insgesamt von mehr Wirksamkeit profitieren alle – die einzelnen Menschen, die diversen Unternehmensbereiche und die Organisation insgesamt. Die Sachargumente, die eine Abteilung vorbringt, warum sie mit dem Intranet nun wirklich nichts zu tun haben will, würden mich ehrlich interessieren!

Ich finde es okay, wenn jemand keine Zeit hat oder dazu bereit ist, in seinem Verantwortungsbereich mit den Konsequenzen seiner Inaktivität zu leben. Wenn dies aber darin mündet, dass die Nutzung später offen oder stillschweigend verweigert wird, muss das Intranet-Team einen engeren Kontakt suchen.

Es stimmt schon: Wer ein Intranet in einem riesengroßen Konzern einführen möchte, hat viel mehr Arbeit als jemand in einer kleineren Organisation. Und natürlich können Sie nie alle befragen. Aber erzählen Sie mir nicht, dass Sie zum Beispiel den Betriebsrat "jetzt noch nicht einbeziehen können".

Ihnen muss klar sein, dass diese Leute schon längst von Ihrem Projekt wissen und dass die Repressalien, die drohen, wenn Sie nicht frühzeitig um Unterstützung werben, umso größer sein können, je länger Sie zögern. Wir haben in Projekten schon Monate auf die Betriebsvereinbarung mit dem Gesamtbetriebsrat eines großen Konzerns gewartet. Was für eine Verzögerung! Man hatte sich "aus taktischen Gründen" dazu entschieden, den Betriebsrat erst ganz am Ende des Projekts einzubinden. Das ist keine Seltenheit. Ob das nun tatsächlich eine gute Idee ist oder nicht, kann ich im Einzelfall natürlich nicht wissen. Aber es hat sich für uns immer wie ein großer Fehler angefühlt, den Betriebsrat nicht von Beginn an zu involvieren.

Es gibt nämlich auch Projekte, die komplett harmonisch und unkompliziert ablaufen, obwohl der Betriebsrat fette Forderungen hat und teils recht eigenwillige Einschränkungen durchsetzt.

Wenn Sie im Intranet-Projekt irgendwie nicht vorankommen und denken, dass es im Alleingang schneller und besser laufen könnte, dann denken Sie besser noch mal darüber nach! Ein guter Freund, den ich für wirklich schlau halte, hat mir mal von einem Phänomen aus Japan erzählt. In den Unternehmen dort gibt es etwas, das Graswurzelpflege ("Nemawashi") genannt wird. Besonders erfolgreich wird dieser Ansatz bei Toyota betrieben, jener Firma also, die auch als eine der wichtigen Vorreiterinnen des agilen Managements gefeiert wird. Es geht darum, so lange die Wurzeln (des Unternehmens) zu pflegen, dass zum Zeitpunkt der tatsächlichen Entscheidung für eine Sache sowieso schon allen klar ist, was passieren wird. Es dauert daher in Organisationen wie Toyota oft unglaublich lange, bis mal eine Entscheidung getroffen wird. Aber wenn sie dann getroffen wird, geht die Umsetzung wirklich schnell vonstatten.

Ein solches Vorgehen ist ziemlich schlau. Denn solange Sie sich nicht festgelegt haben, können Sie immer noch umschwenken. Aber wenn Sie sich festlegen, ist die Wahrscheinlichkeit für eine breite Unterstützung umso größer.

Denken Sie an die Graswurzelpflege. Nehmen Sie sich Zeit, um alle abzuholen und eine breite Basis an Unterstützern zu suchen.

Es bereitet mir ehrlich gesagt leichte Schmerzen, diese Empfehlung auszusprechen. Denn als Hersteller einer Intranet-Software wünsche ich mir natürlich einen schnellen und unkomplizierten Verkaufsprozess. Das bringt schnellen Umsatz. Auch die ganzen Berater da draußen haben nur dann ein Interesse an einer nachhaltigen Auswahl, wenn sie mit diesem Evaluationsprozess Geld verdienen. Die Software-Hersteller drängen ebenfalls eher zu schnellen Entscheidungen.

Ganz ohne Schmerzen lege ich Ihnen wiederum ans Herz, sofort mit der Nutzung der infrage kommenden Software-Lösungen zu starten, denn die echte Erfahrung ist die beste Entscheidungsgrundlage. Das können Excel-Tabellen und Nutzwertanalysen nicht leisten. Die sind oft sogar kontraproduktiv. Aber wenn Sie sofort mit einem Test beginnen, heißt das ja nicht, dass Sie gleich mit allen Mitarbeitern zusammen testen. Wenn zunächst nur Ihr Intranet-Team eingebunden ist, passt das schon. Fünf bis zehn Personen sind völlig ausreichend.

Kurzlink zu diesem Kapitel:
https://seibert.biz/intranetbuchmitwirkende

Die Rolle von Zweiflern und Bremsern

Jede große Unternehmung, jedes signifikante Wagnis und so gut wie jedes bahnbrechende Projekt wird von ihnen begleitet: den Bremsern, Zweiflern, Bedenkenträgern, Mahnern und Nachdenkern. Jeder, der in einem Unternehmen mit mehr als fünfzig Leuten arbeitet, kennt sie. Und sie werden Ihnen auch in einem Intranet-Projekt begegnen. Denn ein erfolgreiches Intranet verändert in einer Organisation ziemlich viele Dinge. Davor darf und muss man Respekt und manchmal vielleicht sogar Angst haben.

Die Rolle von Menschen, die solche Herausforderungen aktiv ansprechen, ist relevant und wichtig für ein Projekt. Es ist ein Wert für sich, dass Menschen sich trauen, Risiken anzusprechen und problematische Situationen aufzuzeigen.

Gleichzeitig müssen wir dafür sorgen, dass zarte Pflänzchen (und das sind Ideen und Innovationen am Anfang) Raum bekommen, um zu wachsen und zu gedeihen. Dazu gehören Iterationen und Fehler. Nichts, was revolutionär und wirklich neu ist, funktioniert auf Anhieb und mit perfekter Passung. Die meisten Lösungen müssen zurechtgeruckelt werden, damit sie sich gut in die Organisation einfügen.

Es ist schon lästig genug, wenn ich etwas ausprobiere, von dem ich denke, dass es unsere Welt verändern wird, und dann im Praxistest herausfinde, dass es nicht funktioniert. Das ist frustrierend. Wenn aus meinem Team dann jemand an der Seitenlinie steht und ruft: "Siehste! Habe ich doch gleich gesagt: Das funktioniert nicht. Wir sollten das komplett bleiben lassen!", ist das weder hilfreich noch konstruktiv.

Wenn Sie Zweifler im Team identifizieren, sorgen Sie dafür, dass sie einen (digitalen) Diskussionsort haben, der vom gesamten Projektteam und auch von externen Stakeholdern des Projekts eingesehen werden kann.

An diesem transparenten Ort sammeln sich die Bedenken, Probleme und Risiken. Die Zweifler sind berechtigt, durch das ganze Unternehmen zu laufen und jedem zu erzählen, für wie problematisch sie diese Dinge halten und so Stimmung zu machen. Das mag den meisten Teams nicht gerade willkommen sein, weil es ja vom eigentlichen Projektplan ablenkt. Aber diese offene Kommunikation ist ein wirksames Ventil für die Probleme und ihre Treiber. Und es ist auch ein Weg, der dem Projektteam zeigt, wie fruchtbar der Boden ist, auf dem in der Organisation Probleme gedeihen können.

Nehmen wir mal an, wir würden gemeinsam ein Projekt durchführen wollen und in eine Testphase eintreten. Ihr Unternehmen ist konservativ und will daher die Intranet-Software in einer gesicherten Infrastruktur sehen. Allerdings hat Ihre IT-Abteilung keine Kapazitäten, um das Hosting und den Betrieb zu übernehmen. Daher ist geplant, dass wir die Plattform in unserem Rechenzentrum betreiben. Wie schön, es kann sofort losgehen! Denken Sie. Aber da kommen die Bedenkenträger. Ist das rechtlich okay? DSGVO und so? Entspricht das unserer Informationssicherheitsrichtlinie? Klappt das mit unseren Geräten? Ist die Bandbreite an unseren Standorten hoch genug? Und so weiter und so fort.

Wir wollen also alle diese Bedenken und Fragen sammeln und transparent verfügbar machen. Wir selbst nutzen dafür intern eine Wiki-Seite. Es kann aber auch eine Tabelle in der Google G Suite oder Office 365 oder einfach eine Seite in Ihrem bestehenden Intranet oder eine Datei auf einem Netzlaufwerk sein.

Einige dieser Probleme können Sie vielleicht nebenbei ausräumen, andere sind wiederum gar nicht auflösbar. Falls nun in den nächsten Wochen zig Personen wegen der Auslagerung der Daten auf Sie zukommen und die Bedenken verstärken, wissen Sie, dass Sie das Thema wohl mit in das Projekt aufnehmen müssen. Wenn stattdessen der Vorstand und der CIO zu Ihnen kommen, Ihnen auf die Schulter klopfen und die Cloud-first-Strategie loben, ist es vermutlich kein so gewichtiges Risiko für das Projekt.

Diese Herangehensweise ist auch für den Bedenkenträger fair, weil es seiner persönlichen Energie überlassen ist, wie viel Zeit und Muße er investiert, um die Sache quer durchs Unternehmen zu eskalieren. Eskaliert er erfolgreich, reagieren Sie. Lädt er einfach nur mal schnell seine Ideen bei Ihnen ab, sollten Sie das nicht zu Ihrer Hauptaufgabe machen.

Geben Sie Bedenkenträgern ein Ventil, um ihre Vorbehalte zu äußern, und dokumentieren Sie diese Vorbehalte für alle öffentlich über einen bestehenden Kanal.

Reagieren Sie aber nur auf die Themen, die Zug haben und mit Kraft von vielen Seiten aus im Projekt aufschlagen. Lassen Sie nicht zu, dass Zweifler und Bedenkenträger zum aktiven Teil der Intranet-Projektgruppe gemacht werden. Wer nichts ausprobieren will und wer Angst vorm Scheitern oder vor einer Blamage hat, ist ein schlechter Scout für die neuen Dinge, die Ihre Arbeitsabläufe verändern können.

Zweifler müssen Sie hören und berechtigte Zweifel behandeln und berücksichtigen. Aber Zweifler sind in aller Regel keine guten Treiber für Innovationen. Sie sollten nicht zum Kernteam für das neue Intranet gehören.

Kurzlink zu diesem Kapitel:
https://seibert.biz/intranetbuchzweifler

Der Betriebsrat: Wie er das Intranet nutzen kann und worauf er achten muss

Wer vertritt in Ihrem Unternehmen die Interessen der Arbeitnehmer? Ah ja, ein formal gewählter Betriebsrat. In anderen Organisationen ist es eher eine lose Gruppe von Mitarbeitern, die den Mund aufmachen. Manchmal ist die Unternehmenskultur auch so partizipativ, dass sich bisher kein Betriebsrat gebildet hat. Eigentlich ist es auch egal, in welcher Struktur Sie sich befinden, weil die Belange der Mitarbeiter für den Erfolg das Intranets grundlegend sind.

Ein formal gewählter, mächtiger und aktiver Betriebsrat ist jedoch die Institution, die wir bei unseren großen und sehr großen Kunden vorfinden. Die Beziehung zwischen der Geschäftsführung und diesen Arbeitnehmervertretern variiert enorm: Von sehr einvernehmlich bis sehr konfrontativ haben wir schon alles mögliche erlebt.

Wenn Sie sich nicht über die Ziele Ihres Intranets als Portal für Mitarbeiter, Wissensmanagement und Unternehmensprozesse im Klaren sind, kann es sein, dass Sie nicht wissen, ob und wann Sie die Arbeitnehmervertreter im besten Fall integrieren sollten.

Einfache Faustregel: Je stärker Sie mit dem Intranet partizipative Prozesse und Zusammenarbeit im Unternehmen fördern wollen, desto eher sollten Sie den Betriebsrat involvieren.

Ich halte es grundsätzlich für einen Fehler, die Arbeitnehmervertretung nicht von Beginn an einzubinden. Allerdings wird der Betriebsrat in vielen Unternehmen systematisch dazu erzogen, dass “es immer noch schlimmer kommt, als man denkt”. Und in einer solchen Situation gibt der Betriebsrat den idealen Bremser für Ihr Projekt ab, weil er überall Herausforderungen und Fallen wittert.

Und seien wir offen: Mit Technologie kann man ganz viele unterschiedliche Dinge machen. Die Kernphysik hat Kernspintomographen, aber eben auch Atombomben hervorgebracht. Auch Intranets können mit viel bösem Willen zu toxischen Orten werden, an dem mehr Überwachung und Mobbing als konstruktive Zusammenarbeit angezettelt wird. Wie Sie mit Zweiflern umgehen sollten, haben wir ja gerade durchdacht.

Integrieren Sie den Betriebsrat nur dann in Ihr Kern-Projektteam, wenn ein gutes und konstruktives Verhältnis zwischen Geschäftsführung und Arbeitnehmervertretung herrschen kann, und auch mal Experimente möglich sind.

Wenn das nicht geht, müssen Sie die Arbeitnehmervertretung zwar ernst nehmen, aber als “Zweifler” behandeln und separat eng einbinden.

Warum ein Social Intranet perfekt für Betriebsräte ist

Für den Fall, dass Sie in die konkrete Situation kommen, mit dem Betriebsrat zusammenzuarbeiten oder jemanden aus dieser Institution überzeugen zu wollen, möchte ich Ihnen hier ein paar

Gedanken und Argumente an die Hand geben, die ich für relevant halte.

Ganz grundsätzlich sollte die Arbeitnehmervertretung die Schaffung eines modernen Intranets mit partizipativen Elementen fördern, fordern und mit vorantreiben. Und das sage ich nicht, weil wir selbst Intranets herstellen.

Die ureigene Aufgabe des Betriebsrats ist die Vertretung der Interessen der Arbeitnehmer. Dabei geht es um die Mitbestimmung daran, wie mein Arbeitsplatz gestaltet wird, wie der Betrieb abläuft, wie sich das Unternehmen entwickelt und wie demokratische Prinzipien das Unternehmen stärken können. Es geht um selbstbestimmtes und würdevolles Arbeiten miteinander und gegen die Ausnutzung von "Humanressourcen" zur reinen Gewinnmaximierung.

Wie stark diese Aufgaben systematisch im Einklang mit den Zielen eines modernen Intranets stehen (und übrigens auch die nachhaltige Unternehmensorganisation im 21. Jahrhundert abbilden), kann ich gar nicht fett genug unterstreichen. Wenn Ihr Unternehmen in zehn oder zwanzig Jahren noch existieren soll, dann müssen Sie sich heute so aufstellen, dass Ihre Teams effektiv mit Komplexität umgehen können.

Früher reichte es noch, einfach effizient (oder schlicht kostengünstig) etwas zu produzieren. Heute müssen Sie die Probleme Ihrer Kunden verstehen und lösen. Und das Blöde ist, dass die sich ständig ändern und es im Markt lauter Überraschungen gibt.

Um das zu erleben, müssen Sie nicht zehn oder zwanzig Jahre warten. Das kriegen Sie heute schon mit. Da braucht Ihnen nur ein kleiner und weniger bekannter Mitbewerber einen Auftrag oder einen Kunden vor der Nase wegzuschnappen, weil er einfach flexibler und schneller als Ihre Organisation ist, und Sie denken: Warum sind wir nicht so schnell und wendig? Oder es kommt ein großes Unternehmen daher (vielleicht war es vor ein paar Jahren noch ein kleines Start-up), das quasi über Nacht die Funktionsweisen Ihres Marktes verändert und damit wichtige Teile Ihres Geschäftsmodells bedroht. Sie müssen also handeln.

Wer eine funktionsfähige Gelddruckmaschine im Keller stehen hat, die nie besser als heute funktionierte, und trotzdem die Kommunikation und Zusammenarbeit in der Organisation verbessern will, muss schon ein sehr vorausschauender Unternehmer sein. Die meisten unserer Kunden merken, dass es so wie jetzt auf Dauer nicht mehr funktionieren wird.

Und dazu gehört auch die Sache mit dem Betriebsrat. Ich erlebe es immer wieder, wie Betriebsräte die Liveschaltung eines Intranets verhindern, weil das ein mitbestimmungspflichtiger Vorgang ist. Ein Intranet, das erfolgreich ist, greift in die täglichen Arbeitsabläufe der Mitarbeiter ein und ist daher mitbestimmungspflichtig. Das ist gesetzlich verbrieft und unumstößlich. Einige Projektteams versuchen lange, sich davor zu drücken. Aber irgendwann müssen sie den Betriebsrat ja doch einbinden.

Wenn ich im Rahmen von Projekten mit Arbeitnehmervertretern rede, bitte ich sie und rate ihnen stets, so früh wie möglich die Hand zu heben und sich einzubringen – nicht unbedingt aktiv in die Projektarbeit, aber in die Abstimmung darüber, welche Grundlagen gegeben sein müssen, damit eine Betriebsvereinbarung möglich ist. Längere Abstimmungsrunden ermöglichen beiden Seiten bessere Verhandlungsergebnisse.

Je länger ich mich abstimmen kann, desto besser können die Interessen abgeglichen werden und desto weniger Bürokratieunsinn überlebt die Verhandlungen.

Ich will nicht verhehlen, dass wir es schon häufiger erlebt haben, dass der Betriebsrat das Intranet quasi in Geiselhaft genommen hat, um andere Ziele zu erreichen. In der Regel ging es um Gehälter, Gehaltserhöhungen oder konkrete Konditionen im Rahmen der Mitarbeitervergütung. Das ist ganz offensichtlich möglich. Welchen Erfolg das hatte, hat man uns nie gesagt. Aber es ist eine Taktik, die in Intranet-Projekten vorkommt, auch wenn sie mit dem Intranet rein gar nichts zu tun hat.

Jedem Betriebsratskollegen sollte daran gelegen sein, dass das Intranet am Ende (ganz in seinem Sinne) tatsächlich die Arbeitnehmerinteressen unterstützt. Dafür gibt es viele Ansatzpunkte.

Der Betriebsrat selbst braucht eine Bühne für seine Kommunikation. Die Arbeitnehmervertretung hat sehr ähnliche Bedürfnisse wie die Geschäftsführung selbst, was die Kommunikation angeht. Ein stark genutztes Intranet mit einer zentralen Anlaufstelle für den Betriebsrat ermöglicht es, dass sich die

Mitarbeiter über aktuelle Themen der Arbeitnehmervertretung informieren und an ihnen beteiligen können. Der Betriebsrat kann Ergebnisse darstellen, Wahlen organisieren und die Ansprechpartner vorstellen.

Ein erfolgreiches Intranet eröffnet deutlich mehr Raum und Aufmerksamkeit für die Arbeitnehmervertretung. Eine frühzeitige Beteiligung hilft dabei, diese Potenziale zu nutzen.

Link zum Teilen dieser Kapitel im öffentlichen Internet: https://seibert.biz/intranetbuchbetriebsrat

Mitarbeiter brauchen die Berechtigung, mitwirken zu können

Ich halte es für einen Fehler, aber dennoch kommt es immer wieder vor, dass Betreiber unserer Intranets die Nutzerberechtigungen zu stark einschränken. Und ehe man sich versieht, braucht man einen Passierschein A 38, um im Intranet eine Seite veröffentlichen zu dürfen, die alle sehen können. Freigabeprozesse – das klingt nach einem Sicherheitsnetz, das man zusätzlich einbinden kann. Aber sie wirken auch abschreckend und behindern die Nutzung des Systems.

Hier spielt nicht zuletzt die emotionale Ebene eine Rolle – das Stichwort lautet “Instant Gratification”. Das ist ein Effekt, der eintritt, wenn Sie eine Arbeit abgeschlossen haben und direkt die Früchte ernten können. Ein einfacher Fall wäre das Lächeln einer Kollegin, wenn Sie eine Arbeit für sie erledigt haben und sie Ihnen mitteilt, dass ihr das Ergebnis gefällt. Im Intranet kann der Effekt der Instant Gratification schon entstehen, wenn Sie auf den

Veröffentlichen-Knopf drücken und Ihre Nachricht mit Vorschaubild und Teasertext auf der Startseite sehen. Spätestens wenn die ersten Kommentare und Gefällt-mir-Markierungen gesetzt werden, stellt sich das bei allen Autoren ein. Ein Freigabeprozess verzögert diesen Vorgang – teilweise über Tage oder sogar Wochen, je nachdem, wer für die Freigabe zuständig ist und wie viel Zeit und Energie diese Personen für diese Aufgabe haben. In der Regel ziehen diese Leute aus der reinen Freigabe keine Freude. Vielmehr handelt es sich um eine bürokratische Hürde, die oft als lästige Arbeit empfunden und gerne mal aufgeschoben wird.

Für die Autoren im Intranet können ungewisse und lange Freigabezeiten schnell zu einer Hürde werden. Zunächst mal wird dem Prozess die Freude der schnellen Veröffentlichung genommen. Aber manchmal brauchen Mitarbeiter darüber hinaus die Sicherheit, mit den veröffentlichten Inhalten direkt weiterarbeiten zu können. Was ist, wenn Sie in einer Mail oder Chat-Nachricht die URL der gerade erstellten Intranet-Seite angeben wollen? Wenn Sie erst auf eine Freigabe warten müssen, geht das nicht. Die URL funktioniert ja erst später. Sie müssen diesen Arbeitsfluss also unterbrechen, bis jemand eine Freigabe erteilt hat.

Arbeitnehmervertretern sollte es ein Anliegen sein, dass das Intranet-Team den Mitarbeitern vertraut und zumindest im Rahmen eines Experiments weiträumig auf Freigabeprozesse verzichtet, obwohl sich diese mit wenigen Klicks einrichten lassen. Um es klar auszusprechen: Darauf sollte eigentlich jedes Intranet-Team auch ohne Betriebsrat kommen. Aber der Betriebsrat tritt eben formal für die Mitbestimmung im Unternehmen ein.

Das Intranet, das ein schnelles, unkompliziertes und mächtiges Sprachrohr für alle oder zumindest möglichst viele Mitarbeiter sein kann, ist ein gut passendes Instrument.

Leistungsüberwachung im Intranet ist Quatsch, muss aber trotzdem verhindert werden.

“Da muss immer Druck auf dem Kessel sein!”, sagte mir mal ein Manager klassischer Prägung in einem Gespräch, als wir ein neues Intranet für sein Unternehmen planten. Er war der Überzeugung, dass Mitarbeiter, wenn sie nicht unter Druck gesetzt werden, anfangen, sich auszuruhen, und nur einen Bruchteil ihrer Leistungsfähigkeit abrufen. Digitale Systeme sind eine Verlockung. Dieser Manager freute sich bereits diebisch darauf, über das Intranet noch viel besser sehen zu können, wer im Unternehmen wirklich etwas beiträgt und wer nur “herumlungert”. Es hat fast zwei Stunden gedauert, ihm zu verdeutlichen, dass ein Intranet für eine solche Art von Leistungsmessung ungeeignet ist, weil in einem solchen System die für die Organisation relevanten Wertschöpfungsprozesse nicht vollständig abgebildet werden können.

Ich glaube zwar, dass ein modernes Intranet fast alle Wertschöpfungsprozesse berühren und positiv beeinflussen kann. Aber sehr viel findet eben doch außerhalb des Systems und auch außerhalb des digitalen Raums statt.

Mit einem Intranet kann man keine Leistung messen.

Lassen Sie mich Ihnen ein Beispiel aus meiner eigenen Historie geben, auf das ich nicht stolz bin, das diesen Umstand aber sehr schön illustriert. Als wir seinerzeit unser allererstes Wiki eingeführt haben, gab es bei uns noch individuelle Zielvereinbarungen für die Mitarbeiter. Glücklicherweise haben wir diese Methode schon seit Jahren abgeschafft. Damals funktionierten diese Zielvereinbarungen bei uns genauso wie in allen anderen Unternehmen auch, nämlich so gut wie gar nicht. Ziele wurden immer zu spät definiert, sie waren schnell veraltet und wurden insbesondere dann intensiv verfolgt, wenn der Termin zur Messung nahte. Bei der Messung selbst wurden gerne mal zwei Augen zugedrückt. Da war ein Ziel, das immer passte, sehr willkommen.

Ein Standardziel für unsere Mitarbeiter gab zum Beispiel vor, in einem Monat hundert Bearbeitungsvorgänge im Wiki durchzuführen: auf einer Seite auf "Bearbeiten" klicken, eine Änderung vornehmen und wieder auf "Speichern" drücken, und das hundert Mal im Monat. Das war einfach zu messen und auszuwerten, es passte irgendwie immer – und es funktionierte scheinbar. Die Leute bearbeiteten zahlreiche Seiten und erstellten neue. Nach ein paar Monaten erfuhr ich dann, dass dieses Ziel intern als "Spam-Prämie" in Verruf geraten war. Das lag daran, dass Mitarbeiter damit begonnen hatten, Seiten zu erstellen, die eigentlich keinen Mehrwert für das Unternehmen boten. Dabei kamen dann mal mehr, mal weniger gute Zusammenfassungen von Wikipedia-Artikeln und ähnliche Ergebnisse zustande. Die Spam-Prämie haben wir mit den Zielvereinbarungen über Bord geworfen.

Eine zentrale Aufgabe für den Betriebsrat besteht darin zu verhindern, dass Manager versuchen, ein Intranet-System zur Leistungsmessung zu verwenden. Auch wenn das eine Schnapsidee ist, kann es sich toxisch auf die Zusammenarbeit und die wirklichen und relevanten Beiträge auswirken. Es steht in nahezu jeder Intranet-Betriebsvereinbarung, die ich bisher zu Gesicht bekommen habe:

Weder das Unternehmen noch die Personalvertretung oder sonst jemand darf versuchen, anfallende Daten zur Messung von Leistung und zur Überwachung einzusetzen.

Leistungsüberwachung über das Intranet ist per se Quatsch. Aber wer Quatsch auswertet, bekommt auch ziemlich zweifelhafte Ergebnisse. Und die Versuchung gibt es. Das sollten Sie auf jeden Fall unterbinden!

Link zum Teilen dieser Kapitel im öffentlichen Internet: https://seibert.biz/intranetbuchmitspracherecht

Eine Nutzungsetikette etablieren und mitgestalten

Ein Intranet formt einen sozialen Raum der Interaktion zwischen Menschen. Dafür braucht es Regeln und Grenzen, die an die Besonderheiten des Mediums angepasst sind. Einerseits muss die Zielsetzung durch die Geschäftsführung beschrieben oder zumindest legitimiert werden. Diese "Vision für das Intranet" können Sie als Ankerpunkt und Grundlage für Diskussionen über die Ausrichtung und Ausgestaltung des Systems immer wieder heranziehen:

Dürfen alle aktiv beitragen? Herrscht in diesem System Meinungsfreiheit oder ist konformes Verhalten erwünscht? Vertrauen wir den Mitarbeitern und geben ihnen die Freiheit, das System nach ihren eigenen Bedürfnissen und denjenigen der unterschiedlichen Projekte auszugestalten, oder wird die Nutzung eingeschränkt, sodass das System mehr zur Aufnahme von Information und weniger als Werkzeug der täglichen Arbeit geeignet ist?
Sind Informationen im Unternehmen grundsätzlich transparent und für alle zugänglich oder gibt es Bereiche, die zugangsbeschränkt sind? Was ist die Grundlage für eine solche Beschränkung?
Wie wichtig ist Transparenz für das Unternehmen?

Die Grenzen zur Ausgestaltung all dieser Fragen sind fließend. Und natürlich muss es auch Einschränkungen geben. Aber eine klare Vorstellung, die von der Geschäftsführung legitimiert wird, hilft einem Intranet.

Die Rolle des Betriebsrats besteht darin, zu versuchen, dass diese Etikette und Vision möglichst offen ausgestaltet ist und den Mitarbeitern hohe Freiheitsgrade eröffnet.

Alle diese Aufgaben kann Ihr Intranet-Team theoretisch auch ohne den Betriebsrat umsetzen. Und alleine kann die Arbeitnehmervertretung das alles auch nicht erarbeiten. Aber darum geht es hierbei auch nicht. Die Grundbotschaft ist, dass eine Integration des Betriebsrats systematisch sinnvoll ist.

Selbst wenn Ihr Vorstand das Projekt ausdrücklich fördert und gleichzeitig mit dem Betriebsrat auf "Kriegsfuß" steht, bin ich fest überzeugt, dass eine frühzeitige Integration in das Projekt sinnvoll ist:

> Sie können sich früher mit Zweifeln beschäftigen und aufklären.
> Sie können Problembereiche identifizieren und gegebenenfalls ausräumen.
> Sie verhindern Blockadesituationen kurz vor dem Go-live des Intranets.

Gehören Sie nicht zu den Intranet-Teams, die die Liveschaltung des Intranets um sechs Monate verschieben müssen, weil der Betriebsrat den Abschluss der Betriebsvereinbarung aus taktischen Gründen verweigert! Das passiert leider öfter, als Sie vielleicht denken.

Das Social Intranet als digitale Heimat

Die Tatsache, dass Sie hier mit mir zusammensitzen und wir uns über Intranets austauschen, hängt vermutlich damit zusammen, dass Sie ein einheitliches Portal etablieren wollen, das die Informationen, die Zusammenarbeit und das Miteinander in Ihrem Unternehmen zusammenhält. So etwas wie eine digitale Heimat, in die man gerne zurückkommt und die wertvoll ist. Leider ist das nicht so einfach erreichbar.

Je größer ein Unternehmen ist, desto wertvoller ist es, eine solche Heimat zu etablieren. Aber die Komplexität steigt schon ab hundert Mitarbeitern enorm an. Wer eine 500-köpfige Organisation mit einem Intranet beglücken will, sieht sich oft schon mehreren Standorten und auch unterschiedlichen Sprachen und Kulturen gegenüber. Und wer in einem Konzern mit einer zentralen Informationsplattform erfolgreich werden möchte, kann sich auf eine Mammutaufgabe einstellen.

Beispielsweise ist es viel einfacher, in einem Unternehmen eine Videokonferenz-Lösung zu etablieren. Alle wollen mehr visuelle Kommunikation über Standorte hinweg und es gibt aktuell keine entsprechende Lösung? Prima: Zoom oder Google Hangouts Meet ausgepackt, ausgerollt und alle sind glücklich. Natürlich ist auch das nicht trivial, aber es ist doch mehr operative Arbeit als komplexe Kombination aus Politik, Bestandstechnologie und Veränderungswillen mit einem guten Schuss Ihnen unbekannter Motivation bei jedem dritten Mitarbeiter, wie es in einem kompletten Intranet an der Tagesordnung ist.

Von diesen eher einfachen Einzelaufgaben gibt es viele. Sie haben keinen Gruppenchat für die geschäftliche Echtzeitkommunikation, sondern alle nutzen WhatsApp als Schatten-IT-Lösung? Ganz einfach: eine Lösung gefunden, ausgerollt, läuft!

Und hier beginnt das Problem. Wenn Sie all diese einzelnen Speziallösungen intern ausrollen, erhöht das die Komplexität und die Ambiguität. Welches System soll ich denn jetzt wofür nutzen? Und warum nicht einfach das bestehende Tool weiterverwenden, an das ich mich so schön gewöhnt habe? Warum kann denn Microsoft Teams jetzt auch "Wiki", wenn wir das eigentlich doch nur zum Chatten haben? Und als Wiki nutzen wir doch Confluence von Atlassian, oder nicht? Und was spricht eigentlich gegen WhatsApp? Und warum soll ich jetzt Hangouts Chat benutzen, wenn wir doch in Abteilung XY schon Slack im Einsatz haben?

Diese Fragen könnte ich beliebig weiterführen. Und es gibt auch keine eindeutigen und klaren Antworten. Denn all diese Lösungen sind ja aus guten Gründen im Markt mit Milliarden Unternehmenswerten kapitalisiert. Ihre Nützlichkeit können Sie nicht einfach in einem Gespräch von 30 Minuten ausräumen.

Viele Intranets scheitern, weil die Projektteams sich nicht genug Gedanken über die Zerreißprobe machen, vor die sie die Mitarbeiter stellen.

Wir haben uns ja vorhin schon darüber ausgetauscht, wie schwer es Mitarbeitern fällt, von WhatsApp zu einer offiziellen internen Chatlösung zu wechseln, wenn diese neue Software qualitativ schlechter oder deutlich stärker eingeschränkt ist. Am Ende zählt für mich als Mitarbeiter doch, dass ich meine Ziele erreiche. Wenn meine Tochter krank ist und ich einen Ersatz für meine Schicht brauche, nutze ich die Technologie, die es mir mit wenig Aufwand ermöglicht, schnellstens einen Ersatz zu organisieren. Da interessiert mich in der Not eine Unternehmensrichtlinie wenig. Ergebnisse zählen.

Wenn Sie jetzt also intern ein Intranet an den Start gehen lassen, müssen Sie sich darüber Gedanken machen, dass dieses System am laufenden Band von anderer Software torpediert wird. Welche Software ist das? Wo ist die gut oder sogar besser? Warum nutzen Mitarbeiter sie? Was können Sie tun, um eine Änderung herbeizuführen? Falls Ihr System jeden zweiten Funktionsvergleich verliert und qualitativ mit den Speziallösungen nicht mithalten kann, sollten Sie sich ernsthaft darüber Gedanken machen, ob Sie mit dem Intranet lange überleben werden.

Mit politischer Macht lässt sich viel durchsetzen. Aber politische Macht ist anstrengend. Elegant und wirksam ist Nützlichkeit.

Deutlich mehr verspricht der Ansatz, all die Speziallösungen, die Sie im Unternehmen haben, weiterhin leben zu lassen und Ihr System so auszurichten, dass diese Spezialisten integriert werden.

Es gibt sicher Ausnahmen. WhatsApp muss im geschäftlichen Kontext eigentlich in allen Unternehmen schon aus rechtlichen Gründen unterbunden werden. Es mag praktisch sein. Aber eine gesetzliche Grundlage wie eine Auftragsdatenverarbeitungsvereinbarung (AVV) – im Englischen nennt man das "data processing agreement" (DPA) – werden Sie mit dem WhatsApp-Betreiber Facebook für Ihr Unternehmen wohl nicht so einfach abschließen können. Aber lassen wir das ein Detail sein.

Ja, ein Intranet muss nicht alle Anwendungsfälle abbilden, solange eine rudimentäre Integration möglich ist. Diese Integration kann im Zweifel auch einfach "keine Integration" sein, falls es keine Schnittpunkte zwischen spezifischen Systemen gibt.

Wir haben zum Beispiel für den Anwendungsfall "Gruppenchat" intern definiert, dass wir Chatverläufe als flüchtige Kommunikation ansehen. Mitarbeiter, die in einem Chatverlauf Relevantes besprechen, sollen sich um eine revisionssichere Dokumentation und Speicherung kümmern. Chatverläufe sind kurzlebig und können verloren gehen oder gelöscht werden. Auf diese Weise fällt es uns leichter, im Unternehmen verschiedene Chatlösungen zu nutzen.

Eine Integration kann natürlich auch aus Links bestehen, die zwei miteinander zusammenhängende Elemente, die in separaten Systemen liegen, verknüpfen. Das bezeichnen wir intern als "leichte Verbindung", weil die Verknüpfung manuell hergestellt werden muss und auch wieder "zerbrechen" kann, falls ein Link nicht mehr funktionieren sollte.

Es ist günstig für ein Intranet, wenn Sie das zentrale Portal selbst an einen superstarken Anwendungsfall anbinden können, der aus dem Unternehmen nicht wegzudenken ist. (Der Klassiker: Das tägliche Mittagessen als Kantinenspeiseplan steht im Intranet.)

Aus diesem Grund haben wir uns seinerzeit dazu entschieden, unser Linchpin-Intranet auf der Basis von Atlassian Confluence aufzubauen und zu entwickeln. Wie gesagt: Confluence ist ein Unternehmens-Wiki, auch wenn der Hersteller es heute lieber als Team-Collaboration-Software positionieren möchte. Dieses Wiki kann zwei Anwendungsfälle besonders gut abbilden: Dokumentation und Referenz. Also immer dann, wenn es etwas nachzuschlagen, zu überprüfen oder etwas Neues aus dem Unternehmen zu lernen gibt, ist Confluence eine marktführende Lösung.

Die Positionierung von Confluence als Wissensmanagementsystem ist so stark, dass es spielend leicht neben Microsoft SharePoint, Office 365 und der G Suite von Google bestehen kann. Die konkreten Aufgaben sind so nah an den zentralen Anwendungsfällen eines Intranets, dass wir eine gute Möglichkeit haben, Nutzungsszenarien wie die Ankündigung von News, die Organisation von Events, die Dokumentation und schnelle Kommunikation von Entscheidungen nachhaltig zu positionieren. Und Office 365 oder die G Suite lassen sich einfach integrieren.

Ich will unser Gespräch nicht zu einer Werbeveranstaltung für unsere Lösung machen. Andere Intranets setzen auf Microsoft oder Google auf. Das ist genauso valide. Und wieder andere Anbieter sind zwar komplett eigenständig, bieten aber nahtlose Integrationen mit den genannten und anderen Systemen.

An dieser Stelle fällt es mir schwer, Ihnen ein paar direkt umsetzbare Tipps an die Hand zu geben, die Ihnen Ihre tägliche Arbeit erleichtern. Gestatten Sie mir daher einige allgemeine Empfehlungen:

Akzeptieren Sie, dass die Etablierung eines zentralen Intranets für alle Mitarbeiter eine komplexe Aufgabe ist, die viel Aufmerksamkeit und auch viel Zeit in Anspruch nimmt. Ein erfolgreiches Projekt gibt es nicht schnell, nicht einfach und auch nicht systematisch geplant.
Verabschieden Sie sich von dem Gedanken, dass Sie mit politischer Macht in der Lage sein werden, den Kollegen Ihren Willen aufzuzwingen und die ungeliebten konkurrierenden Systeme im Zweifel abschalten oder ihre Nutzung verbieten zu können.
Freunden Sie sich stattdessen lieber mit der Idee an, dass solche Speziallösungen auch weiterleben könnten. Ihre Integration könnte schön systematisch und automatisch erfolgen. Aber auch keine oder auch nur eine "leichte" Integration über Links ist denkbar und okay.
Konzentrieren Sie sich auf Anwendungsfälle statt auf die große Gesamtlösung. Versuchen Sie, mit dem zentralen System möglichst viele praktische Anwendungsfälle abzubilden – insbesondere natürlich diejenigen Nutzungsszenarien, die dem Intranet nahestehen (zum Beispiel Nachrichten verkünden, Inhalte dokumentieren, Referenzen und Dokumentation zum Abruf bereitstellen).

Link zum Teilen dieser Kapitel im öffentlichen Internet: https://seibert.biz/intranetbuchnutzungsetikette

News – etwas ankündigen und Aufmerksamkeit schaffen

Wie Sie mit zielgerichteter Information mehr Aufmerksamkeit und Interesse für Ihre Projekte, Werte und Ziele schaffen.

Denken Sie mal zwanzig Jahre zurück: Mit welchem Anwendungsfall eroberten die ersten Intranets die Unternehmen? Klar: mit der internen Ausstrahlung von Nachrichten und News. Und solche Neuigkeiten bilden auch heute noch das Herz des Unternehmens-Intranets.

Lassen Sie uns in diesem Zusammenhang mal darüber nachdenken, wie unsere Kunden den Anwendungsfall News handhaben. Da gibt es in der Regel drei Ausprägungen:

Nachrichten an wirklich alle Mitarbeiter, bei denen eine breite Streuung und Aufmerksamkeit wichtig ist.
Spezielle Nachrichten für eine Abteilung, einen Standort, ein Team oder eine Interessengruppe. Hier ist Personalisierung besonders wichtig.
News-Abos, über die Mitarbeiter selbst aktiv werden und Kanäle gezielt beobachten, um automatisch relevante Informationen zu erhalten.

Top-down-Kommunikation – die Geschäftsführung und das Management informieren alle

Wenn ich mir die ersten Intranets anschaue, die wir 2001 umgesetzt haben, weisen Sie eine erschreckende Ähnlichkeit zu vielen Systemen auf, die auch im Jahr 2020 in Unternehmen laufen. Okay, es sind inzwischen dynamische Websites mit Login, die teils auch super aussehen. Aber sie bieten keine nennenswerten Interaktionsmöglichkeiten für die Anwender. Auch heute fungieren viele Intranets sozusagen als digitale Zeitungen: Ich erzähle dir etwas von der Welt. Was in der gedruckten Zeitung anders gar nicht geht, ist für die Top-down-Kommunikation offenbar gerade recht.

Die meisten Leute konsumieren gerne Nachrichten, aber wenn Sie sich bei faz.net oder spiegel.de mal die Kommentare ansehen, ist da nur selten inhaltlich Wertvolles dabei. Die Nachricht selbst ist der Wert. Und so funktioniert Top-down-Kommunikation. Der Chef sagt, wo es langgeht, und die anderen verstehen und folgen. Das ist der Klassiker und ich will das nicht kleinreden. Eine solche Nachrichtenvermittlung ist aus meiner Sicht weiterhin wichtig für ein gutes Intranet. Es ist eine Möglichkeit, die ich nutzen kann, um mich zu orientieren und Aktuelles zu erfahren.

Nur ist es längst nicht mehr so, dass Sie im Intranet alles mitbekommen, was im Unternehmen passiert. Spätestens durch Gruppenchats wird die Kommunikation so verteilt und schnell, dass niemand überall im Bilde sein kann. Das geht schon bei fünfzig

Personen nicht mehr – und die meisten unserer Kunden haben 500 bis 300.000 Mitarbeiter. Doch der Top-down-Ansatz funktioniert.

So sehen Startseiten in Intranets mit Top-down-Kommunikation aus:

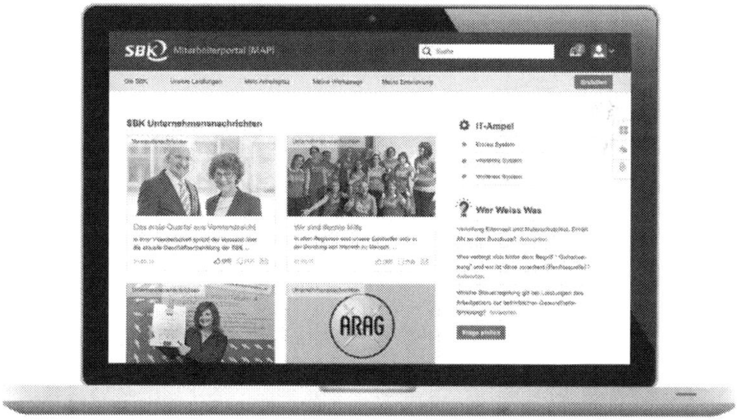

Quelldatei: https://seibert.biz/siemensbkintranetreferenz

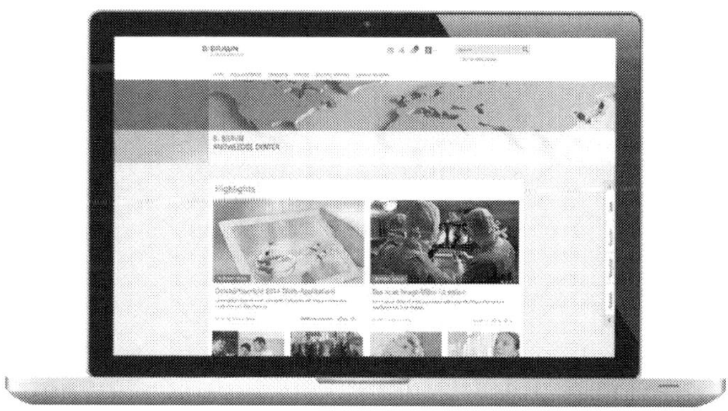

Quelldatei: https://seibert.biz/bbraunintranetreferenz

Diese Beispiele aus den Screenshots orientieren sich stark an den Nachrichten in den etablierten News-Portalen im Internet. Eine Meldung besteht aus einer Dachzeile, einem Titel, einem kurzen Teaser und einem Bild. Angezeigt wird darüber hinaus, wie viele Gefällt-mir-Angaben und wie viele Kommentare eine Nachricht erhalten hat. Es gibt allerdings ein Problem:

Die meisten Unternehmen haben keine aktive und interessante Top-down-Kommunikation.

Ein zentraler Spieler ist aus meiner Sicht die Unternehmenskommunikation. Gibt es ein solches Team oder eine solche Abteilung, ist in der Regel auch schon für einen stetigen Strom an Nachrichten gesorgt. Leider werden diese Mitteilungen durch zig Revisionen oft so verwaschen, dass man die ursprünglich spannende Info auch genauso gut auf die Website packen könnte, weil der (für die Mitarbeiter) relevante Nachrichtenwert herausgewaschen worden ist. Aber daran ist zumeist gar nicht die Unternehmenskommunikation an sich schuld, sondern der Abstimmungsprozess in der Organisation.

Lassen Sie mich meine Erwartungen an eine gute interne Unternehmenskommunikation mit einem Beispiel aus der Kommunikationsforschung veranschaulichen, auf das mich mein Freund Gerrit Eicker aufmerksam gemacht hat. Es handelt sich um einen Vorgang, den er als Issue-Management bezeichnet und der den

Umgang des Pressesprechers mit öffentlichen Krisen des Unternehmens beschreibt. Da gibt es unterschiedliche Strategien.

Nehmen wir an, ein Unternehmen ist in unschöne Schlagzeilen geraten: Es gibt einen Korruptionsverdacht – und Sie sind der Pressesprecher. Eine Zeitung lanciert einen Artikel darüber und plötzlich steigt das Interesse an dem Fall. Sie analysieren die Sache und stellen fest, dass die Fakten in diesem Artikel völlig falsch sind. Allerdings finden Sie bei Ihren internen Recherchen auch heraus, dass es tatsächlich einen Fall gibt, den man als Bestechlichkeit auslegen kann und der es nach Ihren eigenen Leitlinien auch ist. Jetzt ist die Frage im Issue-Management, wie Sie die Situation handhaben. Gehen Sie mutig voran und machen eine Pressekonferenz, in der Sie alle Infos auf den Tisch legen? Oder räumen Sie immer nur so viel ein, wie die Presse eh schon herausgefunden hat, und streiten alles andere kategorisch ab?

Gerrit hat sich eingehend mit dieser Thematik beschäftigt und bezieht eine klare Position. Er rät dazu, mit offenen Karten zu spielen, den großen Shitstorm auszuhalten und generell immer derjenige zu sein, der die neuen Informationen veröffentlicht. Dann sei man nie der Getriebene, sondern immer der Informationsführer. Sie schaffen Vertrauen, weil die Presse lernt: "Wenn die was wissen, dann sagen sie es auch. Falls wir also etwas herausfinden, was die noch nicht auf den Tisch gelegt haben, dann ist es vermutlich so, dass die das selbst noch nicht wussten."

Welche Rolle nehmen in Ihrer Organisation die Mitarbeiter ein? Die der Presse, die immer alle Infos bekommt? Sind Ihre Nachrichten vollständig und verständlich und begegnen Sie den Leuten immer mit offenem Visier? Oder veröffentlichen Sie oft Dinge, die eh schon jeder durch den Flurfunk weiß und die nun halt noch mal bestätigt werden? Wenn Ihre Intranet-News für die Mitarbeiter wirklich neu und wertvoll sind, haben Sie im Kampf gegen die Entstehung von Gerüchten stets eine gute Ausgangsposition, da Sie ihnen den Nährboden entziehen: "Wenn an diesem Thema etwas dran wäre, hätten wir davon schon im Intranet etwas gelesen."

So funktioniert aus meiner Sicht eine gute interne Unternehmenskommunikation: Die internen Nachrichten sind für die Mitarbeiter *relevant*.

Gute interne Nachrichten sind aktuell. Es sind richtige Erstveröffentlichungen, die noch nirgends sonst zu lesen sind. Deshalb ist es auch so wichtig, dass die Unternehmenskommunikation schnell ist. Schneller als der Flurfunk.

Eine gute Unternehmenskommunikation kontrolliert den Stil und die Aussagen, die intern gemacht werden. Das ist eine aufwendige Aufgabe, die nur zu schaffen ist, wenn genug Kapazitäten da sind. Und muss bedeuten, dass einerseits alle Unternehmensbereiche jederzeit schnell Nachrichten einreichen können, die dann andererseits auch kurzfristig gegengelesen, redigiert und veröffentlicht werden. Sie haben schon recht: Das sagt sich leicht daher, ist in der Realität aber eine richtige Herausforderung. Wenn der Prozess zu langsam ist, sind die Nachrichten nicht mehr aktuell. Und natürlich verlieren die anderen Unternehmensbereiche auch die

Lust am Veröffentlichungsprozess, der ja immer auch eine Freigabe braucht.

Um die Unternehmenskommunikation zu entlasten, nutzen die meisten unserer Kunden die Personalisierungsmöglichkeiten, die Linchpin ihnen bietet. Alles, was nur für kleine Zielgruppen ist (nur für Marketing, nur für den Standort in Frankfurt, nur für die Azubis und so weiter), wird als Bereichsnachricht interpretiert und braucht keine Freigabe. Nur die echten Top-down-Nachrichten, die an alle Mitarbeiter gestreut werden, müssen durch den Freigabefilter.

Ein solches föderales System sorgt für noch mehr Aktivität und damit für eine gesteigerte Aufmerksamkeit.

Mit so einer Differenzierung bleiben nämlich gar nicht mehr viele News übrig, die an alle Leute ausgestrahlt werden. Die vielen Nachrichten für kleine Zielgruppen werden immer relevanter und sorgen für mehr Aufmerksamkeit im Gesamtsystem.

Hier, sehen Sie auf meinem Rechner mal diesen Intranet-Screenshot an. In der Positionierung auf den Kacheln sind die Top-down-Nachrichten immer oben und haben auf diese Weise auch eine längere Verweildauer. Die abteilungs- und standortspezifischen Infos laufen dagegen weiter unten schneller durch.

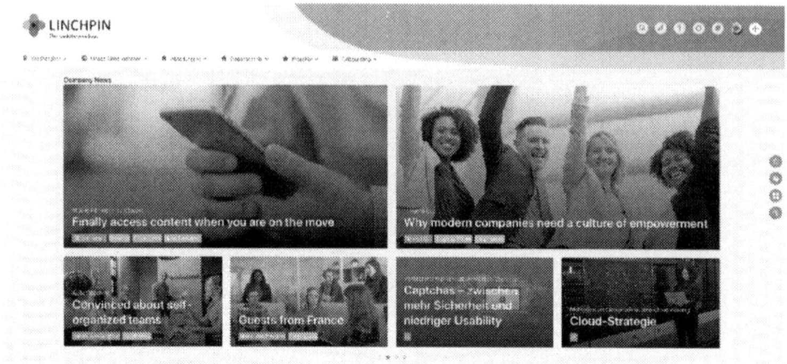

Quelldatei: https://seibert.biz/intranetnewspersonalisierung

In dieser Aufteilung werden Top-down-Nachrichten mit einem Vorteil versehen und sind länger sichtbar. Es gibt in den meisten Intranets sogar die Option, Meldungen vorübergehend oder dauerhaft "festzupinnen". Dann kleben die entsprechenden News über einen definierten Zeitraum hinweg oben fest. Davon halte ich ehrlich gesagt gar nichts – obwohl auch unsere eigene Lösung auf vielfachen Kundenwunsch genau diese Funktion anbietet. Das ist ungefähr so, als wenn die FAZ über drei Tage hinweg immer dieselbe Titelseite drucken würde.

Wenn der Unternehmenskommunikation oder der Geschäftsführung ein Thema so wichtig ist, dass dafür viel Aufmerksamkeit geschaffen werden soll, dann müssen sich die entsprechenden Teams meiner Meinung nach auch die Mühe machen, die Thematik zum Beispiel in drei separaten Artikeln aufzubereiten: Beispielsweise könnte der erste die reinen Fakten enthalten, der zweite ein Interview mit dem Vorstand und der dritte einen Kommentar aus Sicht eines Betroffenen.

Link zum Teilen dieser Kapitel im öffentlichen Internet:
https://seibert.biz/intranetbuchnews

Personalisierte Nachrichten – Aktuelles für meine Leute

Nicht so aufmerksamkeitsstark, aber für die meisten Unternehmen und Intranets eine echte Novität, sind bereichsspezifische Nachrichten. Diese Nachrichten werden personalisiert ausgestrahlt. Hier, gucken Sie sich diesen Screenshot mal an:

Quelldatei: https://seibert.biz/newspersonalisierungkomplett

Die Zusammenstellung der Nachrichten wird anhand von Profildaten personalisiert. So bekommt jeder Nutzer ein anderes Set an Infos zu sehen. Je nachdem, welche Sprache Sie sprechen, an welchem Standort Sie arbeiten, zu welchem Team oder zu welcher Abteilung Sie gehören und welche Rollen Sie im Unternehmen einnehmen, sehen Sie eine auf Ihr Profil zugeschnittene Zusammenstellung von Nachrichten.

Manchmal fragen uns Intranet-Teams, warum sie solche personalisierten Funktionen und Bereiche für Nachrichten überhaupt anbieten sollten. Schließlich würden diese Meldungen mit den News der Geschäftsführung konkurrieren und den Raum für die Vorstandskommunikation reduzieren.

Das ist im Ansatz erst mal korrekt – vor allem auch deshalb, weil die speziellen Nachrichten in der Regel deutlich relevanter sind als die an alle gerichteten Informationen, auch wenn die Entscheidungen des Vorstands weitreichender sein mögen. Aber wenn Sie am Standort Zürich arbeiten und jemand eine Nachricht veröffentlicht, die sich an Mitarbeiter in Zürich richtet, wollen Sie die mit ziemlich großer Sicherheit gerne lesen. Und diese Relevanz ist der Grund, warum die zentrale Unternehmenskommunikation diese "Konkurrenz" nicht nur zulassen, sondern sogar fördern sollte.

Stellen Sie sich vor, Sie könnten entweder eine Nachricht auf der Titelseite (oder der Website) der New York Times gestalten oder für einen Tag die komplette Ausgabe des Wiesbadener Kuriers. Die New York Times ist die einflussreichste Zeitung der Welt, Ihr Artikel würde sich in bester Gesellschaft mit wirklich hochwertigem

Journalismus befinden. Und zudem ist die Reichweite des Blattes sowohl im Printbereich als auch online um ein Vielfaches höher als die des Wiesbadener Kuriers. Nichts gegen Ihre Schreibkünste! Aber abgesehen von Ihren werten Eltern würden vermutlich alle Leser eine nur von Ihnen gestaltete Zeitung eintönig finden. Niemand würde sie aufmerksam lesen. Und so ist es im Intranet eben auch.

Wenn Sie das Portal zum Schmelztiegel der internen Veröffentlichungen und der Aufmerksamkeit machen, erreichen die Informationen der Unternehmenskommunikation und des Vorstands auch viel mehr Leute als in einem exklusiven eigenen (erlauben Sie den Begriff) Propagandablättchen.

Wenn Sie sich in Ihrem Intranet-Team also die Frage stellen, ob Sie es zulassen sollten, dass auch bisher unautorisierte Führungskräfte aus der Peripherie Nachrichten veröffentlichen dürfen, lautet meine dringende Empfehlung: Ja! Allerdings sollten Sie darauf achten, dass diese Nachrichten personalisiert nur an diejenigen Mitarbeiter ausgestrahlt werden, für die sie wirklich relevant sind. Dann stärkt es Ihre Strategie.

Viele Intranet-Systeme, darunter auch ganz neue Lösungen, beherrschen jedoch keine richtige Personalisierung. Und falls Sie doch eher den Ansatz "one for all" verfolgen, demzufolge alle Mitarbeiter dieselben News sehen, würde ich eher mit Nein antworten. Denn dann ist die Gefahr groß, dass jede weitere Nachricht Ihre Top-down-Kommunikation verwässert.

Das ist ein klassisches Beispiel, an dem Sie sehen, wie gute Technologie die tatsächlichen Prozesse beeinflussen kann. Das hatten wir bei der Zwei-Faktor-Authentifizierung ja auch schon besprochen (siehe “Sicherheit, Datenschutz und Geheimniswahrung gegen Usability”)

Personalisierte Nachrichten aus den Standorten, aus den Abteilungen und auch aus kleinen Teams sind daher wirklich super und empfehlenswert. Aber nur dann, wenn Ihre Software die personalisierte Ausstrahlung gut unterstützt – im Web und in der mobilen App.

News-Abos

Beim dritten Aspekt unseres Anwendungsfalls News geht es gar nicht mehr um Top-down-Kommunikation. Hier greift das Bottom-up-Prinzip: Mitarbeiter sollten selbst auswählen können, was sie an Nachrichten sehen wollen. Diese selbst gewählten Abonnements erhöhen die Relevanz des Intranet-Angebots für jeden einzelnen Nutzer deutlich. In Linchpin nennen wir solche selbst konfigurierten Nachrichtenströme “Personal Newsfeeds”. Diese News-Listen werden auf der Intranet-Startseite an einer separaten Stelle ausgestrahlt. Gucken Sie mal auf meinen Bildschirm – so kann das aussehen:

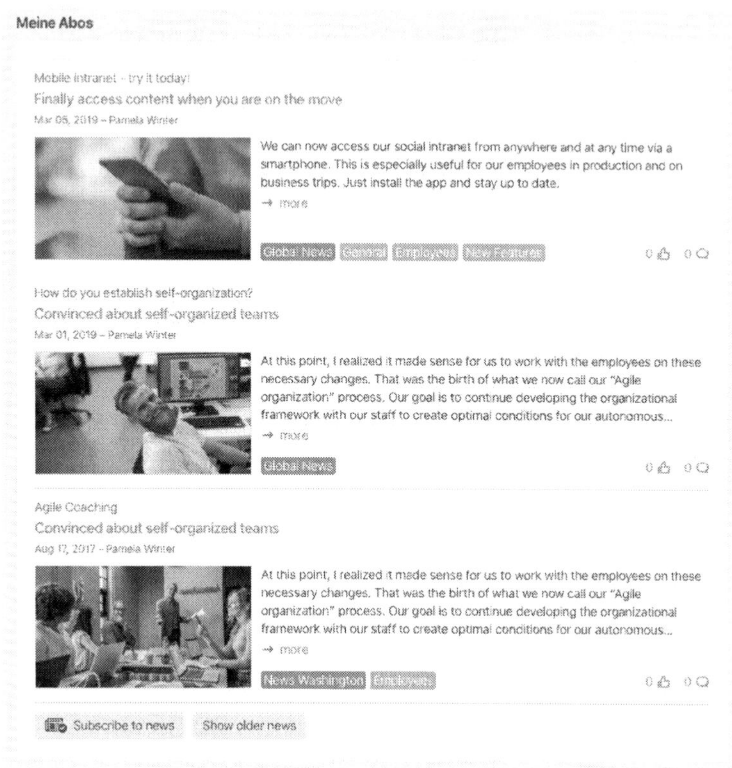

Quelldatei: https://seibert.biz/personalnewsbeispiel

Warum wir in unserer Lösung so eine Funktion geschaffen haben, ist schnell erklärt. Bei einem großen Kunden mit über 55.000 Mitarbeitern gab es vor der Einführung der persönlichen Intranet-Newsfeeds über 200 interne E-Mail-Newsletter. Sie waren entstanden, weil einzelne Abteilungen bemüht waren, die eigenen Ergebnisse und Dienste intern bekannter zu machen. Das war oft politisch motiviert, aber in einigen Fällen (wie zum Beispiel bei internen Dienstleistern) war es auch aus praktischen Gründen wichtig, die Kollegen über Angebote zu informieren, damit überhaupt eine Nachfrage entstand.

Mit der Einführung der News-Abos im Intranet konnten nahezu alle dieser internen Newsletter abgeschafft werden. Das Unternehmen spart gut dokumentierbar Millionen von internen E-Mails ein. Aber damit nicht genug: Die News-Abos reduzieren systematisch den Stress der Mitarbeiter bei der E-Mail-Bearbeitung. Gleichzeitig kommen die Informationen an der richtigen Stelle und im richtigen Kontext an, wo sie gerne gelesen werden – und das ist nicht der Posteingang.

In E-Mails geht es ja oft um das Tagesgeschäft, um Kommunikation mit Kunden, um dringliche Dinge. Wer sich da mit Informationen einschleicht, die an alle kommuniziert werden, obwohl sie nur für einen Bruchteil der Leute interessant sind, befördert die systematische Fehlnutzung des Mediums E-Mail.

Wenn Sie selbst viele interne Newsletter haben oder wenn bei Ihnen oft E-Mails "an alle" verschickt werden, aber auch wenn Sie grundsätzlich die Relevanz von Informationen im Intranet erhöhen wollen, sollten Sie sich über News-Abos für die Mitarbeiter Gedanken machen.

Link zum Teilen dieser Kapitel im öffentlichen Internet:
https://seibert.biz/intranetbuchpersonalisiertenachrichten

Mehr Aufmerksamkeit für Ihre Projekte

Wagen wir gemeinsam einen Sprung in die Zukunft? Prima! Dann gehen wir mal davon aus, dass Sie bereits ein erfolgreiches oder zumindest ganz gut genutztes Intranet-System im Einsatz haben. Sie veröffentlichen dort wertvolle Nachrichten und ganz viele Leute in Ihrer Organisation lesen diese Inhalte. Jetzt haben Sie ein Thema, das Ihnen sehr wichtig ist, und Sie wollen, dass es immer oben steht, weil es alle lesen sollen. Dafür haben wir in Linchpin wie gesagt eine Funktion: Wir können Nachrichten fixieren oder "anpinnen". Auch in anderen Systemen gibt es diese Möglichkeit. Aber bevor Sie diese Option aktivieren, rate ich Ihnen: Lassen Sie die Finger von dieser Funktion!

Solche fixierten News werden nicht durch neue Nachrichten nach unten verschoben, sondern bleiben oben kleben. Sie sind immer präsent. Das ist in der Regel sogar dann noch der Fall, wenn die Nachricht bereits gelesen wurde. Wenn sich eine fixierte Meldung nach dem vollständigen Lesen unten einfach chronologisch passend einsortieren würde, könnte ich vermutlich damit leben. Aber das funktioniert zum jetzigen Zeitpunkt nicht – weder bei Yammer noch bei den zahlreichen SharePoint-Aufsätzen, die ich gesehen habe. Immerhin kann der Autor einen Zeitraum definieren, über den die Nachricht angepinnt bleiben soll.

Ich nenne diese angepinnten News auch Geschäftsführer-Nachrichten. Das ist etwas despektierlich, da dieser Ausdruck das Bild eines unverständigen, autokratischen Managers heraufbeschwört, der sich für das Intranet und seine Wirkungsweise wenig interessiert, sondern einfach nur eine möglichst große Bühne und die ungeteilte Aufmerksamkeit will. Aber egal wie wir sie nennen: Angepinnte Nachrichten nerven, sorgen für Sarkasmus und bergen die Gefahr, nach hinten loszugehen. Warum? Weil sie sich nicht an die Gepflogenheiten des Publizierens halten. Auch auf die Gefahr, die Analogie überzustrapazieren: Wenn Ihnen Ihre Tageszeitung drei Tage am Stück den gleichen Leitartikel serviert, fänden Sie das zu Recht absurd. Genau das macht aber diese Fixierungsfunktion.

Ich bin mir übrigens ziemlich sicher, dass unsere internen Teams diese Funktion in unserer Linchpin-Lösung früher oder später umbauen werden. Aber das ist hier gar nicht der Punkt. Mir geht es darum, dass diese Funktion so verbreitet ist, weil die Betreiber (also meist hochrangige Manager) die Regeln des Intranets definieren und umbiegen dürfen. Das Anpinnen von Nachrichten ist ein gutes Beispiel dafür, wie das passiert.

Es geht bei der Planung eines Intranets eben nicht vornehmlich darum, dass Hersteller gefällige Funktionen entwickeln. Vielmehr ist es notwendig, als Kunde gründlich zu überlegen, wie das Intranet die gewünschte Aufmerksamkeit bekommen soll.

Jetzt wissen wir also, wie man es nicht machen sollte. Aber wie geht es nun richtig? Wie machen Sie Ihr wichtiges neues Projekt allen bekannt? Die Antwort ist eigentlich ganz einfach: Sie machen es, wie es die Tageszeitungen auch machen. Sie schreiben immer wieder etwas Neues; Sie beleuchten jeweils einen anderen Aspekt der

Geschichte und verweisen mit Links auf die schon bestehenden Berichte. Dabei spielt es keine Rolle, ob Sie wirklich etwas Neues zu sagen haben oder ob Sie (wie bei einem Kommentar) einfach einen bekannten Aspekt aufgreifen und Ihre Sichtweise darstellen.

Wichtig ist, dass Sie inhaltlich immer etwas anderes anbieten, was sich nett liest und die zusätzliche Aufmerksamkeit der Leser rechtfertigt.

Ich spiele das mal anhand verschiedener Kommunikationskanäle in unserem Intranet für Sie durch. Fangen wir mit Chatkonversationen an. Die entstehen und entwickeln sich ja oft eher erratisch. So können Sie beispielsweise getrost ein zweites Mal auf eine Konversation antworten, deren Aufmerksamkeit Sie kurzfristig steigern wollen.

Wichtig ist dabei natürlich, dass es überhaupt thematische Gruppierungen in Konversationen gibt und neue Beiträge ein “Gespräch” nach oben rücken. Google Chat unterstützt das, unser Microblog in Linchpin, in Microsoft Teams und in Yammer ebenso. In WhatsApp oder Telegram laufen dagegen einfach alle Nachrichten nebeneinander und es gibt keine thematische Gruppierung, die aus meiner Sicht ausreichend gut funktioniert. Hier können Sie zwar auf einen spezifischen Beitrag antworten und so einen Bezug zur Ursprungsnachricht herstellen, aber Konversationen in unserem Sinne entstehen dadurch nicht. Bei Slack ist die Sache etwas komplexer: Die Software hat eine ausgereifte Konversationsunterstützung, doch meiner Erfahrung nach wird diese Funktion von den meisten Anwendern nicht genutzt; daher fühlt sich Slack so an, als gäbe es keine Gruppierung. Das mag ein persönlicher Eindruck sein und kann sich natürlich auch mit der Zeit verändern.

Auch in unserem Microblog rückt das Thema, zu dem ich etwas neu schreibe, wieder an die erste Stelle. Das Verfahren wird von unseren Mitarbeitern manchmal auch als Micropost-Nekromantie bezeichnet: Man belebt also eine eigentlich eher "tote" Diskussion wieder. Wenn die anderen Beteiligten sehr aktiv sind, viel mitlesen und eine gewisse technische Affinität mitbringen, ist diese Taktik leicht durchschaubar und wenig hilfreich. Aber immer noch deutlich besser, als oben anpinnen.

Die richtige Aufmerksamkeitssteigerung erfolgt durch einen komplett neuen Post und einen Link auf den alten. Etwa so: "Ihr wisst, dass wir vor einigen Tagen ziemlich intensiv über unsere ISO-Zertifizierung diskutiert haben. Diese Diskussion hat mich nicht losgelassen und ich wollte das noch mal aufgreifen: Hier ist mein neuer Aspekt, über den ihr ja noch mal nachdenken und mir eure Meinung sagen könnt. Gerade das Argument XY ist damit aus meiner Sicht ausgeräumt. Habt ihr dazu Gedanken?" Durch diesen Beitrag entsteht eine natürliche neue Diskussion, die mit der alten verknüpft ist.

Statt den bestehenden Beitrag oben zu fixieren oder durch Aktualisierungen künstlich zu pushen, schreiben Sie einen ganz neuen und verlinken ihn, um Kontext zu schaffen. Da ist es übrigens aus meiner Sicht durchaus zulässig, den alten Artikel ein paar Tage später mit einem Link auf den neuen Artikel zu aktualisieren. Das ist zwar ebenfalls eine Taktik zur Steigerung der Aufmerksamkeit, aber es erhöht die Kontextualität der Beiträge im System und ist inhaltlich und systematisch eigentlich nicht zu kritisieren.

Aus genau dem gleichen Grund verknüpfe ich in der Regel meine Jira-Aufgaben, die ja mit der Erstellung solcher Inhalte ursächlich verbunden sind, mit diesen Informationselementen. Die Aufgabe in Jira könnte lauten: "Alle Mitarbeiter über die ISO-Zertifizierungsaktivitäten auf dem Laufenden halten." Dann würde ich alle Elemente verknüpfen, die eine eindeutige Link-URL haben. So werden auch diejenigen auf die Inhalte aufmerksam, die die Jira-Aufgabe beobachten oder mit ihr interagiert haben. (Nebenbei bemerkt, ermöglichen es gute Systeme wie Confluence und Jira den Beobachtern natürlich auch, die Abonnements von Elementen per Knopfdruck schnell wieder zu beenden.)

Sind Sie gedanklich noch dabei? Ich würde es verstehen, wenn Sie hier zwischenzeitlich kurz ausgestiegen sind, weil Ihnen das zu operativ und zu detailliert ist. Ich halte auch nicht viel von "Taktiken". Aber der Wunsch nach Aufmerksamkeit ist mit zunehmender Unternehmensgröße auch oft sehr stark. Diese Maßnahmen können Sie sich dann ja noch mal ins Gedächtnis rufen.

Kurzlink zu diesem Kapitel:
https://seibert.biz/intranetbuchprojekte

Mit Displays für mehr Aufmerksamkeit sorgen

Für die Inhalte im eigenen Unternehmen müssen Sie genauso Aufmerksamkeit generieren wie für Ihre Produkte bei den Kunden. Es gibt ganz wenige Organisationen, die es fast ohne interne Werbung schaffen. Aber das ist eher selten. Wenn unsere Kunden ein neues Gebäude bauen und einrichten, sind Infodisplays feste Bestandteile der innenarchitektonischen Planung. Sie sind modern, dynamisch und passen zu einer Digitalisierungsstrategie.

Displays haben in der aufmerksamkeitswirksamen und kampagnenähnlichen Kommunikation längst die Vorherrschaft übernommen. Schauen Sie sich in einer Fast-Food-Kette mal um. Oder am Flughafen. Oder achten Sie mal auf Außenwerbung. An den Stellen, an denen viel Verkehr herrscht, sind die Plakate längst den Displays gewichen. Warum sollte Ihre Organisation nicht von dieser aufmerksamkeitsstarken Informationsvermittlung profitieren? Das liegt doch eigentlich auf der Hand. Nur die Umsetzung fällt oft nicht ganz leicht. Ein Unternehmen kann nicht davon ausgehen, dass einfachste und trivialste Slogans mit einem netten Gesicht ausreichen, um die Menschen längere Zeit zu unterhalten und sogar zu aktivieren.

In der Fußgängerzone oder am Flughafen sind es ja immer neue Leute (mit jeweils einer sehr kurzen Aufmerksamkeitsspanne), die Sie erreichen. Im Unternehmen dagegen ist die Zielgruppe für ein Display verhältnismäßig klein. Die Gruppengröße kann zwischen zehn und 250 Mitgliedern variieren. Nur ganz wenige Displays streuen noch stärker. (Hier gehe ich mal davon aus, dass Sie viele Displays an zahlreichen neuralgischen Punkten aufstellen.) In der

Allianz-Zentrale in München könnten Sie im Essensbereich vermutlich mit einer Handvoll Displays Hunderte oder Tausende Personen ansprechen. Aber warum sollte die Allianz nicht auch in den Kaffeeküchen oder in Lounge-Bereichen über den Campus verteilt weitere Displays aufstellen? An solchen Stellen sind kleinere Zielgruppen dann wahrscheinlicher.

Konzentrieren wir uns erstmal auf diese weniger frequentierten Displays. Hier ist gefordert, dass die Leute nicht nur reine Werbung sehen, sondern inhaltlich etwas mitnehmen können. Wenn jemand auf einen Kaffee vor einer Maschine oder auf ein Essen in einer Mikrowelle wartet, dann kann er sich 15 bis 20 Sekunden lang mit etwas beschäftigen. So lange dauert dann ungefähr eine "Sitzung am Display".

Ein idealtypischer Ablauf sieht so aus: Es gibt einen Screensaver, der ein zu aktivierendes Video bietet, zentrale Elemente wie das News-Portal aufgreift oder ein Dashboard mit allgemeinen Zahlen zeigt, das zum Klicken anregt. Sobald Sie den Bildschirm berühren (wir setzen bei Linchpin Touch kapazitive Touchdisplays ein), endet der Bildschirmschoner. Es öffnet sich eine Übersicht, die die zuvor im Screensaver-Modus angeteaserten Informationen wieder aufgreift und es Ihnen als Anwender erlaubt, sie zu vertiefen. Von einer Nachricht, deren Überschrift Sie vorher nur gesehen haben, können Sie dann noch die ersten Zeilen lesen oder mal hoch- und runterscrollen. In einem Chart können Sie einen Zoom ausführen. Dann ist Ihr Essen oder Ihr Kaffee fertig und Sie brechen die Sitzung einfach ab. Es gibt keinen Login und auch keinen Logout. Die Session ist für das Gerät und das System komplett anonym und teasert nur an, was es an Informationen gibt. Das ist ein bisschen so wie an einem Zeitungskiosk auf dem Bahnhof, wenn Sie ein wenig in den Magazinen blättern, bevor Ihr Zug kommt. Alles liegt offen vor Ihnen, aber viel Zeit haben Sie nicht.

Und wie steht es mit der Sicherheit? Über die Touchdisplays wird ja nur ein sehr kleiner Teil der Intranet-Informationen zugänglich. In der Regel gewährleistet der Aufstellungsort bereits eine gewisse Sicherheit. Zum Beispiel kann bei uns und unseren Kunden im Normalfall niemand einfach so in die Büroräume rein wandern, ohne sich am Empfang zu registrieren und einen betreuenden Mitarbeiter zugewiesen zu bekommen. Trotzdem sind sämtliche Displays personalisiert. Das bedeutet, dass wir in Abhängigkeit vom Aufstellungsort örtlich und fachlich relevante Informationen ausstrahlen. Und natürlich werden keine sensiblen Informationen angezeigt, die nur für bestimmte Gruppen in der Organisation gedacht und zugangsgeschützt sind. Wenn ein Display ganz alleine in einem Raum ist, schaltet es sich automatisch aus, um Strom zu sparen.

Ein Einwand, den wir ab und zu von Kunden hören, ist der folgende: Heutzutage hat doch jeder ein Handy und kann die Informationen auch dort abrufen. Dafür müssen wir doch nicht auch noch ein teures Display aufstellen und verwalten, oder? Theoretisch ist das berechtigt – aber praktisch auch schnell entkräftet: Mit dieser Logik könnten wir auch die ganzen Außenwerbeplakate und Displays in den Innenstädten abhängen, denn die Unternehmen, die dort werben, haben ja auch alle Websites, die jeder auf seinem Smartphone abrufen kann. Macht halt nur keiner. Und Ihre Unternehmensnachrichten sind nun mal auch nicht so wichtig wie die WhatsApp-Nachricht der Freundin, die Verabredung, der Ping aus der Dating-App oder der aktuelle Kontostand. Am Handy gibt es einfach sehr viele Ablenkungsmöglichkeiten.

Eine Mitarbeiterin, die sich einen Kaffee holt oder ihr Essen warm macht, hat zwar zwanzig Sekunden Zeit, gestaltet sie aber nicht aktiv. Wenn sie sie aktiv gestalten würde, hätten weder Smartphone noch Display eine Chance. Dann schaut sie nämlich schnell ein Angebot durch oder denkt über die Lösung eines Problems für ihren Kunden nach.

Aber die ganz normalen Koffeinsüchtigen, die sich in regelmäßigen Abständen an der Maschine einfinden, können Sie mit dem Display leicht erreichen. Und wenn die Leute erst mal 20 Sekunden lang überblickt haben, was es alles Neues im Intranet gibt, folgt in vielen Fällen vermutlich eine tiefergehende Sitzung am Rechner oder Smartphone, in der die Nachricht zu Ende gelesen oder sogar mit einem "Gefällt mir" versehen oder kommentiert wird.

Und wie sieht es in den stark frequentierten Bereichen des Unternehmens aus, in denen sich Hunderte Menschen tummeln? Hier könnten Sie erwägen, nur eine Screensaver-ähnliche Lösung aufzustellen. Oder Sie experimentieren auch dort mit dem Teeküchen-Konzept und beobachten, ob die Interaktion mit dem Gerät andere "Zuschauer" anlockt, woraus sich dann vielleicht sogar kurze Gespräche über die neuesten Entwicklungen ergeben.

Sie fragen sich, warum ich mich gerade so stark mit unserer eigenen Lösung "Linchpin Touch" beschäftige? Der Grund ist trivial: Ich kenne schlicht keine vergleichbare Lösung, die die Intranet-Inhalte gleichzeitig automatisiert, personalisiert und unkompliziert in das physische Büro bringt. Es gibt zwar zig Displaylösungen am Markt, aber die erfordern in der Regel separate Dateneinspielungen und sind daher sehr aufwendig.

Zu Touchdisplays gibt es einige Basisanforderungen, die Ihr Intranet-Team aufnehmen sollte:

> Sie sollten einerseits sehr günstig und andererseits sehr wartungsarm sein. Immerhin müssen sie einen Betrieb unter Realbedingungen möglichst lange aushalten.
> Sie dürfen keinen Systemadministrator erfordern und sollten es auch problemlos verkraften können, wenn beispielsweise eine Reinigungskraft versehentlich den Stromstecker zieht.
> Sie müssen mit unterschiedlichen Netzwerksituationen zurechtkommen.

Beim Preis sind wir aktuell in einer Situation, in der ein einfaches 23-Zoll-Touch-Gerät für Teeküchen mit allem Drum und Dran etwa 740 Euro an Hardwarekosten verursacht. (Ja, die Push-Nachricht, die Sie gerade aufs Handy bekommen haben – das war ich. Ich habe Ihnen mal eben den Link zu ein paar weiteren Details in Telegram geschickt: https://seibert.biz/transportableslinchpintouchdevice & https://seibert.biz/linchpindisplay.) Handelsübliche Smartboards schlagen dagegen schnell mit 2.000 Euro bis 5.000 Euro zu Buche.

Das mag für bestimmte Anwendungsfälle gerechtfertigt sein, aber als Intranet-Werbetafeln zur 20-Sekunden-Nutzung sind diese Geräte auch im Konzern einfach zu teuer.

Displays sind sehr spannend, wenn es bei Ihnen aktuell noch keine Smartphone-Lösung gibt und Sie viele Mitarbeiter haben, die nicht über eigene Computer-Arbeitsplätze verfügen. In einer solchen Gemengelage sind diese Bildschirme oft der einzige schnelle und unkomplizierte Weg zu den Intranet-Inhalten.

Auf lange Sicht hoffe ich, dass alle Unternehmen Intranet-Infos auch über Smartphones verfügbar machen werden. Dann bleibt für das Display noch der Anwendungsfall "Werbetafel" übrig – sozusagen als digitaler Ersatz für das Schwarze Brett im Unternehmen.

Kurzlink zu diesem Kapitel:
https://seibert.biz/intranetbuchdisplays

Ideen und Konzepte intern testen

Um Innovationen in Unternehmen zu fördern, braucht es einen Raum zum testen: Wie Sie das Intranet als Keimzelle für neue Ideen nutzen können.

Wie entstehen Innovationen im Unternehmen? Antworten auf diese Frage füllen ganze Regalmeter an Büchern. Ich selbst habe mich theoretisch leider nicht intensiv damit auseinandergesetzt und weiß nicht allzu viel darüber. Was mich allerdings die Erfahrung lehrt, ist, dass Innovation in Organisationen meistens Standardisierung und Digitalisierung bedeutet: Geschäftsprozesse sollen qualitativ besser, effizienter und effektiver werden – und durch die digitale Magie am besten alles gleichzeitig.

Wie gut ist eine neue Idee? Microblog und Gruppenchat als Schnelltestverfahren

Mit Ihrem Intranet-Team können Sie dazu beitragen, kleinen Ideen und Verbesserungsvorschlägen einen Raum für Diskussion und Wachstum zu eröffnen. Innovationen sind zu Beginn zarte Pflänzchen, die behütet und betreut werden wollen, bis sie zu einer Stärke heranreifen, gegen die auch die etabliertesten der alten, schlechten und überkommenen Routinen nichts mehr ausrichten können.

Wenn Sie nur früh genug aufstehen, können Sie auch die allerbeste Idee im Unternehmen abtöten, bevor sie sich entwickeln kann. Insofern ist ein Raum, den alle Mitarbeiter sehen können, schon mal ein großer Gewinn für solche Ideen, weil er vor allzu rabiaten und groben Angriffen schützt, die einem politisch motivierten Bremser im Lichte der Öffentlichkeit dann möglicherweise doch unangenehm sind.

Um den Anwendungsfall klar zu umreißen: Die Aufgabe Ihres Intranet-Teams besteht nicht darin, das Unternehmen innovativ zu machen oder dafür zu sorgen, dass es innovative Ergebnisse hervorbringt. Das mag eine Folge sein. Aber eine solche Kausalität kann niemand ernsthaft versprechen.

Was ein Intranet-Team mit einem Mitarbeiterportal schaffen kann, ist ein Raum, in dem Ideen entstehen sowie dokumentiert und diskutiert werden können.

Sofern Sie Innovationen als kleine, inkrementelle Verbesserungen der bestehenden Geschäftsprozesse wahrnehmen, die erst durch die Summe der kleinteiligen Einzelschritte zu einer großen, beeindruckenden Veränderung führen, dann ist ein modernes Intranet sogar eine zentrale Stelle, an der Innovation stattfinden kann.

Lassen Sie uns mal ein Beispiel durchspielen, das ganz nah an der Realität ist. Wir haben neulich unseren Geschäftspartner Google in seiner Zentrale in Dublin besucht. Dort gibt es Getränkekühlschränke, die teilweise mit Milchglas versehen sind.

Die oberen beiden Regale sind durchsichtig, die unteren durch Milchglasfolie verdeckt. Ich wunderte mich und fragte nach, was es damit auf sich habe. Der Ansprechpartner sagte sinngemäß: Menschen lassen sich nun mal durch die Positionierung von Produkten in ihrem Konsum beeinflussen. Ich bin durstig. Ich gehe zum Getränkekühlschrank. Ich sehe Wasser. Ich trinke Wasser. Hätte ich Cola gesehen, hätte ich vielleicht Cola genommen.

Softdrinks hinter Milchglas nicht sichtbar.

Dann ging es weiter in den Meeting-Raum. Auf der Tür klebte ein Schild:

Lobe, sei nett, sprich problematisches Verhalten an, integriere Remote-Teilnehmer, hör zu, achte auf Zeitzonen

Das Schild wirkte auch zunächst irgendwie überflüssig. Mir kam das alles ziemlich selbstverständlich vor. Aber ich verstand auch, dass es für Menschen gedacht ist, die nicht so extrovertiert sind wie ich. Und dann gefiel es mir doch.

Was mir bei unserem Besuch in der Google-Zentrale noch auffiel: Das WLAN ist für Besucher frei nutzbar. Es gibt kein Passwort, keine Registrierung. Jeder kann einfach lossurfen. Über diesen Ansatz könnten wir lange diskutieren. Es gibt gute Argumente dafür und dagegen. Aber spätestens hier dachte ich: Mann, die sind wirklich innovativ hier. Diese drei Dinge haben wir zum Beispiel nicht. Warum können *wir* nicht so innovativ sein?

Tatsächlich sind das nur Kleinigkeiten. Es macht Google nicht zu einem besseren Unternehmen und es verändert auch nicht die Welt. Aber diese kleinen Dinge ergeben in der Summe ein Bild. Und am Ende braucht es ja immer auch Menschen, die hinter diesen Änderungen stehen, sie umsetzen und sich dafür einsetzen, falls Kritik kommt.

Wenn die Entscheidungsstruktur in Ihrem Unternehmen streng hierarchisch ist, ist es wahrscheinlich nicht sinnvoll, dass sich hochrangige Führungskräfte mit WLAN-Passwörtern, Meeting-Benimmregeln und Milchglasfolien beschäftigen. Aber ein Intranet kann dabei helfen, solche kleinen Ideen zu testen, zu evaluieren und umzusetzen, ohne dass das Management involviert sein muss – und das mit einer Transparenz, die es zu jedem Zeitpunkt erlaubt, zu eskalieren und sich zu informieren, wenn jemand bei der Umsetzung einer Idee Bedenken hat.

Wie man mit Ideen umgehen kann, wenn es ein gut funktionierendes Intranet gibt, zeigt mein Beispiel der Inspiration durch Google. Ich habe also eine Kühlschrankfolie gesehen und kann mir gut vorstellen, dass unsere Kühlschränke ebenfalls ein "Wasser-Priming" unterstützen. In unserem Google-Chatraum für die Gesellschafter teste ich die Idee erst mal an. Während ich am Bahnhof auf einen Zug warte, schreibe ich ganz unverbindlich und beiläufig in der mobilen App: "Erinnert Ihr euch noch an die Kühlschränke bei Google in Dublin? Ich würde unsere auch gerne mit so einer Milchglasfolie versehen und das Wasser nach oben räumen lassen. Was haltet ihr davon? Soll ich das in unserem Office-Team mal vorschlagen?"

Die Antworten lassen nicht lange auf sich warten: "Klar, mach mal" und "Wichtig ist mir das nicht, aber es ist vermutlich auch schnell gemacht. Frag das Team ruhig mal". Ich weiß nicht, ob die Kollegen ihre Antworten auch auf dem Handy von unterwegs aus oder am Rechner geschrieben haben, aber schon nach wenigen Sekunden habe ich die Bestätigung, dass meine Idee wohl kein kompletter Rohrkrepierer ist, für den ich mich später schämen muss, weil alle denken: Damit beschäftigt sich also der Seibert.

Mit meinem schon etwas gewachsenen Pflänzchen stelle ich die Idee in unseren Intranet-Microblog im Bereich "Büroorganisation" ein:

"Schaut mal hier. So sieht ein Kühlschrank bei Google aus. Die Getränkekühlschränke sind teilweise mit Milchglas versehen. Und oben (im Sichtfeld) sieht man nur Wasser. Die Idee ist, dass mehr Wasser und weniger Mist (Cola, Red Bull, Soda-Zucker-Kram, Bier)

konsumiert wird. Ich habe schon mit dem Team WeCare4You gesprochen und da kam die Idee auf, dass man die Folie ja auch noch gestalten könnte. Hier ist die Aufgabe in Jira:
https://jira.apps.seibert-media.net/browse/PONY-1565
Was denkt Ihr dazu?"

Das sieht dann in der mobilen App so aus:

Zu Innovation gehört natürlich auch, dass eine Selektion stattfindet. Es muss ein Ringen um gute und nicht ausreichend gute Lösungen geben.

Kaum hatte ich meinen eher beispielhaft gedachten Kühlschrank-Post veröffentlicht, ging intern die Diskussion los. Der Verlauf ist aus meiner Sicht unterhaltsam und lehrreich. Ich habe einen (sehr langen) Screenshot gemacht; die Namen sind anonymisiert, aber ansonsten ist das der Originalverlauf. Ich schicke Ihnen auch diesen Link rasch in Telegram: https://seibert.biz/kuehlschrankdiskussion.

Ich führe die Geschichte mit der Milchglasfolie an, weil sie so einfach und unkompliziert ist und weil mir die Änderung eigentlich wie selbstverständlich vorkam. Und Getränkekühlschränke gibt es ja in ganz vielen Unternehmen. Ich hätte mir nicht träumen lassen, dass darüber eine so lebhafte und unterhaltsame Diskussion entstehen würde.

Der zentrale Punkt, der die Idee letztendlich für die Umsetzung bei uns "gekillt" hat, ist, dass wir unser Wasser aus Wasserspendern beziehen. Die wurden mal auf Initiative von Mitarbeitern angeschafft – übrigens auch nach Microblog-Diskussionen darüber, warum man Wasserspender zum Preis eines gebrauchten Kleinwagens benötigt. Seitdem gibt es in den Getränkekühlschränken keine Wasserflaschen mehr. Außerdem wurde mehrfach angeführt, dass es ziemlich übergriffig und kindisch sei, wie Google seine Mitarbeiter behandele, wenn die dächten, dass Konsum so beeinflusst wird. Es lohnt sich, die Diskussion zu lesen!

Warum ich so lange auf diesem Beispiel herumkaue? Nun, ich finde es so passend, weil ich in einem Gespräch mit meinem Bruder verstanden habe, dass es sich eigentlich um eine perfekte Demonstration des Lebens nach agilen Werten handelt.

“Fail fast” ist ein Spruch, der im agilen Umfeld oft bemüht wird, um das iterative Lernen zu beschreiben. Wer seine Fehler und die Irrwege früh erkennt, kann auch früh und damit kostengünstig umsteuern.

Besonders relevant ist diese Erkenntnis Im Zusammenhang mit Innovation. Wie Sie wissen, sind die meisten Ideen einfach nicht gut. Je nachdem, wo Sie nachlesen, erfahren Sie, dass höchstens eine von zehn Ideen genug Potenzial hat. Ein innovatives Unternehmen hat daher immer ein Interesse daran, dass schlechte Ideen schnell sterben, denn dann muss sich keiner mehr damit beschäftigen. Niemand muss die Folien gestalten. Niemand muss die Anbringung übernehmen. Niemand muss dafür sorgen, dass die Kühlschränke anders eingeräumt werden, und dabei überlegen, wie er jemandem erklärt, dass nicht vorhandene Wasserflaschen ganz oben stehen sollen. Und über eine mögliche Übergriffigkeit und Infantilisierung erwachsener Menschen müssen Sie auch nicht mehr diskutieren.

Irgendwie bin ich ganz zufrieden darüber, wie das mit meiner Kühlschrankidee bei uns gelaufen ist. Da sie nun tot ist, mache ich rasch den im Microblog-Beitrag genannten Jira-Vorgang platt, den ich angelegt hatte, und fahre mit einem anderen Beispiel fort.

Vorher möchte ich aber noch einmal die Bedeutung des Microblogs als Kanal im Intranet betonen. Ich hatte ja damit begonnen, meine Idee mit der Kühlschrankfolie in einem Chat kundzutun. Dort habe ich zwar Zustimmung erhalten, aber später im Microblog ist die Idee dennoch abserviert worden. Interessanterweise war eine der an der Microblog-Diskussion beteiligten Personen gleichzeitig auch Mitglied in der Chatgruppe und hatte dort keinen Kommentar abgegeben. Warum nicht? Um das zu verstehen, sollten wir die Formate Gruppenchat und Microblog mal im Vergleich betrachten.

Link zum Teilen dieser Kapitel im öffentlichen Internet: https://seibert.biz/intranetbuchinternediskussion

Gruppenchat versus Microblog: ein Vergleich

Der Unterschied zwischen einer Chatgruppe im Messenger und einem Microblog im Intranet liegt aus meiner Sicht sowohl in der Reichweite als auch in der Persistenz. Es ist zwar ein Stück aufwendiger, einen Post im Microblog zu veröffentlichen, als eine Chatnachricht in eine Mobile App zu tippen. Dafür ist die Chatnachricht sehr flüchtig. Schon nach zehn Kommentaren wissen nur noch diejenigen, die von Beginn an beteiligt waren an der Diskussion, worum es geht. Je länger die Diskussion dauert und je mehr Nachrichten es dazu gibt, desto unwahrscheinlicher ist es, dass sich andere Teilnehmer der Gruppe von Anfang an einlesen und später in die Diskussion einsteigen.

Ein Micropost hat hingegen eine längere Haltbarkeit und ist auch später wieder auffindbar. Zum Beispiel hat er eine eindeutige (geschützte) Internetadresse, über die er jederzeit erreichbar ist. Für

Chatnachrichten gibt es dagegen in der Regel keine direkten Links, die Sie kopieren, versenden und im Browser aufrufen können.

Microposts mit all ihren Diskussionsbeiträgen werden im Intranet über Tage oder bei besonders heißen Themen sogar über zwei Wochen hinweg diskutiert. Sie bleiben in einer Organisation also viel länger "top of mind". Chatdiskussionen hingegen überdauern in der Regel nur ein paar Minuten oder ein paar Stunden – je nachdem, wie rege es in einer Gruppe zugeht. Sobald ein bis zwei neue Themen und damit auch neue Diskussionsstränge gestartet werden, ist das vorherige Thema in der Regel vergessen.

Darüber hinaus bieten die meisten Chatgruppen (im Gegensatz zum Microblog) kein oder zumindest kein sinnvolles Threading, also keine Themengruppierungsfunktion. Es geht hier letztendlich darum, dass Sie auf bestimmte Nachrichten auch noch einfach antworten können, wenn sie schon älter sind. Wie wir gerade vorhin schon diskutiert haben, werden diese Antworten im Microblog dann in einem zusammenhängenden Diskussionsbaum dargestellt, in vielen Gruppenchats jedoch nicht. Das haben wir gerade schon diskutiert.

Diese Unterschiede im Hinblick auf die jeweiligen Messenger-Funktionen machen es natürlich nicht einfach, die Formate Chat und Microblog grundsätzlich zu vergleichen. Stattdessen muss man sich hier teils auf die Ebene einzelner Tools begeben.

In Diskussionen mit Kunden stelle ich immer wieder fest, dass sie an dieser Stelle operativ bereits ausgestiegen sind: "Stopp, jetzt wird es mir zu detailliert! Darunter kann ich mir nichts vorstellen. Wie bringt uns das weiter?"

Wenn Sie das gerade ebenfalls denken, komme ich damit schon zurecht. Aber hilfreich ist diese Einstellung für Ihr Unternehmen nicht unbedingt. Denn wenn Sie die Funktionen der Plattform nicht selbst auf Herz und Nieren testen und selbst "erleben", wie sie funktioniert, werden es höchstwahrscheinlich die Anwender sein, die letztlich auf unbeantwortete Fragen stoßen. Und dann müssen Sie sich ebenfalls damit beschäftigen, eben nur zeitverzögert: Wo soll ich das denn jetzt veröffentlichen? Im Chat? Oder im Microblog? Oder als Blogartikel? Oder als Wiki-Seite? Oder vielleicht als Word- oder Google-Docs-Dokument?

Bisher haben wir uns hier nur mit den Alternativen Chat und Microblog beschäftigt. Doch ich würde mir wünschen, dass Intranet-Teams nicht nur diese zwei Kanäle, sondern auch noch Blogs, Intranet-Seiten und weitere Spezialformen gut abgrenzen und entsprechend sinnvoll einsetzen können. Zu diesen speziellen Kanälen gehören zum Beispiel auch persönliche Gespräche, formale Meetings und Telefonate sowie Telefon- oder Videokonferenzen. Ein gutes Intranet hilft den Anwendern übrigens auch dabei, sich in diesem Dschungel der Möglichkeiten zu orientieren.

Bevor wir uns weiter mit der Abgrenzung der genannten Kommunikationsformen beschäftigen, möchte ich aber ein Beispiel vorbringen, das über Chat und Microblog hinausgeht und mit Intranet-Blogartikeln (also News), Intranet-Seiten und anderen Kanälen arbeitet. Auf diese Weise kann ich Ihnen gut veranschaulichen, wie Ideen geboren werden, gedeihen und auch sterben können.

Kurzlink zu diesem Kapitel:
https://seibert.biz/intranetbuchgcundmbvergleich

Entscheidungen gemeinsam vorbereiten

Wie Sie mit Intranet-Tools Ihre Evaluations- und Abstimmungsprozesse effizienter gestalten, schneller zu Entscheidungen kommen und akute Probleme lösen.

Um unser Anwendungsbeispiel mit den Milchglasfolien auf Kühlschränken auf einer anderen Ebene fortzuführen, bietet sich unsere Diskussion über eine Zertifizierung nach ISO 27001 an. Diese Situation ist grundlegend anders. Das Milchglasfolien-Projekt hätte so gut wie nichts gekostet. Die Kosten einer ISO-Zertifizierung sind dagegen vollkommen unklar. Kostet sie mehrere Hunderttausend Euro? Und schütten wir vielleicht das komplette "agile Kind" unserer Selbstorganisation mit dem Bade aus, weil wir uns einen bürokratischen Prozess aufbürden, der mit unserer Agilität inkompatibel ist? Lohnt sich diese Investition überhaupt, nur weil ein paar Kunden danach gefragt haben? Schließlich haben wir die Hostingaufträge bisher immer auch ohne dieses Zertifikat bekommen. Die Daten sind auch so sicher – ob nun zertifiziert und extern auditiert oder nicht.

Es wird schnell klar, dass wir so eine komplexe Idee nicht in einem Chat und mit einem Micropost evaluieren und möglicherweise sogar verwerfen können. Die Persistenz der beiden Kanäle Chat und Microblog ist dafür einfach nicht hoch genug. Ein solch wichtiges und komplexes Thema muss über Wochen oder gar Monate hinweg analysiert und diskutiert werden. Es braucht die Expertise von

Außenstehenden. Es sind Argumente zu sammeln, gegenüberzustellen und abzuwägen.

Bei einer Entscheidung für oder gegen eine ISO-Zertifizierung ist von vornherein klar, dass es unmöglich ist, die Frage eindeutig zu klären. Es wird kaum gelingen, absolut hieb- und stichfest zu belegen, dass eine solche Aktivität sinnvoll oder aber entbehrlich ist. Oft ist das nicht einmal im Nachhinein möglich. Die Beweisführung erfolgt oft anekdotisch und anhand von Geschichten, die die Beteiligten heranziehen, um eine Entscheidung zu stützen.

Ein Intranet muss dem Team bei einer so weitreichenden Entscheidung helfen, die Transparenz bei der Entscheidungsfindung zu erhöhen und das Entscheidungsverfahren ausführlich zu dokumentieren.
Gerade bin ich versucht zu sagen, dass ein Intranet bei der Objektivierung solcher Entscheidungen hilft. Aber da würden Sie mir wohl zu Recht widersprechen. Trotz der Dokumentation und trotz aller Analysen, die für das gesamte Unternehmen verfügbar sein werden, ist eine solche Entscheidung am Ende immer noch teils eine Bauchentscheidung. Es ist eine unternehmerische Wette, die mit einem Risiko verbunden bleibt.

Bei komplexen Entscheidungsprozessen kann das Zusammenarbeits-Intranet seine ganze Bandbreite und Stärke ausspielen.

Es ist eine Sache, schnell und unkompliziert zu kommunizieren (Chat, Microblog) oder Nachrichten und Neuigkeiten im

Unternehmen zu verbreiten (Intranet-News). Aber im genannten Beispiel geht es weder um das eine noch das andere. Es geht um ein Ringen um die richtige Entscheidung. Es geht um einen Pfad, auf dem uns die klassischen Lean-Start-up-Methoden nicht helfen. Bei Entscheidungen dieser Größenordnung können Sie nicht so einfach mal schnell scheitern ("fail fast") oder "frühzeitig umfassend von Kunden lernen".

Sie müssen ein wirklich relevantes Risiko eingehen, um später vielleicht festzustellen, dass die Erträge doch nicht so hoch sind, wie Sie es erhofft hatten. Im Unternehmen gibt es zahlreiche solcher Entscheidungen, die miteinander um die verfügbaren Kapazitäten der Mitarbeiter konkurrieren. Allein in unserer Firma haben wir gefühlt fünfzig wirklich coole Projekte, aber in den nächsten sechs Monaten nur Zeit für höchstens zehn von ihnen.

Ein klassischer Ansatz ohne Intranet besteht darin, dass schlicht diejenigen Projekte voranschreiten, die die Menschen vorantreiben. Es handelt sich um etwas, das unsere Kunden oft als "Fakten schaffen" beschreiben: Wir fangen einfach mal an! Wenn wir dann irgendwann Wellen schlagen, ist das Projekt schon so weit gediehen, dass es einfacher scheint, es abzuschließen, als es zu stoppen.

Natürlich ist klar, dass fünfzig angefangene Projekte der Organisation deutlich weniger bringen als zehn abgeschlossene. Außerdem ziehen sich solche Projekte wie Kaugummi und brauchen ewig, weil die Leute, die daran beteiligt sind, ständig zwischen ihnen hin- und herspringen. Sie können sich nicht fokussieren, und folglich muss ihre Leistung hinter ihrem eigentlichen Potenzial zurückbleiben. Viele unserer Kunden, die sich mit diesem Problem herumschlagen, kommen irgendwann auf uns zu und sagen: "Wir brauchen eine Ressourcenplanungs-Software!" Dieses Anliegen ist zumeist von der Vorstellung getragen, dass eine zentrale, koordinierte Planung den Mitarbeitern den Fokus zurückgeben kann: Heute 70 Prozent auf Projekt A und 30 Prozent auf Projekt B, morgen 100 Prozent auf Projekt C und so weiter. Dieser Ansatz hat jedoch eine kleine Schwäche: Er funktioniert nie. Also in null von 50 Projekten.

Vergessen Sie Kapazitätsmanagement. So etwas können Sie mit Maschinen machen, aber nicht mit Menschen.

Wer Menschen in zwanzig Stücke teilen und die Produktivität auf fünfzehn Projekte verteilen will, versucht, die Symptome einer unzureichenden Organisation zu behandeln. Was Sie damit erreichen, ist bestenfalls eine kurzzeitige Linderung. Gewiss: Sie können einem Schwerkranken fünf Wochen ohne Beschwerden ermöglichen, ehe die Schmerzen wieder von vorne losgehen. Oder Sie können darauf hinwirken, ihn vollständig zu heilen.

Ein Intranet, das schwierige Entscheidungen unterstützt, Prozesse transparent macht und eine Beteiligung am unternehmerischen Ringen ermöglicht, arbeitet an den Ursachen.

Wenn Sie es schaffen, zehn Projekte stringent und konzentriert durchzuziehen, statt fünfzig Projekte gleichzeitig köcheln zu lassen, passieren viele Dinge, die sich für die Mitarbeiter magisch anfühlen.

Aber sprechen wir erst einmal darüber, wie das konkret abläuft: Wir überlegen also, ob wir eine ISO-Zertifizierung anstreben sollen. Gehen wir ruhig den ganzen Weg noch mal durch.

In einem Messenger schreibe ich in die geschützte Gruppe "Geschäftsführung": "Ich überlege, ob wir uns als Unternehmen nicht nach ISO 27001 zertifizieren lassen sollten. Das fordern einige unserer Kunden. Aktuell haben wir keine Zertifizierung. Aufträge erhalten wir derzeit trotzdem noch. Aber das kann sich künftig ändern. Diese Investition finde ich sinnvoll. Was denkt ihr?"

Ich erhalte ein, zwei schnelle Zustimmungen. Also gehe ich weiter in unseren Intranet-Microblog und beschreibe das Anliegen ein bisschen ausführlicher. Nun ist es für alle Kollegen im Unternehmen sichtbar. Der Microblog ist themenbasiert (Threading) und Diskussionen rutschen mit jedem Kommentar immer wieder nach oben. Jeder Beteiligte kann ein Thema mit einem Diskussionsbeitrag also wieder an die Oberfläche der Aufmerksamkeit bringen.

Wir gehen jetzt einfach mal davon aus, dass ich in dieser Frage – anders als bei der Kühlschrankfolie, für die ich intern inzwischen gehänselt werde – eine grundsätzliche Zustimmung und ein bisschen Skepsis bekomme. Doch so oder so kann ich jetzt nicht direkt eine Entscheidung treffen. Ein Schritt wie dieser wird bei uns nicht einfach von oben angewiesen. Wir legen für solche weitreichenden, das ganze Unternehmen betreffenden Entscheidungen intern eine "Agile-Org-Story" an. Als Agile Org bezeichnen wir den Prozess, der unsere Unternehmensorganisation ganzheitlich steuert. Das ist eine Besonderheit in unserem Unternehmen, die der umfangreichen

Autonomie der Teams und Mitarbeiter geschuldet ist. Ich will dieses Vorgehen hier auch nicht vertiefen. Sagen wir einfach, dass unsere Agile Org mit Ihrem Vorstandsgremium oder der Geschäftsführung oder eben "den Mächtigen" zu vergleichen ist. Dort wird irgendwann mal die Entscheidung über mein Anliegen getroffen.

Kurzlink zu diesem Kapitel:
https://seibert.biz/intranetbuchkrisen

Mit einem Unternehmens-Wiki große Projekte vorantreiben

Ohne eine sinnvolle Analyse des Vorgehens, des Ablaufs, der Vorteile und der Nachteile und ohne eine breite Diskussion im Unternehmen brauche ich bei den anderen aber gar nicht erst aufzuschlagen. Und all das können weder Chat noch Microblog leisten.

Ich lege also eine Wiki-Seite im Intranet an. Nein, kein Word-Dokument und auch kein Google Doc, sondern eine Wiki-Seite, denn diese hält für unseren Anwendungsfall alle nötigen Werkzeuge bereit.

In das neue Dokument zum Thema ISO-Zertifizierung stelle ich zunächst die folgende Infos ein:

1. Ziele und Vorteile des ISO-Projekts in unserem Unternehmen
2. Vorteile der Umsetzung
3. Nachteile und mögliche Risiken der Umsetzung

4. Projektteilnehmer
5. Interne und externe Kosten für die Umsetzung

Das ist natürlich noch nicht umfassend genug für eine Entscheidung. Aber es ist ein guter erster Schritt. Gucken Sie mal auf meinen Bildschirm rüber; so könnte das Ergebnis aussehen:

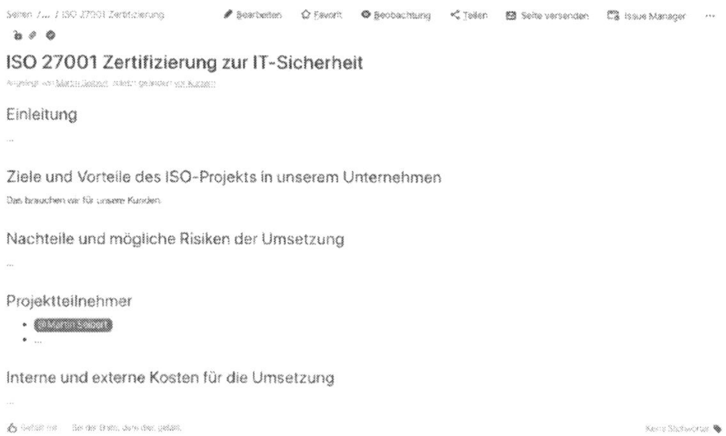

Beispiel einer Wiki-Seite ganz am Anfang. Quelldatei: https://seibert.biz/beispielwikiseite1

ISO 27001 Zertifizierung zur IT-Sicherheit

Einleitung

Die internationale **Norm** ISO 27001 **beschreibt die Anforderungen an ein** Information Security Management System, **kurz ISMS**.

Ein ISMS besteht aus Richtlinien, Verfahren, Leitfaden und zusammengehörigen Ressourcen und Tätigkeiten, die von einem Unternehmen verwaltet wird, wobei Informationsbestände geschützt werden.

Das ISMS ist ein systematische Vorgehen für die Ermittlung (Plan), Implementierung, das Betreiben (Do), die Überwachung und Überprüfung (Check), Beibehaltung und Verbesserung (Act) der Informationssicherheit eines Unternehmens, um den Geschäftserfolg zu kontrollieren. Dies geschieht in einem dauerhaften, sogenannten PDCA-Zyklus (meist als 1 Jahres-Zyklus implementiert):

Ein ISMS ist für einen bestimmten Geltungsbereich definiert, der das ganze Unternehmen, aber auch nur Teilbereiche eines Unternehmens umfasst. Ein Beispiel wären alle Geschäftsprozesse, Personal, Infrastruktur und Ressourcen für unseren Atlassian Betrieb (Hosting und VAs).

Ist ein ISMS vollständig im Unternehmen eingeführt, kann dieser von Zertifizierungsstellen nach dem ISO 27001 Standard auditiert und bei Erfolg zertifiziert werden.

Durch dieses Zertifikat können Externe leichter sicherstellen, dass die im Standard definierten Anforderungen an die Informationssicherheit für den gegebenen Geltungsbereich im Unternehmen erfüllt sind.

Ziele und Vorteile des ISO-Projekts in unserem Unternehmen

Wir bedienen mit unseren Produkten und Dienstleistungen immer größere Firmen und Konzerne, die einen höheren Bedarf an Informationssicherheit und Datenschutz an ihre Lieferanten und Subauftragnehmer stellen. Die Prüfung, ob ein Dienstleister diesen Anforderungen gerecht wird, kann von den Firmen entweder selbst durch eigene Prüfungen (Fragebögen, Interviews, Einsicht in Prozessdokumentationen, Vor-Ort Audits) aufwendig ermittelt werden oder durch vorhandene Zertifizierungen wie z.B. nach der ISO 27001 Norm festgestellt werden.

Der Druck für eine sichere Auswahl von Subauftragnehmer durch den Kunden steigt, wenn der Kunde selbst ISO 27001 zertifiziert ist, so dass eine fehlende Zertifizierung des Subauftragnehmers häufiger schon ein K.O. Kriterium bei der Auswahl darstellt.

Auflistung von Gründen für eine Zertifizierung in Kurzform:

- Bedarfsdeckung des Kunden im Bereich Informationssicherheit und Datenschutz
  - siehe Einleitungstext
- Marketing: Wettbewerbsvorteil durch Zertifizierung
- Vertiefung des Vertrauens zu den Kunden
- Steigerung der Kundenzufriedenheit (z.B. mit besserer Verfügbarkeit von Diensten)
  - Verfügbarkeit ist neben Vertraulichkeit und Integrität einer der drei zentralen Schutzziele in der Informationssicherheit
- Konformität hinsichtlich Gesetze (insbesondere Datenschutz)
  - Auch Konformität hinsichtlich Industrienormen (z.B. für das Bankwesen oder Energieversorger)
- Grundsätzliche Verbesserung der Wirksamkeit der Informationssicherheit
  - Technisch sind wir schon gut aufgestellt und auch die Reaktion auf Sicherheitsdefizite gelingt uns.
  - Jedoch fehlt es im Bereich Prozesse, Dokumentation, regelmäßige Kontrollmechanismen und systematische Verbesserung (proaktiv)
- Konsequente Erweiterung unserer Retrospektivkultur auf Team-Ebene auf prozessuale Unternehmensebene

Nachteile und mögliche Risiken der Umsetzung

...

Teilnehmer mit Energie für das ISO-Projekt

- Karl
- Benjamin
- Alisa

Interne und externe Kosten für die Umsetzung

...

Beispiel einer Wiki-Seite nach ein paar Iterationen. Quelldatei: https://seibert.biz/beispielwikiseite2

Hier wird von der Art und Weise, wie wir uns einen digitalen Arbeitsplatz vorstellen, schon einiges deutlich. Wir und auch unsere Kunden teilen Zwischenstände früh.

Als wir vor etlichen Jahren intern begonnen haben, mit einem Wiki zu arbeiten, sind oft Diskussionen wie diese entstanden: “Warum kommentierst und änderst du denn mein Dokument? Das ist doch noch ein Entwurf! Das ist doch noch gar nicht fertig! Irgendwie fühle ich mich von dir kritisiert, wenn du in meiner Arbeit rumpfuschst, obwohl ich eigentlich noch daran arbeite.”

Ja, es gibt in einem Wiki die Möglichkeit, mithilfe von Rechtebeschränkungen dafür zu sorgen, dass nur Sie selbst (oder nur das Intranet-Projektteam oder hier eben lediglich mein ISO-Zertifizierungs-Projektteam) eine Seite einsehen und bearbeiten können. Ich räume auch ein, dass es eines Gewöhnungsprozesses bedarf, um die Wiki-Nutzung intern wirklich richtig voranzubringen und dafür zu sorgen, dass sich alle mit dieser Arbeitsform anfreunden können.

Die jahrelange Erfahrung im Umgang mit Wikis hat bei uns mittlerweile dazu geführt, dass so ein Entwurf schon früh im System verfügbar gemacht wird. Natürlich bewerbe ich diesen Zwischenstand jetzt nicht im Chat oder per Micropost. Ich bin ja noch am Arbeiten. Aber trotzdem können andere Nutzer im System zum Beispiel über die Änderungsliste oder auch über Bereichsabonnements die neue Seite sehen.

So könnte etwa mein Kollege Karl den Wiki-Bereich “ISO-Zertifizierung”, den ich für diesen Zweck angelegt habe, komplett abonniert haben. Tun wir doch mal so, als wäre der Bereich wirklich nur für die fünfzehn Personen freigeschaltet, die auch tatsächlich in dem Projekt mitmachen werden. Wenn Sie an Ihr Unternehmen denken, finden Sie das vielleicht näher an Ihrer eigenen Wirklichkeit.

Karl sieht also meine neue Seite, weil Confluence (oder das Wiki-System Ihrer Wahl) ihn per Benachrichtigung darauf hingewiesen hat, dass es neue Inhalte gibt. Wir haben ja vorhin schon über das Thema Relevanz gesprochen – und dieser Aspekt ist hier wichtig: Da Karl sich für die ISO-Geschichte interessiert, nervt ihn diese zusätzliche Mail überhaupt nicht. Falls doch, würde er die Beobachtung einfach abstellen (siehe "Personalisierte Nachrichten").

Schon in der Mail sieht er alle von mir erstellten Inhalte und denkt sich: "Sehr gut. Endlich fängt der oberflächliche Seibert an zu dokumentieren. Das wird das Projekt voranbringen. Aber mich hat er in der Liste mit den Projektteilnehmern mal wieder vergessen."

Also ruft Karl die Seite auf, drückt auf "Bearbeiten" und fügt bei den Teilnehmern seinen Namen ein. So geht es auch noch Alisa und Benjamin, die ich beim initialen Aufsetzen der Seite vergessen habe. Benjamin hatte sogar schon mit einem befreundeten Unternehmen telefoniert und sich über die dortigen Erfahrungen mit der ISO-Zertifizierung ausgetauscht. Das Protokoll dieses Telefonats hat er in unserem Customer-Relationship-Managementsystem (CRM) dokumentiert. Er fügt einen Link zu dieser Dokumentation in das Konzeptionsdokument ein und ergänzt die Kostenerfahrungen seines Ansprechpartners mit einem kurzen Text.

Als eigentlichen Autor des Dokuments hat Confluence mich automatisch zu einem Beobachter der Seite gemacht, weshalb ich über die vorgenommenen Änderungen jeweils Benachrichtigungen erhalte. Als ich meine Mail-Benachrichtigungen sichtete, fiel es mir wie Schuppen von den Augen: "Natürlich! Daran hätte ich auch denken können." Zum einen hatte Benjamin mir ja schon von seinem Telefonat erzählt. Und dass er, Karl und Alisa im Projektteam sein wollen, wusste ich eigentlich auch. Aber ich bin halt auch nur ein Mensch. Schön, dass die Ergänzungen über unser Wiki einfach und übersichtlich dargestellt werden. Die neu hinzugekommenen Inhalte sind grün hervorgehoben:

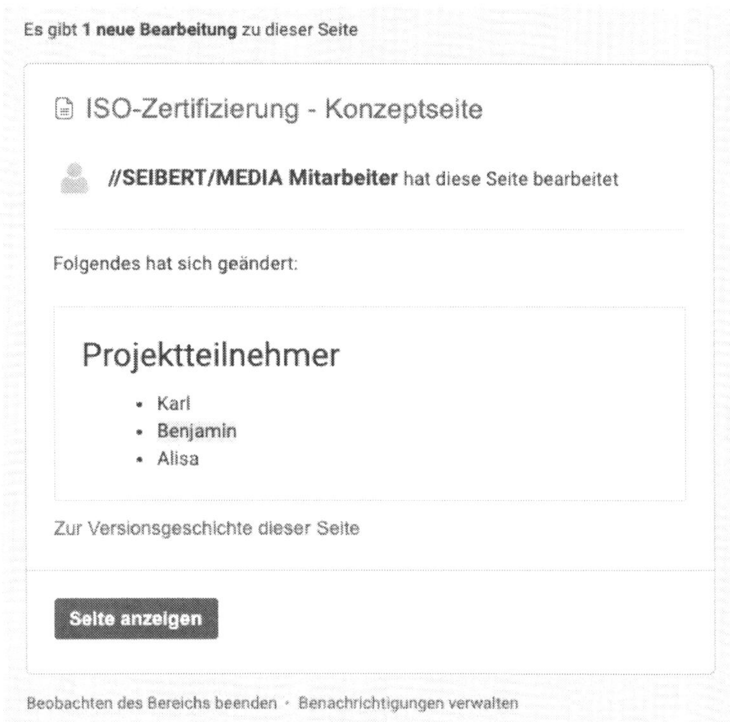

Quelldatei: https://seibert.biz/wikiaenderungsmail

Was mir an der Sache am besten gefällt, ist, dass ich von unterwegs auf meinem Smartphone während einer unproduktiven Wartezeit schnell durch diese Benachrichtigungs-Mails springen kann und binnen weniger Sekunden etwas gelernt habe: Mein Protokoll und mein Konzept konnten schnell und einfach sinnvoll ergänzt werden. Benjamin, Alisa und Karl interessieren sich dafür und haben aktiv mitgeholfen, die Sache voranzubringen.

Das fühlt sich nicht nur gut an, es kurbelt auch das Projekt an. Und es gibt mir einen Anlass, die drei bei unserem nächsten Treffen auf dem Gang im Büro kurz anzusprechen und mich zu bedanken. Mit solchen persönlichen Interaktionen schließt sich ein sehr produktiver und sinnvoller Kreislauf aus digitaler Zusammenarbeit und persönlicher Abstimmung. Denn in den persönlichen Gesprächen kommen immer auch neue Ideen auf, die dann einer der Beteiligten wieder ins Wiki eintragen kann.

In Workshops, die wir halten, hat die Hälfte der Teilnehmer Fragezeichen im Gesicht, wenn wir erzählen, wie viele Leute über das Wiki an unseren Projekten mitarbeiten. Kann da wirklich jeder einfach so Änderungen vornehmen? Ist das nicht total unproduktiv, wenn man ständig den Quatsch und die Unwissenheit der Azubis und Neulinge ausbügeln muss? Muss ich dann die ganzen Wiki-Dokumente per Mail überwachen? Das ist ja der reine Benachrichtigungswahnsinn! Dann sieht ja am Ende gar keiner mehr, wessen Arbeitsergebnis das ist: Jeder rührt da mal darin rum, oder was?

Ich will nicht zu weit ausholen. Aber in der Tat: Diese Art der Zusammenarbeit ist für viele Menschen ungewöhnlich. Und klar, die Attribution von Ergebnissen und Erfolgen wird schwerer oder ganz unmöglich. Und nein, es kommt eigentlich nie zu Vandalismus oder versehentlich eingebauten Fehlern. Im Gegenteil: Die Mitarbeiter haben eher die Befürchtung, etwas Falsches beizutragen, und ändern lieber gar nichts, wenn sie sich nicht sicher sind. Immerhin wäre ein Fehler ja für viele Leute sichtbar.

Für mich ist das auch kein Benachrichtigungswahnsinn oder kein Beitrag zur E-Mail-Flut, sondern produktive Arbeit, die mir richtig Spaß macht. Wenn ich zum Beispiel dabei bin, die ISO-Sache voranzubringen, stört es mich keineswegs, wenn ich dazu eine Aktualisierungs-Mail erhalte. Das interessiert mich sogar brennend! Ich empfinde das Durchsehen von Confluence- und Jira-Benachrichtigungen als recht angenehm und nutze diese Arbeit oft als eine Art Entspannungsmaßnahme während des Arbeitstages. Die Benachrichtigungen sind in 80 Prozent der Fälle einfach und schnell zu konsumieren. Ich muss nichts tun und sehe, wie es vorangeht. Das fühlt sich gut an und ich habe das Gefühl, etwas Sinnvolles gemacht zu haben, wenn ich die Mail nach wenigen Sekunden dann einfach archiviere.

Unser Wiki-Dokument zur ISO-Zertifizierung plätschert in den nächsten Tagen nun so vor sich hin: hier und da eine Änderung, hier und da eine Benachrichtung für diejenigen, die die Seite beobachten.

Hier gilt der Grundsatz: Wer schreibt, der bleibt. Das ist genau so wie in einem Google Doc oder einem Word-Dokument in Microsoft

Office 365: Es sind in der Regel einige wenige, die Entscheidendes beitragen und die Sache maßgeblich vorantreiben. Zum Beispiel weil sie besonders viel Energie haben. Oder weil sie betroffen sind. Manchmal auch einfach, weil sie glauben, mächtig genug zu sein, um eine Entscheidung herbeizuführen.

Wir steuern nicht, wer die Themen bei uns voranbringt und wer nicht. Für uns reicht es aus, wenn wir auf Unternehmensebene gemeinsam über die Prioritäten sprechen.

In unserem Fall hat Benjamin besonders viel Energie für die ISO-27001-Zertifizierung und arbeitet viel an dem Dokument. Das Besondere an einem Wiki ist, dass durch die kontextuellen Benachrichtigungen immer diejenigen involviert werden, die tatsächlich auch an dem Thema oder ganz konkret an der speziellen Seite interessiert sind. Jede Änderung ist damit eine Erinnerung an die anderen, dass das Thema existiert und dass sich gerade etwas tut.

Jede Aktivität führt wiederum zu Aktivität und Aufmerksamkeit bei den anderen Beteiligten. Aktivität induziert Aktivität. Dadurch entsteht ein sich selbst verstärkender Kreislauf.

Dieses Gefühl der Zusammenarbeit an einer Sache kommt dagegen bei der Nutzung von Google Docs und Word 365 in den meisten Fällen nicht auf.

Vermutlich müsste ich das noch etwas differenzieren. Diese Werkzeuge sind wirklich toll bei der Zusammenarbeit in Echtzeit. Die kann man auch ganz großartig präsentieren. Wir wählen uns alle über die Weboberfläche in das gleiche Dokument ein und arbeiten alle gleichzeitig daran. Kombiniert mit einer Videokonferenzschaltung entsteht so auch eine wirklich produktive Zusammenarbeitssituation für Menschen, die an unterschiedlichen Standorten sind.

Kurzlink zu diesem Kapitel:
https://seibert.biz/intranetbuchunternehmenswiki

Wann synchrone Kommunikation sinnvoll ist

Viele Leute sehen darin die neue Welt, die echte digitale Zusammenarbeit, den digitalen Arbeitsplatz. Für mich ist es nervig und aufwendig. Ich versuche, solche synchronen Zusammenarbeitstreffen möglichst zu vermeiden. Etliche Kollegen arbeiten wiederum gerne gleichzeitig mit anderen an einer Sache. In der Software-Entwicklung nennt sich das Pair-Programming. Und im Businesskontext gibt es meines Wissens keinen besseren Namen als "Pairing".

Für mich bilden synchrone Kommunikationsmethoden wie Gespräche und Telefonate eine Form der Eskalation.

Ich liebe synchrone Kommunikation, um andere von meiner Meinung zu überzeugen und mit ihnen in einen Diskurs darüber einzutauchen, warum meine Meinung nicht überzeugend ist. Und ich liebe das persönliche Gespräch, wenn ich auf der digitalen Ebene den Eindruck hatte, dass wir nicht zusammenkommen und dass sich unsere Ansichten fundamental unterscheiden. Dann ist ein Gespräch Auge in Auge unglaublich erfrischend, harmonisch und in aller Regel auch Gold wert, um in der Sache weiterzukommen. Ich mag es sehr, wenn wir im Unternehmen gemeinsam versuchen, Dinge digital voranzubringen, bis wir merken, dass eine persönliche Abstimmung erforderlich ist.

Verstehen Sie mich nicht falsch. Ich bin ein großer Freund persönlicher Interaktion. Wir beschäftigen aktuell mehr als 170 Mitarbeiter, und über 160 davon sind an unserem Standort in Wiesbaden tätig. Das ist in unserer Branche schon fast anachronistisch. Viele unserer Marktbegleiter rekrutieren absichtlich über den Gesamtmarkt verteilt, um näher bei den Kunden zu sein, oder versuchen, Talente in aller Welt anzuwerben. Dann sind sie fast ausschließlich auf die digitalen Zusammenarbeitswerkzeuge angewiesen, über die wir gerade reden.

Wir glauben ebenfalls an diese Werkzeuge, aber eher als Ergänzung. Die persönliche Zusammenkunft zur Eskalation und Auflösung von Konflikten oder zum Abgleich von Interessen ist sehr mächtig. Momentan kann ich mir nicht vorstellen, darauf zu verzichten. Selbst unsere inzwischen etwa zehn Remote-Kollegen lassen wir aus den USA, Potsdam, Tübingen usw. regelmäßig anreisen, um einen engen Kontakt zu den Teams herzustellen.

Wir haben 360-Grad-Kameras, die wir in den Teambereichen aufstellen, und die Remote-Entwickler sitzen zu Hause vor der Kamera, damit "man sich einen Raum teilt". Das sieht teilweise wirklich komisch aus, funktioniert für sie aber offenbar gut. Solche Dinge entwickeln sich bei uns in Selbstorganisation und nicht durch Steuerung von oben. Auf die Zusammenarbeit über weite Distanzen hinweg sollten wir nachher noch mal zurückkommen. Sie haben doch Zeit mitgebracht, nicht?

Doch jetzt erst mal wieder zurück zur Zusammenarbeit an Wiki-Dokumenten. Ich hatte den besonderen Effekt beschrieben, dass die kontextuellen Benachrichtigungen an die Seitenbeobachter die Aktivität und Aufmerksamkeit von selbst verstärken und damit die inhaltliche Weiterentwicklung vorantreiben. Im Gegensatz zu Google Docs und Word 365 läuft die Arbeit mit einem Wiki asynchron, also zu ganz unterschiedlichen Zeitpunkten. Die Reaktion der Beobachter erfolgt immer nur dann, wenn sie eben Zeit haben.

Wikipedia ist bekanntermaßen das größte Wiki der Welt, gleichzeitig eine der erfolgreichsten Websites und inzwischen unangefochten der führende Wissensspeicher für lexikalische Dokumentation. Zur Aktivität der Teilnehmer aus den frühen Tagen der Wikipedia gibt es interessante Untersuchungsergebnisse. Etwa 90 Prozent der Websitebesucher schauen nur und konsumieren. Etwa neun Prozent führen hier und da mal eine Änderung an einem Artikel durch, korrigieren auch mal einen kleinen Fehler und leisten punktuell einen Beitrag. Rund ein Prozent der Nutzer sind richtig starke Autoren, die sich teilweise lange und umfangreich mit Wikipedia beschäftigen. Sie schreiben, sie engagieren sich in der Gemeinschaft und machen das Projekt gemeinsam erfolgreich. In Unternehmen erlebe ich die Verteilung etwas gleichmäßiger. Aber die dahinter steckende Idee ist sehr ähnlich.

Es ist also nur eine kleine Zahl an wirklich engagierten Leuten, die ein Wiki erfolgreich machen (zumindest am Anfang). Wenn diese wichtigen Multiplikatoren zu Beginn der Etablierung einer Zusammenarbeitskultur im Unternehmen weiterhin auf Word oder Google Docs und auf Datensilos statt auf richtige Zusammenarbeit setzen, werden Sie es zu Beginn des Intranet-Projekts sehr schwer haben.

Die Anwendungsfälle Referenz, Dokumentation und allgemeine Wissensbewahrung im Unternehmen sind nirgendwo so gut aufgehoben wie in einem Unternehmens-Wiki.

Ein solches Wiki zu etablieren, ist langfristig lohnend und wertvoll. Es ist aber schwierig, die flächendeckende Akzeptanz für ein solches "internes Wikipedia" zu schaffen – zumindest im Vergleich zur Etablierung eines Chatdienstes, die recht einfach und oft rasend schnell gelingen kann. Über die Nutzungsakzeptanz und über Strategien zu deren Steigerung könnten wir nachher noch sprechen, oder?

Kurzlink zu diesem Kapitel:
https://seibert.biz/intranetbuchsynchronekommunikation

Validierungsprozesse mit einem Wiki vereinfachen

Über die allgemeinen Vorteile eines Unternehmens-Wikis haben wir bereits nachgedacht. Wie sinnvoll dieses Tool sein kann, wird besonders in komplexen Entscheidungsprozessen deutlich. Das liegt zum einen an der natürlichen Entstehung eines semantischen Netzes. In unserem Unternehmen ist das Wiki ja schon etabliert und die Nutzung habitualisiert.

Wir arbeiten zuerst am initialen Dokument, aber schon sehr bald werden neue Seiten erstellt, die weitere Aspekte umfassen. Es kommt auch vor, dass Leute (vor allem aus Gründen der Übersichtlichkeit und Lesbarkeit) bestehende Inhalte auf neue Seiten auslagern. So entsteht ein immer dichteres semantisches Netz, das einer intuitiv verständlichen Ordnung folgt. Was bei Google Docs und Word 365 mühsam mit aufwendigen Ordnerstrukturen versucht wird, funktioniert im Wiki mit einer Art Eltern-Kind-Beziehung zwischen unter- und übergeordneten Seiten. Darüber hinaus können Sie Seiten über Links unkompliziert miteinander verknüpfen. Das funktioniert genauso wie bei Websites und ist auch genauso praktisch.

Jetzt nicht flunkern: Haben Sie schon mal Verknüpfungen zwischen zwei Dokumenten in Word, Excel oder PowerPoint als Links geschaltet? Na bitte! Es gibt diese Option, aber sie ist umständlich und niemand nutzt sie. Im Wiki dagegen ist das ein übliches und häufig verwendetes Werkzeug. Ein positiver Nebeneffekt besteht darin, dass einzelne Seiten dadurch viel modularer, kürzer und kompakter gestaltet werden können. Auch die Beobachtung von Seiten ist einfacher. Wenn Sie daran zurückdenken, wie Sie mal mit mehreren Leuten zusammen ein 150-seitiges Word-Dokument verwaltet, bearbeitet und gepflegt haben, wird Ihnen heute noch ganz anders, oder? In einem Wiki fühlt sich das normal und unkompliziert an.

Word-Dokumente und Google Docs haben (insbesondere wenn sie umfangreich sind) in der Regel dedizierte Verantwortliche und Eigentümer, die ihre jeweiligen Dokumente pflegen und ausarbeiten. Im Gegensatz dazu entstehen bei Wiki-Seiten schnell gemeinsame Eigentümerschaften, die dazu führen, dass sich Themen dynamischer, nachhaltiger und kontinuierlicher weiterentwickeln.

Für ein Unternehmen ist das äußerst wertvoll. Gerade bei so umfassenden Themen wie einer ISO-Zertifizierung ist eine natürliche, föderale Struktur, in der alle mit Energie einfach und schnell etwas beitragen können, wirklich hilfreich. Besonders gut gefällt mir außerdem, dass jeder einfach mal eine kleine Änderung durchführen und sicher sein kann, dass die Benachrichtigungen in einen entsprechenden Validierungsprozess münden.

Qualität durch formale Validierungsprozesse

In Bereichen, in denen diese Validierung formaler erfolgen muss oder sogar vorgeschrieben ist, können Sie mithilfe eines zwingenden Workflows auch dafür sorgen, dass Änderungen erst mal im Hintergrund gehalten werden und nicht sofort für alle sichtbar sind. Die auditierte und freigegebene Version bleibt dann so lange vorangestellt, bis der komplette Freigabeprozess durchlaufen ist und es eine neue offizielle Version der Seite gibt. Mit Aufgaben und Eskalationsautomatismen helfen solche Workflow-Erweiterungen außerdem dabei, dass dieser formale Prozess tatsächlich auch gelebt wird.

Ich bin kein Freund von Vorschriften. Aber bei einem ISO-zertifizierten Qualitätshandbuch bietet sich das schon an. Auch Auditoren sehen so etwas sehr gerne, weil sich über den Workflow ein strukturiertes und klares Audit-Logbuch generieren lässt.

Doch ich wollte ja von unserem internen Abstimmungsprozess erzählen. Gut, wir haben also ganz viel an dem Wiki-Dokument gearbeitet. Wir haben diskutiert und uns vielleicht hier und da auch mal persönlich abgestimmt, um Differenzen aus dem Weg zu räumen. Das hat auch geklappt und inzwischen ist ein Konzept entstanden, dass wir in dieser Form gerne in die Organisation zur Abstimmung geben wollen.

Mit Wiki-Vorlagen Entscheidungen vereinfachen

Im nächsten Schritt soll nun eine Entscheidung und eine Priorisierung in unserem Portfolio-Board durchgeführt werden. Dafür nutzen wir eine Entscheidungsvorlage in Confluence. Atlassian hat da schon etwas vorbereitet und es sogar im Internet dokumentiert. Googeln Sie einfach mal nach “Atlassian Playbook”. Wir haben das noch etwas weiter ausgefeilt und verwenden eine angepasste Blaupausen-Vorlage, die wir mit dem Blueprint Creator erstellt haben, einer ziemlich praktischen Confluence-Erweiterung.

Eine solche Vorlage hat den Vorteil, dass Dokumente des gleichen Typs (In unserem Fall der ISO-Zertifizierung ist das eine Entscheidung für die weitere Unternehmensentwicklung.) immer auf dieselbe Weise aufbereitet werden. Wenn zum Beispiel das Team, das bei uns die Priorisierungen vornimmt, feststellt, dass eine bestimmte Kennzahl oder Aufbereitung für den Priorisierungsprozess wertvoll ist, können sie das direkt in die Vorlage integrieren. Wenn ich nun also eine spezifische ISO-Zertifizierungsentscheidung vorbereiten will, öffne ich die Vorlage und bekomme dadurch automatisch eine Hilfestellung und Anleitung für die Aufbereitung der erforderlichen Details an die Hand. Alle nötigen Informationen sind bereits in der Vorlage enthalten. Das ist wirklich angenehm, weil es mir Zeit und Denkarbeit erspart und ich nichts Wichtiges vergesse.

Auch für zunächst unbeteiligte Mitarbeiter ist es hilfreich, solche Vorlagen zu nutzen, weil sie in einer Liste dargestellt werden und für die Leute einfach zugänglich sind. So können sich alle zu jedem Zeitpunkt darüber informieren, welchen Stand eine Entscheidung hat.

Atlassian, der Hersteller von Confluence, hat für sich und seine internen Teams die Devise ausgegeben, dass es keine Entscheidung gibt, zu der kein DACI existiert. DACI ist ein Kurzwort aus "Driver", "Approver", "Contributors" und "Informed" und beantwortet die folgenden Fragen: Wer hat das Thema warum eingebracht? Wer hat dazu beigetragen? Wer entscheidet? Wer muss informiert werden? Auf der Atlassian-Team-Playbook-Website ist das DACI-Konzept gut aufbereitet und erklärt (siehe auch https://seibert.biz/atlassiandaci). Per Google kommen Sie wie gesagt schnell dorthin. Für uns reicht es an dieser Stelle zu wissen, dass alle wichtigen Hintergründe zu einer Entscheidung für alle zugänglich sind.

Das ist eine äußerst wirksame Vorbeugung gegen Gerüchte im Unternehmen: Jeder weiß, welche Entscheidungen diskutiert werden, welchen Status sie haben und was wirklich entschieden ist.

Bei uns haben wir diesen Ansatz adaptiert, um zu priorisieren, an welchen Investitionsthemen wir arbeiten.

Wenn ich also meine ISO-Zertifizierungs-Story vorantreiben will, muss ich durch diesen Prozess. Das ist mühsam. Als Geschäftsführer wünsche ich mir vielleicht insgeheim manchmal, einfach eine Ansage machen zu können. Aber das vermeintlich Einfache ist am Ende weder einfach noch wirksam. Denken Sie an die japanische Graswurzelpflege! Wenn wirklich alle mitmachen, lassen sich Dinge viel besser und schneller umsetzen.

Wenn jeder die Gelegenheit hat, sich einzubringen, wenn seine Bedenken gehört werden und wenn er für alle sichtbar seine Argumente, Studien, Dokumente, Kennzahlen und anderen meinungsbildenden Infos darlegen kann, fällt es ihm leichter zu

akzeptieren, wenn das Unternehmen sich dennoch für einen anderen Weg entschieden hat.
Link zum Teilen dieser Kapitel im öffentlichen Internet:
https://seibert.biz/intranetbuchvalidierungsprozesse

Mit der Widerstandsmessung komplexe Entscheidungsprozesse auflösen

Haben Sie schon mal etwas von einer Widerstandsmessung gehört? So was machen wir intern oft, wenn es um strittige Entscheidungen geht. Auch dafür nutzen wir Wiki-Seiten. Bei einer solchen Widerstandsmessung werden bestimmte Alternativen zu einer Entscheidung dargestellt. Ziehen wir statt der ISO-Zertifizierung hier mal die Auflösung eines Arbeitsverhältnisses als Beispiel heran. In diesem Zusammenhang kommt die Widerstandsmessung bei uns nämlich am häufigsten zum Einsatz.

Hier erstmal eine Erläuterung der Abstimmungsoptionen:

"Keine Einwände"
Der Vorschlag entspricht voll und ganz der Meinung und Absicht des Mitglieds.

"Leichte Bedenken"
Dem Mitglied fallen relevante Einwände, Bedenken, Risiken, Fragen oder offene Punkte ein, die allen Beteiligten zumindest bekannt sein sollten.

"Schwere Bedenken"

Dem Mitglied reicht es nicht, dass sein Einwand lediglich von den anderen gehört wird; es möchte, dass sein Einwand berücksichtigt wird. Das Mitglied wünscht mit diesem Votum eine Veränderung des Lösungsvorschlags. Sollte die Gruppe keinen besseren Lösungsvorschlag finden oder akzeptieren, trägt das Mitglied den aktuellen Vorschlag mit.

"Beiseite stehen"
Ähnlich wie "schwere Bedenken"; allerdings wird der Lösungsvorschlag nicht aktiv unterstützt. Das Mitglied möchte den anderen nicht im Weg stehen und legt deshalb kein Veto ein.

"Enthaltung"
Das Mitglied kann oder mag sich nicht eindeutig positionieren bzw. findet die Entscheidung nicht so wichtig. Es unterstützt die Umsetzung des Lösungsvorschlags, misst diesem aber keine besondere Bedeutung zu.

"Veto"
Ein Veto verhindert die Akzeptanz und Umsetzung des Vorschlags. Der Vorschlag widerspricht den grundlegenden Überzeugungen, Werten oder Vorstellungen des Mitglieds. Das blockierende Mitglied ist verpflichtet, seinen Einwand zu erklären und zu begründen. Alle Beteiligten sollten den Einwand wirklich verstanden haben. Ein Veto ist deutlich mehr als ein schwerer Einwand; es existieren nicht nur Risiken oder Bedenken. Ein Veto soll einen schwerwiegenden und möglicherweise existenziellen Schaden für die Organisation verhindern. Verkraftbare Risiken sollten eher zu schweren Bedenken als zu einem Veto führen. Letztendlich bleibt die Entscheidung

darüber, ob ein Veto gerechtfertigt ist, jedoch immer beim einzelnen Mitglied.

"Austritt"

Für den Fall, dass die Gruppe eine Entscheidung trotz eines Vetos unbedingt umsetzen will, bleibt ihr nur die Möglichkeit, die Gruppenzugehörigkeit des blockierenden Mitglieds infrage zu stellen und es möglicherweise aus der Gruppe auszuschließen. Umgekehrt kann das blockierende Mitglied im Interesse der Gemeinschaft handeln, indem es selbst die Gruppe verlässt. Dies stellt eine Ultima Ratio dar!

Die Informationen habe ich entlehnt aus *Das kollegial geführte Unternehmen: Ideen und Praktiken für die agile Organisation von morgen* von Bernd Oestereich und Claudia Schröder (siehe Literaturempfehlungen und https://kollegiale-fuehrung.de/buch/)

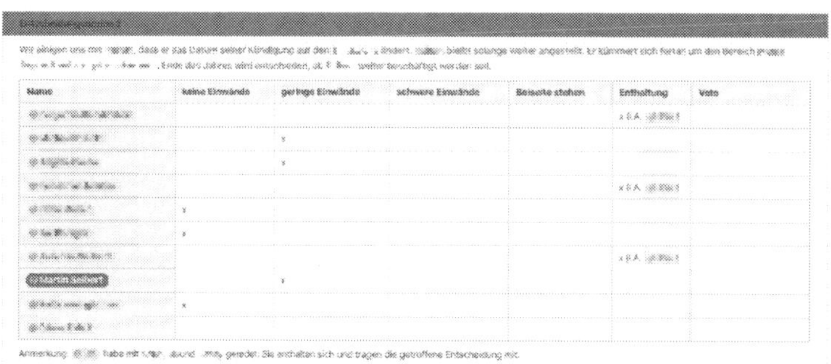

Quelldatei: https://seibert.biz/widerstandsmessungbeispiel

Hier sehen wir eine Tabelle mit einer bestimmten Option für den Umgang mit einem Mitarbeiter nach Ablauf der Probezeit. Für jede

Option, beispielsweise die Kündigung oder die Weiterbeschäftigung, wird für bestimmte Mitarbeiter (etwa Mentoren, Teammitglieder, relevante Peers) abgefragt, wie hoch ihr Widerstand gegen die jeweilige Option ist. Die Frage lautet also nicht, ob Sie *für* etwas sind, sondern wie stark Sie *dagegen* sind, falls eine bestimmte Option gewählt wird.

Eine Kündigung ist oft das letzte Mittel, das man als Unternehmen anwenden kann, wenn alles andere nicht funktioniert hat. Wir tun uns damit schwer und ich kenne keinen Unternehmer, der sich darauf freut, eine Kündigung auszusprechen. Manchmal ist aber die aktuelle Zusammenarbeit und die Aussicht auf Weiterbeschäftigung auch nicht das, was man sich wünscht. Wir experimentieren viel und gewähren viele Freiräume zur Entfaltung. Wir erlauben Mitarbeitern, sich in unterschiedliche Rollen hineinzufinden. Und das klappt erstaunlich oft eben doch gut, obwohl es vielleicht anfangs gar nicht so aussah. Dann sind natürlich alle zufrieden. Aber manchmal funktioniert es eben auch nicht.

Eine endgültige Entscheidung gegen eine Mitarbeiterin oder einen Mitarbeiter ist für uns immer ein Schlamassel. Hier greifen wir gerne auf die Widerstandsmessung zurück. Auch dann, wenn wir uns die Köpfe heiß diskutieren, ob wir nun in eine ISO-Zertifizierung investieren sollten oder nicht, weil sie uns womöglich langsam und starr macht, ist eine Widerstandsmessung hilfreich.

Wichtig ist dabei auch, dass Sie der digitalen Zusammenarbeit keinen Determinismus zuweisen. Auch wenn der Widerstand gegen eine Option höher ist, können Sie sie natürlich trotzdem wählen. Zwar kann jeder im Unternehmen transparent diskutieren und mitlesen, aber schließlich läuft es darauf hinaus, dass Sie als Unternehmer eine unternehmerische Entscheidung treffen (oder in unserem Fall das Team, das unser Portfolio-Board betreibt).

Gesicherte Grundlagen sind dabei oft Mangelware. Machen wir A oder B? Ein Unternehmen ist kein Billardtisch, auf dem die erste Kugel, wenn man sie richtig trifft, die zweite Kugel anstößt, die wiederum zielsicher die dritte Kugel ins Loch befördert. Es gibt keine Garantie, dass aus einer Entscheidung die erhofften Konsequenzen entstehen. Unternehmerische Entscheidungen sind immer Abwägungen und Wetten auf ein Ergebnis.

Ein modernes Intranet hilft dabei, im kompletten Entscheidungsprozess von A bis Z Transparenz anzubieten und zu fördern.

Als Unternehmer können Sie die Kommunikation und den Austausch fördern. Sie können jedem eine Bühne geben und Aufmerksamkeit schenken. Aber die Entscheidung selbst kann auf Messers Schneide dann doch nur von den Verantwortlichen getroffen werden.

Kurzlink zu diesem Kapitel:
https://seibert.biz/intranetbuchwiderstandsmessung

Wie Entscheidungsprozesse in agilen Umgebungen funktionieren

Zu den Charakteristika einer agilen Organisation gehört die Tatsache, dass solche Entscheidungen nicht immer von den Mächtigen getroffen werden müssen. Es kann sogenannte konsultative Einzelentscheider oder Gruppenentscheide geben. Das bedeutet, dass diese Delegierten oder delegierten Gruppen die Entscheidung durch Konsultation mit dem Unternehmen und den Interessierten vorbereiten und auch treffen. Die Geschäftsführung, der Vorstand oder auch die Gründer übertragen in einem Abstimmungsprozess die Entscheidungsgewalt für diese spezielle Aufgabe an das Team oder die Einzelperson. Das entlastet die Geschäftsführung oder den Vorstand und bringt Klarheit für alle im Unternehmen.

In der Regel haben die Einzelentscheider oder Gruppen mehr Zeit für die Entscheidungsvorbereitung. Sie beraten sich länger, denken tiefer über die Konsequenzen nach, holen Meinungen ein und sichern sich natürlich auch nach oben (zum Beispiel gegenüber der Geschäftsführung) ab.

Unsere Erfahrung zeigt, dass Entscheidungen, die auf diese Weise zustande kommen, im Unternehmen besser akzeptiert, schneller und professioneller vorangetrieben und am Ende auch eher von allen umgesetzt und getragen werden. Das ist in einer hierarchischen Umgebung, in der der Geschäftsführer "durchregiert", wahrscheinlich nicht immer der Fall.

Warum erwähne ich den Entscheidungsprozess in agilen Unternehmen, wenn wir doch eigentlich über die Anwendungsfälle eines Unternehmens-Intranets plaudern wollen? Ganz einfach: Wenn Sie in Ihrer Organisation einen Despoten, einen Übervater, einen Tyrannen oder auch einen liebevollen Patriarchen haben, der alles selbst entscheidet, ist die Wahrscheinlichkeit unglaublich gering, dass diese Person Zeit haben wird, für Transparenz zu sorgen.

So ein mächtiger Mensch muss effizient arbeiten. Er hat keine Zeit, um alles genau zu durchdenken. Er kann sich nicht mit ewig langen Diskussionen aufhalten. Seine Prioritäten lassen es nicht zu, dass er mit dem Betriebsrat über die Ängste der Mitarbeiter diskutiert. Er kann sich nicht lange erklären.

Umgekehrt lässt sich ein Delegationsfall mit Einzelentscheidern ohne Transparenz und ohne solche Werkzeuge auch nicht gut abbilden. Warum kann der Heinz jetzt auf einmal über unser aller Schicksal entscheiden? Wer hat den legitimiert? Auf welcher Grundlage trifft der die Entscheidung? Kann ich da selbst mitgehen? Unterstütze ich das?

Diese Skepsis gegenüber einem Prozess mit Einzelentscheidern und Entscheidungsgruppen kann ziemlich ausgeprägt sein: "Okay, der Seibert, der darf entscheiden. Der hat das Unternehmen ja auch gegründet. Da gibt es ja gar keine Alternative. Wenn der was will, müssen wir ja folgen. Das ist historisch gesetzt." So lauten die Argumente und Vorbehalte. Und weiter: "Aber wenn der Heinz jetzt kommt und etwas entscheidet, was mein Leben und meine Arbeit verändert, nehme ich das nicht so einfach hin. Da will ich mit eingebunden werden und verstehen, warum das jetzt so sein soll und nicht anders."

Eine moderne Unternehmensorganisation bedingt ein Stück weit auch eine moderne Unternehmenskommunikation und ein modernes Intranet. Denn ohne Transparenz bleibt die Skepsis gepaart mit Ohnmacht.

Falls in Ihrer Organisation also Macht regieren soll und die Entscheidungsstrukturen und Flaschenhälse keine Veränderung erfahren sollen oder dürfen, brauchen Sie vermutlich deutlich "weniger Intranet" als andere Unternehmen mit partizipativen Ansätzen.

An dieser Stelle könnte ich jetzt noch zahlreiche weitere Anwendungsfälle eines Wikis darlegen, die wir nutzen, um Investitionsthemen intern zu dokumentieren und um die Transparenz zu erhöhen. Das wollen wir aber auf später (siehe "Anwendungsbeispiele") verschieben, einverstanden?

Um dieses Thema abzuschließen, ist ein kleiner Vergleich ganz hilfreich: Nehmen wir mal an, Sie wollen Ihre neu gegründete Kochschule vermarkten. Dann beginnen Sie vielleicht damit, den Leuten zu erklären, wie und wofür Sie all die unterschiedlichen Messer und Geräte nutzen. Und wenn sie das verstanden haben, würden Sie mit ihnen möglicherweise mal durch die ganze Küche und die Vorratskammer gehen und ihnen erläutern, dass nur ihre Kreativität sie in dem beschränkt, was sie jetzt erreichen können.

In gewisser Weise kommen die meisten Menschen heute so in Ihre Organisation. Alle wissen grundsätzlich, wie man mit einem Messer und einer Pfanne umgeht. Die meisten haben auch schon mal Spiegeleier auf den Tisch gezaubert. Und was Sie jetzt hier mit Ihrem Intranet machen, ist, eine Kreativinsel der internationalen Kulinarik in Ihrer Großküche zu eröffnen.

Dafür wird man vielleicht belächelt. Fünf verschiedene Messer! Und eine Stielkasserolle! Und die Sachen misslingen doch so leicht, werden verkocht oder verwürzt, und gut einfrieren kann man das auch nicht! Und wie lange hält das Sättigungsgefühl überhaupt an? Da bleiben wir bei SharePoint, das kann schon lange alles, was wir brauchen! (Ja, SharePoint ist in meinen Augen eher ein grobes Tool. Um damit unter die Gourmets zu gehen, muss man schon ein verdammt guter Koch sein.)

Wie dem auch sei. Es ist aussichtslos zu versuchen, Ihnen hier alle Möglichkeiten aufzuzeigen, die sich Ihnen mit all den Messern, Töpfen, Zutaten und Gewürzen eröffnen. Aber ich kann Ihnen schon mal verdeutlichen, was man mit einem Ausbeinmesser tut. Und warum man das auch gut benutzen kann.

Viele Mitarbeiter in Ihrem Unternehmen sind gute Köche. Und viele Leute sind eifrige Experimentatoren und Ausprobierer. Sie haben auch schon mal erlebt, wie großartig so ein selbst gekochtes indisches oder peruanisches Gericht aussehen, duften und schmecken kann. Bisher war Ihnen das aber zu filigran. Fürs Sattwerden ist das ja erstmal nicht wichtig, da reicht das Grobe. Und irgendwie ist in so einem Betrieb ja auch das Grobe wichtig. Doch wenn wir die kulinarischen Grundlagen (Sie erinnern sich: fünf verschiedene Messer, die Stielkasserolle) nicht in den Griff kriegen, dann brauchen wir uns mit dem Ausprobieren gar nicht zu beschäftigen.

Lassen Sie uns mal weiter darüber nachdenken. Sie können am Markt zigtausend kulinarische Dienstleister ansprechen. Es ist deren Geschäft, Sie satt zu machen. Aber versuchen Sie mal jemanden zu finden, der nur für Ihre Familie kocht. Der die individuellen Vorlieben und Abneigungen Ihrer Lieben berücksichtigt. Der sich eine Alternative einfallen lässt, weil Ihnen ein Gewürz nicht gut bekommt. Der den Esstisch so dekoriert, dass alles stimmig zu Ihrer spezifischen Inneneinrichtung passt. Da wird's schwer.

Und deshalb sitzen wir hier zusammen und unterhalten uns. Kochen (der ganz normale IT-Kram) kann da draußen jeder. Aber Zusammenarbeit richtig mit Software organisieren, sodass Teams tatsächlich besser miteinander arbeiten und die Transparenz steigt – das ist für viele so schwierig wie für mich, auch nur Nudeln bissfest zu kochen.

Und ich hoffe, dass ich Ihnen zumindest ein paar Grundlagen zu vermitteln vermag, damit Sie anschließend selbst kreativ werden können. Ihr Unternehmen hat seine eigene Kultur und seine eigenen Kontrollzwänge nebst Politik. Der virtuose Koch kann trotzdem ein modernes Intranet bauen, das Sie zu mehr Zusammenarbeit und Transparenz führt. Das wünsche ich Ihnen und Ihren Kollegen!

Hm. Haben Sie jetzt auch Appetit bekommen?

Setzt: Notfälle und Eiliges in den Griff bekommen

Wir haben schon ausführlich über die Vor- und Nachteile von Messengern im Unternehmen gesprochen. Sie sind nicht mehr wegzudenken, auch wenn die meisten Unternehmen offiziell noch gar keine eingeführt haben.

Was läuft alles über Messenger? Da werden Schichten unkompliziert getauscht. Es wird über Verfügbarkeiten und Verspätungen informiert. Es wird diskutiert und gelästert. Es werden Bilder und Videos ausgetauscht und soziale Bande geknüpft.

In den allermeisten Fällen ist die Kommunikation vermutlich nicht DSGVO-relevant und auch sonst nur wenig kritisch, was Datenschutz und Rechtsvorschriften angeht. Trotzdem sollte das allen IT-Verantwortlichen wirklich Sorgen machen. Denn sie haben keinerlei Kontrolle und auch keine Handhabe, wenn die Leute diese Kanäle eben doch für Geheimes und Kritisches nutzen.

Aber was halten Sie davon, wenn wir uns jetzt mal dem Anwendungsfall an sich widmen? Intranet-Teams sollten Portale und Plattformen bauen, die in speziellen Situationen nützlich sind. "Setzt" ist in solchen Fällen ein großes Potenzial. Es ist eine Kombination aus sofort und jetzt. Meine Frau hat dieses Wort im Alter von drei bis vier Jahren regelmäßig benutzt, um die Dringlichkeit ihrer Anliegen zu verdeutlichen. Deshalb hat dieses Kunstwort auch im Privatleben seit Jahren einen festen Platz in meinem Vokabular.

Im Unternehmen gebrauchen wichtige und mächtige Manager dieses "Setzt". Ob zu Recht oder zu Unrecht, das soll hier mal außen vor bleiben. Die Position als Führungskraft erlaubt es ihnen jedenfalls, die sofortige Aufmerksamkeit einzufordern und zu erhalten.

Ein Messenger ermöglicht auch anderen, weniger mächtigen Leuten diese direkte und dringliche Kommunikation. Denn wenn man gewisse Manager, für die eigentlich immer alles "setzt" passieren muss, mal außen vor lässt, gibt es in Unternehmen natürlich auch noch echte "Notfälle".

Was ein Notfall ist, kann sich sehr individuell ausgestalten. Fast alle Unternehmen betreiben Server und Software-Systeme, die offline sein können. Wenn der Dienst, also zum Beispiel das Intranet, dann nicht mehr erreichbar ist, stellt das einen Notfall dar. Notfälle können aber auch Vorfälle sein, die Kunden daran hindern, Umsatz zu machen, oder die ihre Zufriedenheit stark beeinträchtigen: Ihre Website ist offline, die Zahlung in Ihrem Shop funktioniert nicht, die teuren Klicks auf Ihre Google-Anzeigen führen auf 404er-Seiten – Sie haben bestimmt genug eigene Beispiele im Kopf.

In so einer dringenden und wichtigen Situation muss "setzt" etwas passieren. Viele Organisationen richten nun rasch einen Chatraum ein, in dem alle, die an der Problemlösung arbeiten, ihre Beiträge und den Status veröffentlichen und sich abstimmen können. Denn in der Regel brauchen echte Notfälle mehrere Beteiligte. Da die aber nicht immer in der Nähe sind, ist ein Chatraum ideal. Oft wird er durch einen Videochat oder zumindest einen Audiokanal ergänzt. Das kann ein Google Hangout, ein Zoom-Meeting oder gleich eine Speziallösung wie Opsgenie von Atlassian sein.

Gruppenchat-Räume können darüber hinaus eine hervorragende Möglichkeit für Projektteams und Meeting-Gruppen sein, die physische Zusammenkunft durch eine asynchrone oder synchrone Abstimmung in einem Chatraum zu ergänzen oder zu ersetzen. Die Potenziale für eingesparte Meeting-Zeit sind enorm.

Eine neue Anforderung in diesem Zusammenhang ist allerdings, den richtigen Zeitpunkt für den Wechsel auf persönliche Kommunikation von Angesicht zu Angesicht zu finden. Denn digitale Kommunikation kann gerade in komplexen Situationen kontraproduktiv sein. Immer wenn es sehr anstrengend wird, hilft ein Telefonat oder ein persönliches Gespräch. Das ändert aber nichts daran, dass Projekt-Chaträume generell so manches Meeting verzichtbar machen und die Produktivität steigern können.

Der "Setzt"-Anwendungsfall ist jedenfalls in den meisten Unternehmen ungelöst. Er bietet daher einen hervorragenden Ansatzpunkt, die Etablierung des Intranet-Portals um eine entsprechende Chatlösung zu ergänzen, so den Gesamtnutzen des Projekts zu steigern und ihm eine breitere Rechtfertigung und Grundlage zu verleihen. Denken Sie doch mal darüber nach, ob und wie ein Messenger Ihr Intranet-Projekt bereichern könnte!

Link zum Teilen dieser Kapitel im öffentlichen Internet:

https://seibert.biz/intranetbuchentscheidungsprozesse

Events unkompliziert gemeinsam organisieren

Wie Sie mit einer zentralen Event-Plattform die Transparenz steigern, überflüssige E-Mails reduzieren und das soziale Klima verbessern können.

Wozu sollten wir im Intranet Veranstaltungen planen, wenn alle einen Kalender haben und wir uns zum Beispiel per Outlook oder Google Kalender Einladungen schicken können? Diese Frage höre ich erstaunlich selten von Kunden. Allerdings habe ich mir oft selbst Gedanken darüber gemacht.

Events und Veranstaltungen transparent ankündigen

Je größer ein Unternehmen wird, desto mehr Veranstaltungen aller Art gibt es für die Mitarbeiter. Das mögen ein Sommerfest oder eine Weihnachtsfeier sein. Aber auch ein fachlicher Austausch zu speziellen Themen oder Weiterbildungen gehören dazu. Hier ist ein Screenshot aus unserem System mit Events, die Kollegen eingestellt haben:

Quelldatei: https://seibert.biz/eventsinunseremintranet

Sie ersehen schon aus der Übersicht, dass es ziemlich viel E-Mail-Verkehr gäbe, wenn all diese Termine immer an alle Mitarbeiter verschickt würden, nicht wahr? Und jetzt stellen Sie sich noch zusätzlich vor, dass jeder dieser Termine sich im Zeitraum seiner "Lebenszeit" zweimal oder noch häufiger verändert – ein Raum wird definiert, ein Datum geändert, eine Beschreibung um weitere Infos ergänzt und so weiter. Sie werden das aus Ihrem täglichen Mailverkehr kennen: Selbst bei wenigen Teilnehmern und ganz normalen Meetings kann es zu einem enormen Hin und Her an E-Mails kommen.

Eine zentrale Event-Plattform bringt viele Vorteile. Am wichtigsten finde ich dabei die gesteigerte Transparenz im Unternehmen. Was läuft hier eigentlich? Ich will nicht behaupten, dass ein internes Eventportal die einzige Antwort ist. Aber gerade für die physischen Zusammenkünfte und auch die Teilhabe am sozialen Miteinander innerhalb der Organisation spielt das schon eine große Rolle.

Es kommt in Unternehmen immer wieder zu Situationen, in denen Menschen etwas feiern. Das ist schön und richtig. Doch wer nichtsahnend vorbeiläuft, dem drängen sich womöglich ein paar Fragen auf. Erstens: Haben die keine Arbeit, dass die jetzt Zeit haben, Sekt zu schlürfen oder Kuchen zu essen? Zweitens: Warum bin ich nicht dabei oder zumindest mal eingeladen worden, um mitzufeiern? Drittens: Ist das vielleicht sogar ein aktiver Ausschluss? Muss ich mir Gedanken um meine Beliebtheit und soziale Anschlussfähigkeit bei diesen Kollegen machen? Das ist zugegeben eine ziemlich negative Gedankenkette. Aber sie ist nicht unüblich.

Hier schafft die Transparenz eines internen Portals einen relevanten Unterschied. Wenn es einen wichtigen Meilenstein oder Erfolg zu feiern gibt, sollten die Leute das auch tun. Wenn etwas so Tolles passiert wie ein Umsatzrekord oder ein Riesenauftrag, gibt es auch keinen Grund, irgendwen von der Feier auszuschließen. Davon profitieren ja alle und dann sollten auch alle teilhaben können. Es werden sowieso nur diejenigen erscheinen, die passen.

Falls Sie jetzt Bedenken haben, dass dies irgendwelche "Schmarotzer" anlocken könnte, bei sämtlichen Feiern aufzuschlagen und sich mit Kuchen vollzustopfen, sollten Sie sich mal mit den Büchern von Lars Vollmer und Niels Pfläging beschäftigen, die womöglich hilfreich und wertvoll für Ihr Menschen- bzw. Kollegenbild sein könnten. Die echte Welt ist besser als Strombergs Capitol AG! Ich gehe deshalb einfach davon aus, dass Sie und Ihr Unternehmen den eigenen Mitarbeitern vertrauen und ihnen auf Augenhöhe begegnen. Ich sage nicht, dass das einfach und leicht umsetzbar ist. Wie gesagt: Lesen Sie mal bei den beiden gerade genannten Autoren und Kollegen nach, wie diese sich mit dieser inneren Haltung im Geschäftsleben auseinandersetzen.

Ich weiß, dass unsere Werkzeuge teils in Konzernen zum Einsatz kommen, die die Daumenschrauben andrehen wollen. Aber auch diese Organisationen nutzen (vordergründig) meine Argumentation über die Teilhabe, um sie zumindest dem Schein nach zu ermöglichen. Die Übergänge sind fließend: Eben taten wir nur so, als würden wir alle respektieren; morgen schon merken wir, dass es sich lohnt, und machen es wirklich. Manchmal ist etwas Businesstheater gar nicht so schlecht, wie Pfläging und Vollmer glauben. Gefälligkeit kann eine Taktik sein.

Aber zurück zur öffentlich im Intranet angekündigten Feier. Da sind jetzt also alle Events zu sehen. Was ändert das für Sie, wenn Sie nun an einer Gruppe feiernder Kollegen vorbeigehen? Aus meiner Sicht wirklich viel: Sie brauchen nämlich das Kopfkino nicht mehr einzuschalten. Sie müssen sich nicht fragen, was dort gefeiert wird – das können Sie bei Bedarf jederzeit im Intranet nachgucken. Das haben Sie in diesem Fall vielleicht nicht gemacht oder es vergessen. Sie haben sowieso gerade was Wichtiges zu tun und keine Zeit zum Feiern. Vielleicht nächstes Mal. Aber Sie sind sicherlich nicht ausgeschlossen worden!

Na bitte, nennen Sie mich ruhig Träumer! Ich will aber gleich versuchen, Ihnen den Wind aus den Segeln zu nehmen. Nein, auch ich denke nicht, dass alle internen Feiern und Veranstaltungen eingetragen werden. Die Menschen sind bequem. Und vielleicht hat einfach auch nur jemand einen runden Geburtstag oder ein Firmenjubiläum oder geht in Rente und es ist eine Überraschungsparty. Vielleicht bin ich sogar tatsächlich absichtlich nicht eingeladen worden. Der Unterschied ist, dass es jetzt einen zentralen Ort gibt, an dem diese Veranstaltungen dokumentiert werden sollten. Jemand, der sich nicht daran hält, handelt gegen die kulturelle Norm und müsste sich im Zweifel erklären.

Wenn gar keine echte und transparente Informationsmöglichkeit vorhanden ist, ist es ziemlich schwer, absichtliches Mobbing von achtsamer Inklusion aller zu unterscheiden. Denn im Ergebnis ist es immer dasselbe: Keiner weiß Bescheid.

In einer transparenten Unternehmenswelt mit modernen Werkzeugen liegt es an Ihnen, ob Sie diese Transparenz leben oder nicht. Wenn andere das noch nicht wissen oder einfach zu faul sind, ändert das für Sie die Situation nicht fundamental. In dieser Welt können Sie sich noch als besonders achtsamer Kollege profilieren, der die Transparenz steigert und den Teamgeist stärkt.

Ich würde verstehen, wenn Sie dieser vermutlich etwas speziellen Anti-Mobbing-Argumentation nicht unbedingt folgen wollen. Klar ist aber, dass Übersicht und Transparenz über die internen Events für viele Menschen im Unternehmen wünschenswert und wertvoll wären.

Und der zwischenmenschliche Effekt, der durch die Transparenz teilweise erst ermöglicht wird, ist auch nicht von der Hand zu weisen. Wenn das Unternehmen es Ihnen ermöglicht, einfach mal am nächsten Mittwoch um 19 Uhr einen Brettspielabend zu planen oder einen Fußballplatz zu organisieren und tatsächlich auch die erforderlichen zwölf Mitspieler zu rekrutieren, können Sie überhaupt erst darüber nachdenken, Ihre Hobbys und Interessen mit ins Unternehmen zu bringen, oder?

Andererseits: Wollen Arbeitgeber das überhaupt? Sollen die Leute sich außerhalb der Arbeitszeit miteinander treffen? Es gibt da draußen das eine oder andere sehr konservative Unternehmen, in dem das angezweifelt wird. Doch die überwiegende Mehrheit der Organisationen und auch der Menschen, die ich bei uns und unseren Kunden treffe, befürworten das. Sie möchten Teams, die sich gut verstehen. Sie wollen Menschen, die besser miteinander umgehen und sich enger austauschen.

Es geht um nicht mehr und nicht weniger als eine gute Zusammenarbeit auf Augenhöhe, die von Respekt und Verständnis für die anderen geprägt ist.

Das können Sie durch mehr persönliches Miteinander stärken, fördern und verbessern. Da helfen private Treffen sehr wohl. Natürlich müssen die freiwillig, selbst organisiert und unverbindlich bleiben.

Meetings besser vorbereiten und effizienter machen

Für diejenigen, die Events im Unternehmen planen, ergeben sich durch die zentrale Event-Plattform weitere Vorteile: Sie können jederzeit sehen, wer sich angemeldet hat, und die Teilnehmerlisten exportieren, um dann etwa vor Ort abzuchecken, ob alle da sind. Wer zum Beispiel Termine vergibt (Wir haben zum Beispiel eine Masseurin im Unternehmen, deren Massage-Slots über das Intranet buchbar sind.), kann sehen, wer als Nächstes kommt. Und natürlich erhalten auch die Teilnehmer Einladungen zu den Events, für die sie sich angemeldet haben, sodass die Termine automatisch in ihren Kalendern auftauchen.

Wir bieten übrigens über unsere interne Event-Plattform auch Gesundheitsvorsorgemaßnahmen an. Da gibt es Grippeimpfungen, medizinische Informationsvorträge, Vorsorgetermine und andere medizinische Beratungsangebote. Wir ermöglichen unseren Mitarbeitern die Buchung von Massagen über das Intranet und organisieren Kicker- und Billard-Events.

Wir kümmern uns jedoch nicht besonders darum, ob jemand zum Beispiel eine Grippeimpfung als übergriffig empfinden könnte. Das ist ja letztendlich eine Privatangelegenheit und keine wie auch immer geartete Verpflichtung dem Unternehmen gegenüber. Wir prüfen aber auch nicht, ob die Mitarbeiter ein Angebot wahrnehmen oder nicht. Irgendwer organisiert etwas. Und wenn keiner kommt, wird die Sache eingestellt. Billard- und Kicker-Turniere sind natürlich ebenfalls eine Privatangelegenheit und auch keine Arbeitszeit. Das ganze Angebot ist bei uns bewusst bunt gemischt, allerdings personalisiert, sodass ich keine Events angeboten bekomme, an denen ich gar nicht teilnehmen kann, weil sie an einem anderen Standort stattfinden. Ich hatte die die Notwendigkeit einer solchen Personalisierung ja bereits beschrieben: siehe "Personalisierte Nachrichten – Aktuelles für meine Leute".

Events im Unternehmens-Intranet zu organisieren hat viele Vorteile, zum Beispiel mehr Transparenz und mehr Teilhabe. Es gibt einen klaren Ort für die Ankündigung und es wird einfacher, neue Aktivitäten zu starten und dafür Teilnehmer zu finden. Und es gibt mehr Miteinander – sowohl auf professioneller als auch auf privater Ebene.

Kurzlink zu diesem Kapitel:
https://seibert.biz/intranetbuchevents

Projektmanagement über das Intranet – transparent und fokussiert

Ein Intranet macht es so viel einfacher, Projekte zu planen, voranzutreiben und zu dokumentieren. Infos, Daten und Ergebnisse werden leichter zugänglich und können laufend ergänzt werden.

Ein Intranet eignet sich hervorragend für das interne Projektmanagement. Dazu gehört es auch, die Übersicht und Transparenz über die im Projekt geplanten Dinge und über die aktuellen Bearbeitungsstände zu schaffen. Doch auch die komplette Historie der Entwicklungen lässt sich in einem wikibasierten Intranet sozusagen als Kuppelprodukt hervorragend dokumentieren und verfügbar halten.

Fangen wir mit der Transparenz an. Es gibt Projekte, die geheim oder deren Rechte beschränkt sein müssen. Das gilt besonders für personenbezogene oder geheime Forschungs- und Entwicklungsthemen. Teilweise zwingen uns zum Beispiel auch Kunden dazu, sicherzustellen, dass nur tatsächlich involvierte Mitarbeiter auf entsprechende Kunden-Projektinformationen zugreifen dürfen.

Wichtig ist daher, dass ein Intranet-System die Option bietet, die einzelnen Bereiche oder virtuellen Projekträume mit Zugriffsrechten zu belegen, die den tatsächlichen Projektanforderungen gerecht werden. Das ist aber eigentlich eine Grundanforderung, die alle etablierten Systeme erfüllen.

Ein Vorteil dieser granularen Rechtekonfiguration besteht darin, dass Sie (anders als bei Wikipedia) nicht nur allgemein zugängliche, sondern auch sensible Informationen dokumentieren können.

Wir selbst nutzen das Wiki und unser Intranet tatsächlich gar nicht für "hochsensible" Informationen. Das läuft dem eigentlichen Ziel des Intranets, die Transparenz für viele Mitarbeiter zu steigern, entgegen.

Das Wiki bzw. Intranet sollte nur genutzt werden, wenn die Anzahl der Personen, die das Wissen teilen, höher als fünf Personen ist, oder wenn die Informationen eine hohe Persistenz und Wiederauffindbarkeit aufweisen sollen.

Eine Gehaltsliste laden wir nicht ins Intranet. Unsere Personalakten hingegen werden sehr wohl auch mit dem Intranet unterstützt. Das hat lange Zeit viel besser funktioniert als mit unserem vermeintlich so praktischen Personalverwaltungssystem. Für die Zukunft stelle ich mir vor, dass wir unser ERP-System nutzen, um die digitalen Personalakten strukturiert zu befüllen, und das Intranet nur noch für Konzeption, Abstimmungstexte und individuelle Anwendungsfälle zum Einsatz kommt.

Die Unbestimmtheit und Wandelbarkeit der Nutzung dieser Systeme wird am Beispiel des Projektmanagements besonders gut deutlich. Wenn Sie im Unternehmen etwa ein Portfolio-Board betreiben, um die Ressourcenverteilung an Innovationsprojekten ab einer gewissen Größenordnung zu organisieren, brauchen Sie strukturierte Daten, um die Projekte einschätzen und vergleichen zu können:

> Wie viel Zeit ist schon in das Projekt geflossen?
> Wie hoch ist der geschätzte Gesamtaufwand?
> Welche Einnahmen erwarten Sie von den Projektergebnissen in Zukunft?
> Welche monetären Risiken können entstehen, wenn Sie das Projekt nicht erfolgreich umsetzen (Strafzahlungen, wegbrechende Umsätze ...)?

Alle diese Zahlen wollen Sie nicht nur einfach einschätzen und erfassen, sondern auch strukturiert verarbeiten. Sie sollen als Grundlage für Sortierungen, Filterungen und letztendlich auch für Zuteilungsentscheidungen bei Budgets und Ressourcen genutzt werden.

Ein Wiki wie Confluence kann über Metainformationen natürlich auch solche Zahlen aufnehmen. Aber dafür sind strukturierte Systeme wie ERP-Tools oder auch Jira besser geeignet. Vielleicht haben Sie ja eine SAFe-Lösung wie Agile Hive oder eine Projekt-Portfolio-Planungssoftware am Start. Dort können Sie solche Daten eintragen.

Wenn wir die Rolle eines Wiki-Intranets im Unternehmenskontext besser verstehen wollen, können wir uns die Zusammenstellung aller verfügbaren Software-Lösungen wie große, dicke Steine vorstellen, die in einem Eimer (dem Unternehmen) gelagert werden. Im Volumen des Eimers spielen die Steine eine wichtige Rolle. Sie sind die führenden Systeme für unterschiedliche Anwendungsfälle. Für die Finanzbuchhaltung fungiert SAP als Stein. (Bei uns ist es übrigens ERPNext, eine Open-Source-Software.) Als CRM-System könnte Salesforce zum Einsatz kommen. Für die Aufgabenverwaltung wird oft Jira gesetzt. Und so weiter. Diese dicken Steine spielen eine wichtige Rolle. Sie machen einen großen Teil des Gewichts des Eimers aus.

Allerdings ergeben sich auch zwangsläufig Hohlräume zwischen den einzelnen Steinen. Die Software-Systeme passen nicht nahtlos zusammen. Vielleicht gibt es hier und da eine Schnittstelle. Aber 100-prozentig greifen die Systeme nicht ineinander. Der Eimer enthält also Luft in Form von Zwischenräumen. Hier kommt das Wiki oder Intranet ins Spiel. Diese Lösung können wir uns wie Sand vorstellen. Und Sand können wir selbst dann noch einfüllen, wenn die Steine schon im Eimer liegen. Er füllt die Zwischenräume aus.

Genau so funktioniert ein Wiki, wie es bei uns und vielen Kunden als Intranet-Basis fungiert. Es ist so vielseitig und so unkompliziert nutzbar, dass Sie damit einfach diejenigen Sachen machen können, die sich zum Beispiel in Ihrer Projektmanagement-Software nicht so gut abbilden lassen. So ist ein Wiki im Projektmanagement sehr stark, wenn es darum geht, Meetings mit ihren Agendas vorzubereiten, die Protokolle zu erstellen und die Informationen danach als Dokumentation und Referenz vorzuhalten. Genauso eignet es sich, um Konzepte zu erarbeiten, zu teilen, asynchron abzustimmen und nach und nach zu ergänzen.

Als Integration zwischen einer Wiki-Seite und einer strukturierten Spezialsoftware nutzen wir in der Regel Links. Das reicht völlig aus. Zwischen Systemen mit strukturierten Daten sollte es aber auf jeden Fall richtige Schnittstellen über APIs geben, damit Sie zum Beispiel Kundenstammdaten nicht doppelt eingeben müssen und damit Sie Auswertungen sauber durchführen können, ohne dass es Verwechslungen oder Dopplungen gibt.

Die Aufgabe des Intranets im Projektmanagement besteht darin, die unterschiedlichen Systeme miteinander zu verbinden und eine Vorgabe für Abläufe sowie Orte für die Dokumentation zu definieren.

Jedes größere Projekt wird mithilfe einer Vielzahl von Lösungen bearbeitet und abgestimmt: schneller Austausch im Gruppenchat, kurze Projekt-Updates im Microblog, Konzepte und Dokumentation sowie Referenz im Wiki, Zeiterfassung und Aufgabenplanung in einer Projektmanagement-Software, Controlling und Budgetplanung in einem ERP- oder BI-System. Hinzu kommen analoge bzw. nicht oder wenig softwaregestützte Kanäle wie Meetings, Telefonate, Videokonferenzen oder auch E-Mails. Das Intranet hat die Aufgabe, all das zusammenzuhalten und übersichtlich zu gestalten.

Natürlich müssen die Menschen in den Projekten die sinnvollen und gewünschten Verhaltensweisen und Routinen erlernen. Wann benutzen Sie im Projekt den Chat? Wann den Microblog? Was müssen Sie im Intranet dokumentieren? Was kommt ins Aufgabenverwaltungssystem? Das können Sie sich wie in der Mengenlehre vorstellen. All diese Kreise haben Überlappungen. Und es ist wichtig, zu verstehen, dass es sinnvoll sein kann, in einer Situation das eine und in einer anderen das andere Tool zu nutzen.

Ja, Sie haben ganz recht! Es ist zunächst mal wichtig, die Informationen überhaupt in einem digitalen System zu erfassen. Erst dann kann wirklich Transparenz entstehen. Auch ich habe Informationen lieber an der falschen Stelle als gar nicht verfügbar und auffindbar. Aber klar, eigentlich wollen wir nach und nach dafür sorgen, dass unsere Mitarbeiter die Informationen an den richtigen Stellen ablegen. Doch selbst bei den Profis, die die Systeme und unsere Abläufe bestens kennen, ist etwas Unschärfe erlaubt.

Während wir hier reden, sind der Markt an mobilen Apps und die Unterstützung für die mobile Erfassung von Daten leider noch stark unterentwickelt. Beispielsweise ist die Erfassung von Infos in Confluence schlechter als in Jira. Und ein Chat ist im Zweifel sowieso die schnellste Lösung. Wenn dann mal jemand eine Nachricht in Telegram schreibt, weil er unterwegs einfach nicht genug Zeit und Nerven für Confluence oder Jira hat, halte ich das als Intranet-Verantwortlicher spielend aus, weil es meine grundsätzlichen Projektabläufe nicht verändert.

Wenn sich jemand allerdings nie an die Abläufe hält, spreche ich ihn darauf an. In seltenen Fällen bieten wir dann die Datenübernahme in andere Systeme als Projektservice an. Aber eigentlich machen wir das nur bei wirklich wichtigen Personen (Vorstand, Bereichsleiter etc.) in Konzernen. In unserem Unternehmen mit nicht mal 200 Personen sollte sich so etwas jedenfalls besser keiner erlauben, wenn er vermeiden will, dass ich bald bei ihm auf der Matte stehe.

Kurzlink zu diesem Kapitel:
https://seibert.biz/intranetbuchprojektmanagement

Projektmanagement und Dokumentation verbinden

Viele unserer Kunden empfinden es fast als magisch, wenn sie verstehen, dass die Projektmanagement-Komponente in Confluence nicht nur für die tatsächliche Abstimmung im Projekt selbst hilfreich ist, sondern dass die daraus resultierenden Seiten eine hervorragende Grundlage für eine Projektdokumentation bilden. Allein die Möglichkeit, sämtliche Konzepte, Dokumente, Dateien, Meeting-Agendas und Protokolle und auch sonst alle wichtigen Zwischenstände und Diskussionen an einem Ort gebündelt zu finden, ist für die meisten Unternehmen ein enormer Gewinn.

Natürlich ist das reine "Abfallprodukt" des Projektmanagements im Wiki-Intranet noch keine perfekte Dokumentation. Aber wenn sich ein Projektteam nun hinsetzt und eine kurze, gut lesbare und sinnvolle Dokumentation mit den Erkenntnissen und dem Lernpotenzial für die Zukunft aufbereiten will, ist dieses Abfallprodukt eine unschätzbar wertvolle Basis, um sich den Projektverlauf noch einmal vor Augen zu führen und die relevanten

Schritte für die Diskussion zusammenzustellen. Natürlich lassen sich die Protokolle, Zwischenstände und Dokumente auch verlinken.

Diesen Punkt kann ich kaum fett genug unterstreichen. Jetzt mal Hand aufs Herz: Tatsächlich wird in Ihren Projekten gar keine Dokumentation angefertigt, oder? Die meisten Ihrer Projekte sind schon ein Erfolg, wenn die Projektziele erreicht werden. Damit sind Sie nicht allein. Nach einer Dokumentation wird bei vielen unserer Kunden nur dann gefragt, wenn alles schiefgelaufen ist oder wenn das Projekt auditiert wird und schon bald der Auditor vor der Tür steht.

Ich will nichts schönreden. Auch bei uns ist die sauber aufbereitete Dokumentation mit den Erkenntnissen und Lehren für die Zukunft eine Rarität. Keine Frage: Auch wir sollten darin besser und disziplinierter werden. Aber zumindest besteht die Grundlage dafür.

Ich selbst bin ja eher so ein Hans Dampf in allen Gassen bei uns. Das bedeutet, dass ich mich öfter mal in anderer Leute Projekte eindenke und einlese, wenn ich nach etwas gefragt werde oder sich Energie für die Unterstützung bei mir sammelt. Dann wühle ich meist in der Wiki-Dokumentation der Meetings und Konzepte herum. Der Chat ist mir zu voluminös und detailliert. Die Aufgaben in Jira sind mir meist zu knapp und zu wenig mit Kontext angereichert. Dort schaue ich nur kurz rein. Den Quellcode unserer Software verstehe ich in den meisten Bereichen nicht. Und oft finden solche Orientierungsphasen meinerseits außerhalb der regelmäßigen Arbeitszeiten der Teammitglieder statt. Ich kann also niemanden fragen. Aber es klappt erstaunlich gut. Natürlich wünsche ich mir auch immer, dass mir jemand die Dokumentation mundgerecht aufbereitet. Und es gibt Teams, die sehr akribisch dokumentieren, und welche, die eher lax arbeiten. Aber ich komme in der Regel zum Ziel. Ich erhalte einen groben Überblick über das Projekt, seine Herausforderungen und den aktuellen Stand. Das ist eine wirklich gute Vorbereitung für ein persönliches Gespräch mit dem Team.

Was ich tue, wenn ein Projekt ins Stocken kommt

Ein anderes Beispiel: Wenn in einem Projekt eine Blockade herrscht und sich keiner mehr nach vorn oder zurück bewegen kann, werden Dinge manchmal zu mir oder anderen Gesellschaftern eskaliert. In der Regel existiert dann schon eine Seite, auf der die Blockade, die Gründe dafür und die Positionen dokumentiert sind. Aber drum herum gibt es oft noch sehr interessante und hilfreiche zusätzliche Informationen. Mit ein bisschen Zeit und Konzentration treten unheimlich viele Details zutage, die dabei helfen, eine sinnvolle Unterstützung anzubieten. Ich wüsste nicht, wie wir das machen sollten, wenn wir kein aktiv genutztes Wiki hätten.

Die fast schon natürliche Reaktion von Führungskräften in einer solchen Situation ohne Informationen und Dokumentation ist das Durchregieren mit Macht. Es erspart nämlich das mühselige Informieren. Man müsste sich eigentlich jetzt von allen Seiten informieren lassen und dann mit Fragen dabei helfen, dass die Protagonisten selbst die Blockaden aufheben können. Ich kann das im Zweifel von unterwegs mit dem Handy über Tage hinweg mit Fragen und Kommentaren begleiten. Das kostet mich nur wenig

Energie und so habe ich da viel Ausdauer. Sie müssten dafür möglicherweise wichtige Meeting-Zeit während Ihrer Kernarbeitsstunden verbrauchen, die Sie eigentlich für strategische Aufgaben, die Ihnen selbst wirklich wichtig sind, verwenden möchten.

Die Rolle von Asynchronität in der Kommunikation haben wir schon beleuchtet (siehe "Wann synchrone Kommunikation sinnvoll ist"). Hier wird sie auch noch einmal deutlich. Wenn ich etwas nebenbei von unterwegs erledigen kann, schaffe ich das möglicherweise noch zusätzlich neben meinen sonstigen Aufgaben. Aber mitten in mein Kerngeschäft passt in der Regel nichts Zusätzliches hinein. Auch meine Bereitschaft, diese Zeit widerstandslos freizuräumen, ist sehr gering. Und so regiert dann ohne digitale Unterstützung an vielen Stellen doch die Macht. Und zwar nicht aus Bosheit, sondern einfach weil es nicht anders geht. Wenn Sie keine Zeit haben, müssen Sie halt schnell entscheiden. Und wenn Sie schnell entscheiden, können Sie keinen Kontext berücksichtigen. Und wenn Sie die Situation nicht einzuschätzen vermögen und Ihnen Details zur Entscheidungsgrundlage fehlen, werden Ihre Entscheidungen eben oft auch schlecht sein.

Es gibt womöglich talentierte und erfahrene Manager, die auch dann ins Schwarze treffen, wenn sie sich gerade erst umgedreht haben und überhaupt keine Zeit zum Zielen hatten. So wie Lucky Luke, der schneller schießt als sein eigener Schatten. Aber in der Realität der meisten Organisationen schießen die Mitarbeiter eben doch besser. Sie haben Zeit zum Zielen. Sie laufen auch noch mal zur Zielscheibe hin, um ihre Ausrichtung zu justieren und sie geradezurücken. Sie stellen Windberechnungen an und validieren die Voreinstellung mit einem Computerprogramm. Was ich sagen will: In den meisten Szenarien treffen die Mitarbeiter mit all den Informationen, Details und Vorbereitungen besser als die Chefs, die nicht lange nachdenken und schnell aus dem Bauch entscheiden. Kurz gesagt: Vergessen Sie Lucky Luke. Das ist was für Comics.

Projektmanagement nebst Aufgaben klar von Konzepten, Berichten und Dokus trennen

In diesem Zusammenhang möchte ich mich grundsätzlich auf meine Erfahrungen mit Atlassian Confluence und Jira beziehen. Aber ich glaube, dass diese Überlegungen auch für Kollegen von Ihnen interessant sein könnten, die die beiden Systeme nicht nutzen.

Confluence ist ein Wiki, das Teams vor allem für die Zusammenarbeit an jedweder Form von Text und zur Dokumentation und als Referenz nutzen. Zum Beispiel bereiten sie hier Meetings vor und dokumentieren sie anschließend. Aus solchen Treffen gehen eigentlich fast immer Aufgaben hervor, die irgendwer umsetzen muss.

Lassen Sie uns über diese Art von Aufgaben, die mehr oder weniger spontan aus dem Kontext heraus entstehen, mal genauer diskutieren. Die Erledigung solcher ungeplanten Aktivitäten spielt eine enorm wichtige Rolle bei der erfolgreichen Umsetzung von Projekten. Ob Wasserfall (sequenziell, deterministisch geplant) oder agil (schrittweise, sich anpassend): Ein bisschen wollen wir uns alle auf die Zukunft vorbereiten und durchdenken, was im Laufe des Projekts so an Aufgaben auf uns zukommen könnte.

Im Rahmen der ersten Grobplanung wird bei manchen unseren Kunden immer noch ein Gantt-Diagramm erstellt, um zu überlegen, wie lange sich das Projekt wohl hinziehen wird und welche großen Aufgaben darin zu erledigen sind. Dass diese Planung eigentlich immer falsch ist, wissen wir alle. Und das ist auch den Konzernen meist bewusst. Entscheidend für den Erfolg ist aus meiner Sicht viel eher, wie Sie nun auf die neuen Informationen reagieren, die sich im Laufe des Projekts ergeben.

Der Lieferant, mit dem Sie maßgeblich geplant hatten, sagt Ihnen ab, weil die Auftragsbücher voll sind. Der nächste geht mitten im Projekt pleite und das Vorhaben muss umgeplant werden. Es tauchen alle naselang neue Anforderungen und detaillierte Informationen auf, die zu weiteren Aufgaben im Projekt führen.

Ein modernes Intranet muss in der Lage sein, diese komplexe Welt zu erfassen und den Menschen im Projekt dabei zu helfen, mit dieser Komplexität umzugehen. Eine zentrale Anforderung besteht für mich darin, dass man den Text von den Aufgaben trennt. Es gibt also an einer Stelle die Informationen und den Kontext – sozusagen das Wissen über das Projekt und über das, was passiert ist. Und dann gibt es die Aufgabenliste.

Wir haben uns vorhin schon kurz darüber unterhalten, wie wir intern nach Vorlage des SAFe-Vorgehensmodells unter anderem die Priorisierung mit WSJF durchführen. Sie müssen sich im Projekt nämlich überlegen, was jetzt gerade wirklich wichtig ist. Es bringt nichts, dem längst obsolet gewordenen Gantt-Chart hinterherzuhecheln, wenn an einer ganz anderen Stelle das gesamte Projekt in die Luft zu fliegen droht. Und das gilt auch dann, wenn der Vorstand sich eigentlich nur für den Gantt-Chart und kein Stück für Details interessiert. Oder nein: Das gilt nicht *auch* dann, sondern *gerade* dann. "Liebe Frau Vorstand, möchten Sie von den Details des Projekts verschont werden und einfach nur regelmäßig einen neuen Status haben? Dann schlage ich vor, dass Sie dem Projektteam die Freiheiten geben, selbst zu entscheiden, welche Dinge angegangen werden müssen und wie umgeplant werden soll. Sie lassen sich regelmäßig den Stand der Ergebnisse melden. Und wir berichten natürlich auch über die Wahrscheinlichkeit, dass alles in die Binsen geht, und was wir tun, um das zu vermeiden." Das wäre ein guter, für alle Seiten sinnvoller Kommunikationsansatz.

Aber lassen wir uns nicht von Hierarchiepolitik in Großkonzernen ablenken. Ihr autarkes und starkes Projektteam will ständig mit den Aufgaben arbeiten. Sie werden analysiert. Sie werden diskutiert. Sie werden kommentiert. Sie werden priorisiert. Sie werden in Sprints eingeplant. Sie werden hinsichtlich ihrer Komplexität oder vielleicht sogar in Sachen Aufwand beschätzt. Sie werden mit tatsächlichen Arbeitsschritten oder Arbeitszeiten bebucht. Der Status wird berichtet. Die Daten werden aggregiert und auf Teamebene (oder sogar auf den höheren Ebenen des SAFe-Frameworks) zusammengefasst. Kurz gesagt: Wir betreiben Projektmanagement. Die einen agiler, die anderen weniger agil.

Hier stellen Confluence und Jira im Zusammenspiel eine ihrer großen Stärken unter Beweis: Die Systeme unterstützen uns sehr schön dabei, die jeweiligen Arbeitsergebnisse und Zwischenstände anzuzeigen und zu teilen. Sie können auf einer Confluence-Seite sogenannte Jira-Gadgets (also Übersichtsgrafiken auf unterschiedlichen Aggregationsebenen) einbinden und mit meinem Inhalt zusammen präsentieren. Sie haben auch die Möglichkeit, einzelne Aufgaben oder Aufgabenlisten aus dem Projekt oder seinen Teilprojekten zu integrieren. Diese Informationen sind immer dynamisch. Das bedeutet, dass sie sich automatisch verändern, wenn die Quelle sich verändert. Auf diese Weise lassen sich zum Beispiel Berichte und Übersichten zum Projekt erstellen, die sich stets automatisiert aktualisieren.

Link zum Teilen dieser Kapitel im öffentlichen Internet: https://seibert.biz/intranetbuchprojektmanagementunddoku

Referenz und Anleitung – Auffindbarkeit und Entdecken von Inhalten

In Gesprächen mit Kunden kommt zutage, dass die zentrale Ablage wiederauffindbarer Informationen durch alle Mitarbeiter bereits einen Wert für sich darstellt, den man eigentlich gar nicht weiter erklären oder begründen muss. Und doch gibt es zahlreiche Anwendungsfälle und aus einer solchen Plattform entstehende Effekte, die vielen Leuten nicht direkt klar sind.

Gewiss ist es hilfreich, wenn Sie einen Ort haben, an dem Sie immer suchen und nachsehen können, um den letzten Wissensstand abzurufen. Die Möglichkeit, auf eine zentrale Stelle zum Nachschlagen zugreifen zu können, gibt Ihnen und Ihren Mitarbeitern eine Sicherheit, die weit über die eigentliche Information hinausgeht. Beispielsweise können Sie nun sicher sein, dass es eine bestimmte Information tatsächlich noch nicht gibt. Dann müssen Sie nicht mit der Ungewissheit leben, vielleicht gerade eine redundante Arbeit durchzuführen, die ein anderes Team womöglich längst intensiver durchdacht hat.

Beleuchten wir das noch etwas näher. Je größer Ihre Organisation ist, desto wertvoller sind Dinge, die die Infrastruktur im Unternehmenskern verbessern. Die Kommunikationswege etwa werden in einem großen Unternehmen ja von viel mehr Menschen genutzt als in einer kleinen Firma. In einer großen Organisation ist es jedoch noch viel schwieriger herauszufinden, ob nicht vielleicht schon ein Kollegenteam genau an diesem Infrastrukturprojekt, an dem Sie arbeiten wollen, etwas gemacht hat.

Die meisten Unternehmen versuchen, dieses Problem durch etwas zu lösen, das sie "klare Zuständigkeiten" nennen. Für das Marketing ist die Bereichsleiterin Meyer zuständig. Für den Vertrieb übernimmt Müller die Verantwortung. Und das Beschwerdemanagement macht Schneider. Wenn Sie nun einen Kernprozess der Kundenkommunikation vom ersten Kontakt bis zur Nachsorge nach dem Kauf und der Umsetzung planen, dann müssen Sie Müller, Meyer und Schneider und vermutlich auch noch Menschen aus der Produktion für Ihr Projekt gewinnen und begeistern. Das ist gerade in einem großen Konzern ziemlich schwierig, weil die Bereichsverantwortlichen sehr beschäftigt sind und nur sehr selten alle gleichzeitig Zeit haben. Ein Intranet-Projekt ist von einer ähnlichen Komplexität geprägt. Sie können es nicht mal eben zwischen Tür und Angel umsetzen, denn richtig eingeführt betrifft es alle Menschen im Unternehmen.

Wenn Sie nun ein modernes Intranet hätten, um Ihren Kundenprozess zu konzipieren und voranzubringen, gäbe es viele Vorteile. Im Rahmen der Referenz könnten Sie sich zuallererst darüber informieren, welche begleitenden, damit zusammenhängenden oder ganz ähnlichen Projekte es in der Vergangenheit schon gab und wer daran gearbeitet hat. Diese Menschen sprechen Sie dann an und befragen sie nach ihren Erfahrungen und dem jeweiligen Stand der Projekte. Meist ergeben sich aus diesen Kontakten wertvolle Erkenntnisse über politische Blockaden, bestehende und vielleicht etablierte Konkurrenzsysteme, Ansprüche und Interessenlagen sowie viele weitere Aspekte, die Sie im Großunternehmen sonst eher selten auf dem Silbertablett präsentiert bekommen.

Organigramme und Diagramme erstellen und teilen

Ein Bild sagt mehr als tausend Worte. Diese Aussage ist abgedroschen und trotzdem wahr. Und was man im geschäftlichen Umfeld oft feststellt: Die Texte sind furchtbar langweilig.

Ein Konzept mag für Sie persönlich, für Ihr Projekt und für Ihre Organisation enorm wichtig sein. Umso frustrierender ist es, wenn Sie feststellen, dass Ihre Geschäftsführerin oder Ihr Vorstand sich gar nicht die Mühe machen, Ihre Idee zu durchdenken. Die geben sich nicht mal den Anschein, verstehen zu wollen, was Sie möchten! Man übersieht Sie einfach – und das vielleicht nicht nur in der Geschäftsführung, sondern noch in vielen anderen Bereichen des Unternehmens. Die Situation ist so frustrierend wie alltäglich. Es ist egal, ob es um die gesetzlich verpflichtende Einhaltung von Sicherheitsmaßnahmen oder um die wissenschaftlich belegte Prozessverbesserung geht, die mehr Profitabilität verspricht: Sobald es komplex wird, fällt es uns schwer, anderen unsere Ideen verständlich zu machen.

Genau hier helfen Visualisierungen. Mit visueller Kommunikation fällt das Lernen und das Verstehen leichter. In einem Ablaufdiagramm können Sie komplexe Sachverhalte verständlich darstellen. Klar, es ist mitunter lästig und ziemlich aufwendig, ein gutes Diagramm oder eine Infografik zu erstellen. Wenn Ihre Idee leicht nachvollziehbar ist und als Selbstläufer überzeugt, brauchen Sie kein Diagramm. Aber wer hat schon ständig solche Ideen?

Es liegt in der Natur der gut bezahlten Tätigkeiten von heute, dass Komplexität und Widersprüche auf dem Weg unserer Lösungen liegen. Es gibt andere Menschen, Gruppen, Abteilungen oder sogar ganze Gesellschaften, die genau das, was wir erreichen möchten oder sollen, nicht wollen. Da reichen der Vorschlag und die Idee allein nicht aus. Selbst wenn die Idee leicht verständlich ist, gibt es oft Widerspruch durch ebenso motivierte wie engagierte Antagonisten.

Ich will Ihnen hier nicht erzählen, dass ohne Diagramme kein Erfolg denkbar wäre. Aber wenn Sie zum Beispiel an Ihren Vertriebsprozess denken, fällt Ihnen vielleicht ein, dass es tatsächlich kein Diagramm gibt, an das sich alle halten. Ist das ein Vorteil? Vermutlich nicht. Kodifizierte Abläufe ermöglichen eine Harmonisierung und Standardisierung. Sie ermöglichen Diskussionen über Verschwendung und Einsparungspotenziale. Die Visualisierung eines Prozesses schafft ein gemeinsames Verständnis und manchmal erstmalig eine konstruktive Möglichkeit, sich auszutauschen.

Als Unternehmer ist es nicht in Ihrem Interesse, dass Berater und Verkäufer ihre Tätigkeiten zu einer Geheimwissenschaft erheben. Sie wollen, dass die Leute sich darüber austauschen, was funktioniert und was nicht.

Je mehr Dokumentation und Austausch es gibt, desto besser können Arbeitsprozesse skalieren und dem Unternehmen dienen. Dabei helfen Prozessvisualisierungen.

Über die vielfältigen Möglichkeiten von Visualisierung sowohl in technischen Bereichen als auch im allgemeinen Geschäftsleben könnten wir wahrscheinlich einen weiteren Abend diskutieren. Hier stelle ich ein paar Diagrammtypen vor, die in draw.io, einem unserer Produkte für die Atlassian-Tools, unterstützt werden:

Geschäftsprozessmodellierung nach BPMN
UML-Diagramme für Software-Konzepte
Ablaufdiagramme
Strukturdiagramme (zum Beispiel für Organigramme)
Mindmaps
Netzwerktopografien

Wireframes und Mockups für Software-Oberflächen und Konzeptionen im Webumfeld

Smartphone-Shapes für die Planung von Mobile Apps

Mengendiagramme

Gantt-Charts,

Rack-Diagramme für die Nutzungsplanung von Server-Schränken

Sequenzdiagramme

Hier, ich zeige Ihnen mal ein paar dieser Optionen als Beispiele:

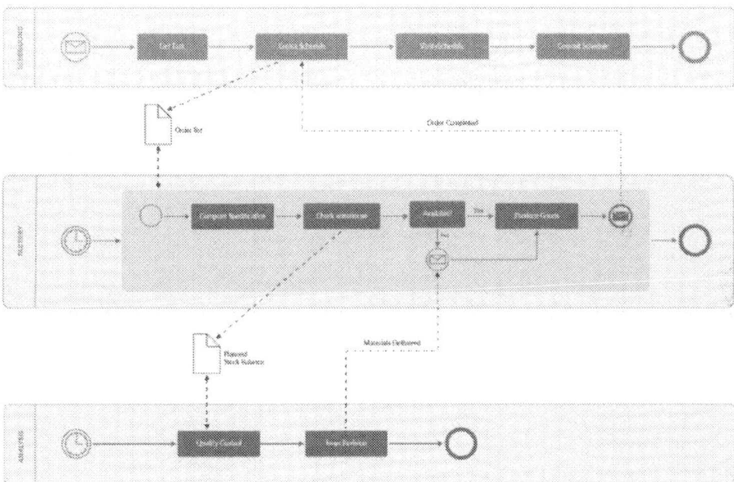

Ein Beispiel für Geschäftsprozessmodellierung

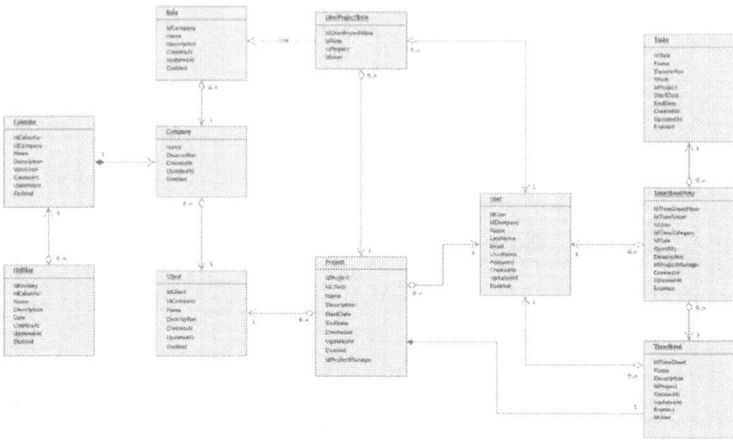

Ein UML-Diagramm aus der Software-Entwicklung

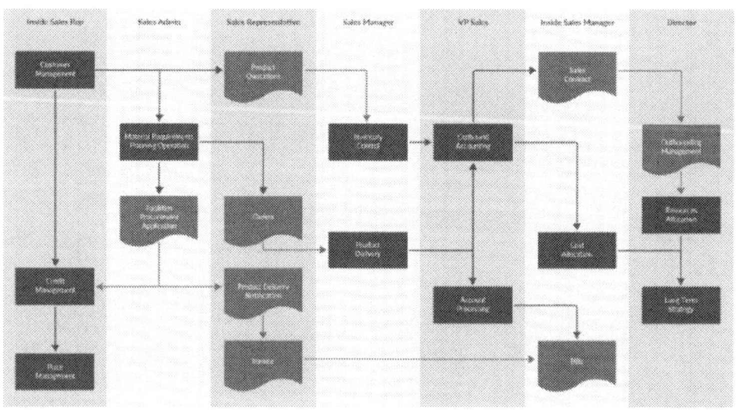

Ein Ablaufdiagramm im Unternehmen

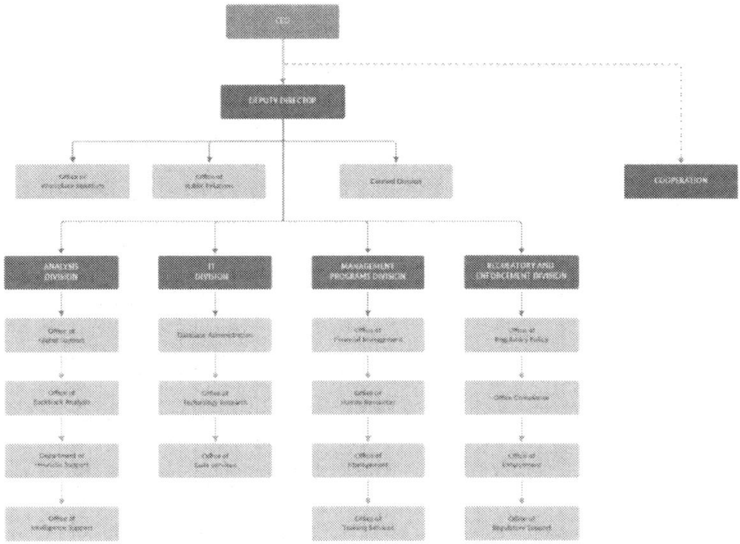

Ein Baumdiagramm eines Unternehmens / Organigramm

Eine Mindmap zu einem geschäftlichen Thema

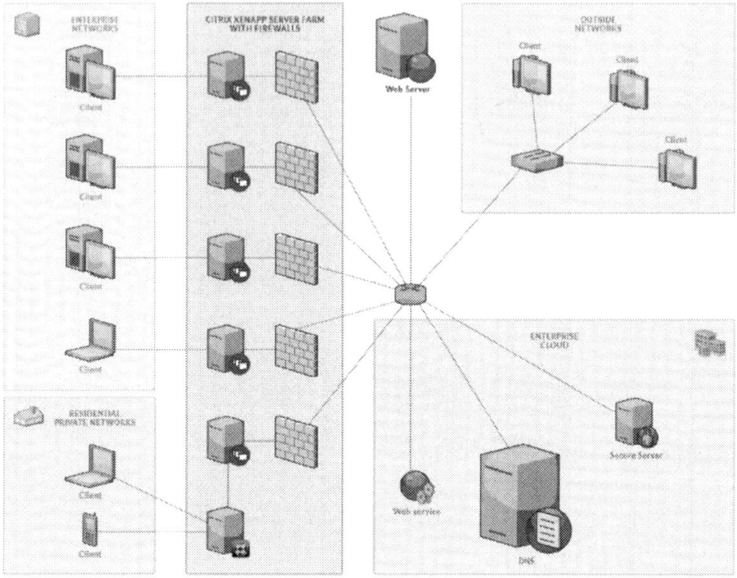

Die Topografie eines Netzwerks

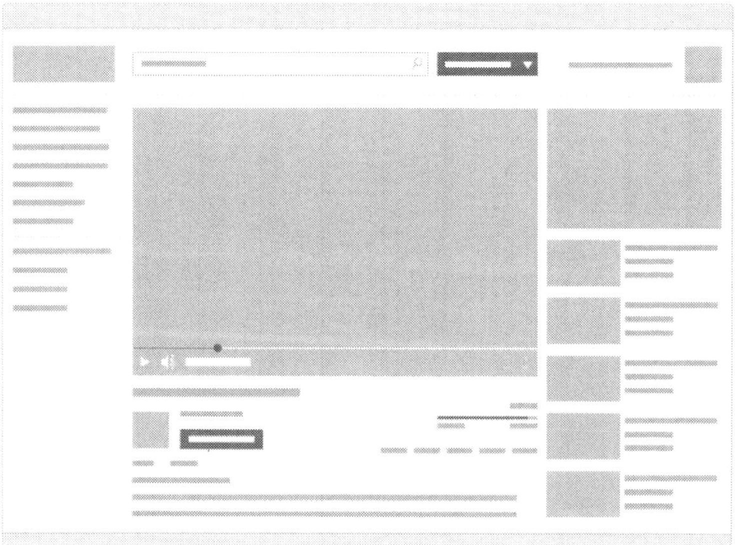

Ein Drahtgittermodell für eine Website

Ein Mock-up für eine Smartphone-Darstellung

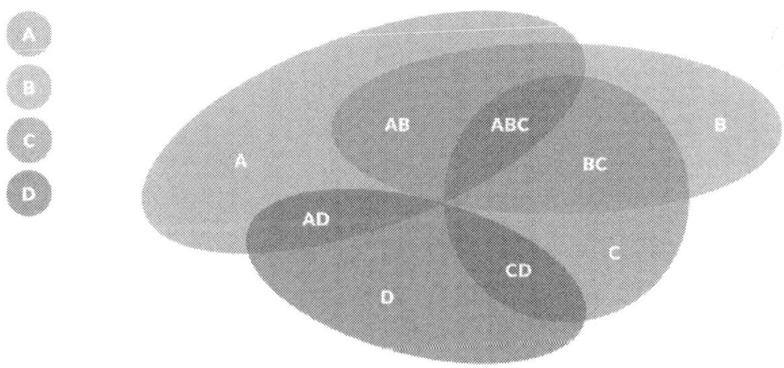

Ein Mengendiagramm visualisiert Schnittmengen

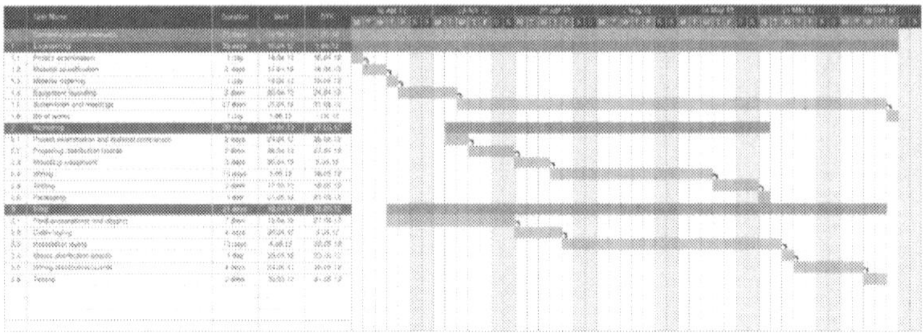

Ein Gantt-Diagramm zeigt zeitliche Abläufe auf

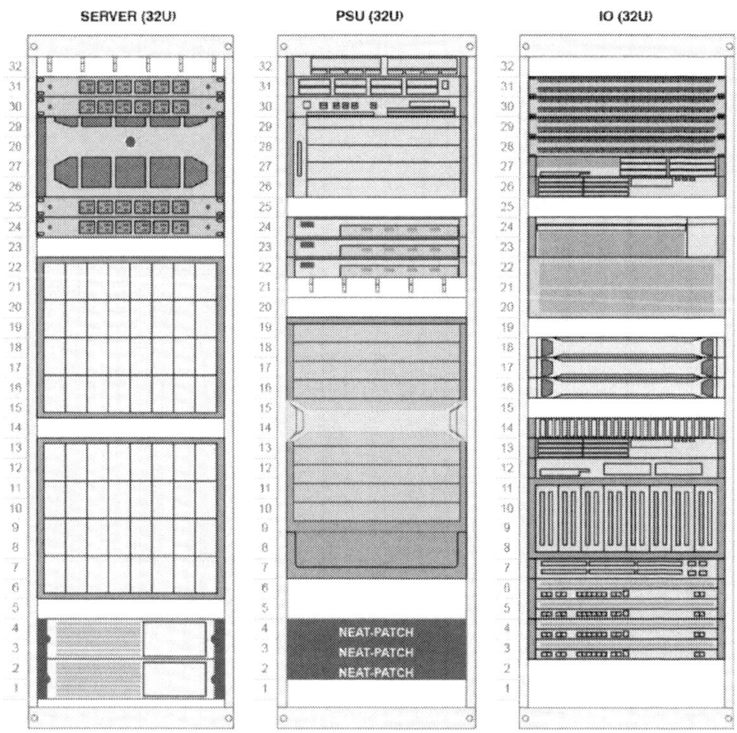

Visualisierung von Serverschränken und der Nutzung von Hardware darin

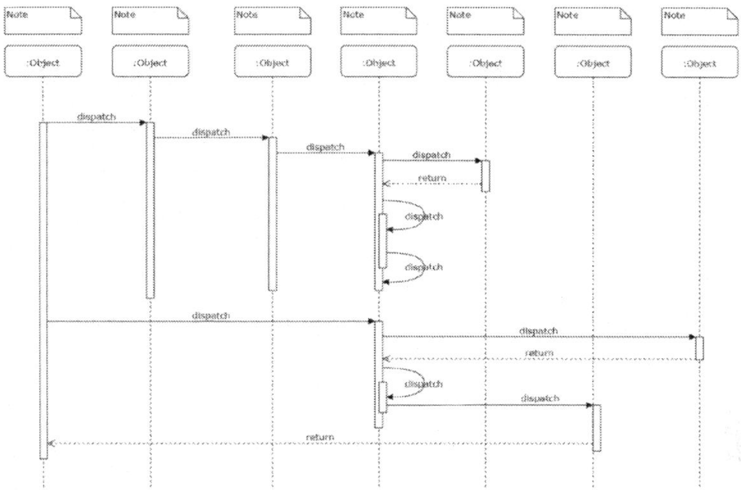

Ein Sequenzdiagramm für die Software-Planung

Link zum Teilen dieser Kapitel im öffentlichen Internet: https://seibert.biz/intranetbuchreferenzenunddiagramme

Experten im Unternehmen finden und einbinden

Der Wert von Transparenz und einfacher Referenzierung liegt manchmal gar nicht in der zentralen Information selbst. Denn immer wieder werden Sie feststellen, dass die eigentlichen Informationen veraltet sind. Im Wiki haben Sie noch gelesen, dass das Projekt auf der Zielgeraden ist – und im Gespräch hören Sie vom Scheitern. Die Möglichkeit, sämtliche Ansprechpartner, die sich bisher intensiv oder auch nur latent mit einem Thema beschäftigt haben, mit vertretbarem Aufwand zu identifizieren, ist häufig schon eine große Hilfe, um einschätzen zu können, wie Sie ein Thema in der politischen Landschaft aufbauen müssen, damit es tatsächlich Fuß fassen und fruchten kann.

Kunden haben mir davon erzählt, wie sie zuerst mal in ihren eigenen Unternehmensbereichen Kollegen angesprochen haben. Bei diesem Austausch mit den "internen Leuten" wurde schnell deutlich, dass die Führungskräfte aus den anderen Abteilungen offenbar teils ganz andere Ziele hatten. Und als es schließlich zu Gesprächen mit den Hauptverantwortlichen aus den anderen Bereichen kam, wusste unser Kunde längst, was geht und was nicht und worauf zu achten ist.

Manchmal brauchen Mitarbeiter Jahre oder sogar Jahrzehnte, um zu wissen, wie man sich im politischen Minenfeld des Konzerns bewegt. Eine transparente Intranet-Umgebung ermöglicht es auch Neulingen, die relevanten Informationen mit etwas Geduld und Spucke einzusammeln und geschickt durch die Organisation zu navigieren.

Natürlich bin ich dafür, dass Unternehmen frei von Politik, Geklüngel und persönlichen Interessen sind, bleiben oder werden. Aber vor der Einführung eines Intranets sieht die Konzernrealität nicht selten ganz anders aus. Und es wäre naiv zu glauben, dass ein Stück Software so eine Welt allein und sofort verändern könnte. Vielmehr ist es eine zentrale Anforderung an ein modernes Intranet, dass das System sich an die politische Situation und eben auch an Gemengelagen mit weniger Transparenz anpassen kann und die Organisation in die Lage versetzt, sich langsam und Schritt für

Schritt in Richtung mehr Transparenz zu entwickeln. Das ist möglich und wird mit solchen Projekten oft angestrebt.

Natürlich finden Sie im Intranet Personen und Ansprechpartner nicht nur durch Detektivarbeit in Dokumenten, Protokollen und Wiki-Seiten. Natürlich ist das ein wirksames Mittel, um qualitative Suchen durchzuführen und sich vorab schon zu informieren. Einfacher und schneller hingegen ist eine sogenannte Expertensuche.

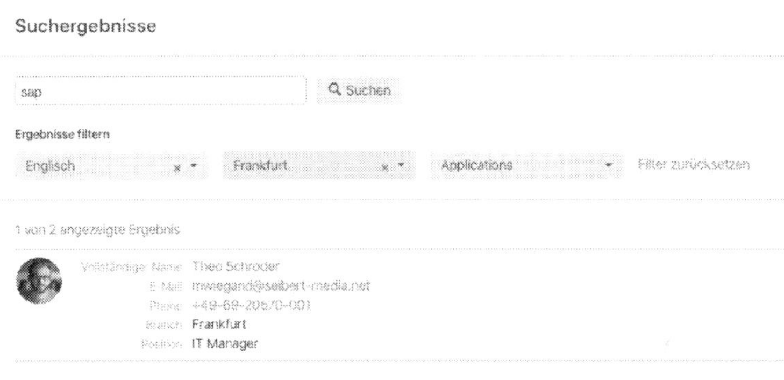

Unternehmenssuche nach Experten mit Filtern. Quelldatei: https://seibert.biz/expertensuchemitfilternbeispiel

In einer solchen Expertensuche können Mitarbeiter einfach einen Namen eingeben und die entsprechende Person samt Profil und Kontaktinformationen finden.

Spannender ist es allerdings, wenn Sie Ihre Suche über Filter von zunächst sehr vielen Ergebnissen auf einige wenige Treffer reduzieren, die Sie dann kontaktieren. In diesem Beispiel hier wird zuerst nach einem Standort (Frankfurt), dann nach einer

Qualifikation (Linchpin) und schließlich nach Sprachkenntnissen gefiltert, bis wir das detaillierte Profil einer passenden Person sehen.

Eine solche Expertensuche kann im Unternehmen sehr viele Anwendungsfälle haben:

> Einen Ansprechpartner für ein Spezialthema finden
> Menschen, die in einem bestimmten Projekt mitarbeiten, suchen
> Nach Unternehmensbereichen filtern
> Nur Personen an einem bestimmten Standort finden
> Personen, die eine bestimmte Sprache sprechen, suchen
> Mitarbeiter, die eine bestimmte Software kennen, identifizieren
> Leute in der Organisation zu einem spezifischen Thema ansprechen und begeistern
> Die Telefonnummer, die E-Mail-Adresse oder andere Kontaktinformationen eines Ansprechpartners herausfinden
> Die Organisation mit ihrem Organigramm und der Verortung einzelner Menschen darin besser verstehen
> Räume mit den Büros einzelner Mitarbeiter finden
> Vorgesetzte von Kollegen identifizieren

Auch aus strategischer Sicht ist eine Expertensuche im Intranet stark. Sie kommuniziert, dass es im Unternehmen wertvolle Fachleute gibt. Sie gibt den Mitarbeitern eine Bühne, auf der sie ihre Fähigkeiten und Kenntnisse präsentieren können. Und sie erhöht die wichtige Vernetzung zwischen Fachkollegen. Ich selbst nutze die Profilsuche manchmal, um mir einfach noch mal ein Gesicht zu einem Namen zu vergegenwärtigen: Wie sieht der noch mal aus?

In unseren Projekten stellen wir fest, dass die Grundlagen für eine Personensuche eigentlich in überhaupt keinem Unternehmen gegeben sind. (Vielleicht erteilen die gut sortierten Organisationen uns auch bloß keine Aufträge.) Jedenfalls ist es in riesengroßen Konzernen besonders abenteuerlich. Da stehen Tausende von Mitarbeitern gar nicht im zentralen Personenverzeichnis, weil für sie sonst Lizenzgebühren (etwa an Microsoft) zu entrichten wären. Um überhaupt eine Liste mit wirklich allen Intranet-Nutzern an allen Standorten zu bekommen, müssen in solchen Unternehmen oft zig separate Quellen angezapft werden. Die Datenqualität unterscheidet sich natürlich sehr. Und dann stellen wir in vielen, vielen Fällen fest, dass die relevanten Informationen für ein Profil gar nicht vorhanden oder die Rechte für die Nutzung (beispielsweise bei Fotos) ungeklärt sind und wir diese Elemente daher nicht verwenden können.

Doch in so einem Fall kann ich die Kunden beruhigen: Das ist überhaupt kein Problem und ganz normal. In einem modernen Intranet reicht schon das Angebot aus, ein reichhaltiges und hochwertiges Profil anzulegen, um viele gute und nützliche Daten zu erhalten. Bei Xing und LinkedIn hat ja auch keiner eine Schulung besucht, um die Basisinformationen einzustellen und hochzuladen. Ja, einige meiner Kollegen benutzen Avatare und keine Fotos in ihren Profilbildern. Damit lassen sich den Namen zwar keine Gesichter zuordnen, aber die restlichen Daten und Angaben sind auch ohne konkretes Foto schon nützlich und sinnvoll genug.

Ich habe noch nie einen Intranet-Verantwortlichen getroffen, der die Bedeutung von Profilen, einer Expertensuche und generell einer Möglichkeit zur Selbstrepräsentation via Intranet als gering geschätzt hätte.

Es gibt relativ einfache Maßnahmen, mit denen Sie die Erstellung und das Befüllen von Nutzerprofilen begünstigen können. Beispielsweise hat unser Kunde Enercity beim Launch seines Intranets enerdigi einen Fotoservice angeboten: Mitarbeiter konnten fix ein professionelles Foto von sich schießen lassen, um es dann im Intranet zu verwenden. Bei uns bietet eine Kollegin, die nebenberuflich als professionelle Fotografin aktiv ist, regelmäßig Fototermine für Interessierte an.

Der große Vorteil solcher Aktionen ist die Steigerung des Netzwerkeffekts. Wenn im Intranet kein Mensch ein Bild in sein Profil eingestellt und auch sonst nichts ausgefüllt hat, werden es andere Leute tendenziell auch nicht tun. Wenn nahezu alle ihre Profile pflegen, brauchen Sie niemanden daran zu erinnern. Dann werden neue Kollegen das ganz automatisch machen. Der gute alte Gruppenzwang.

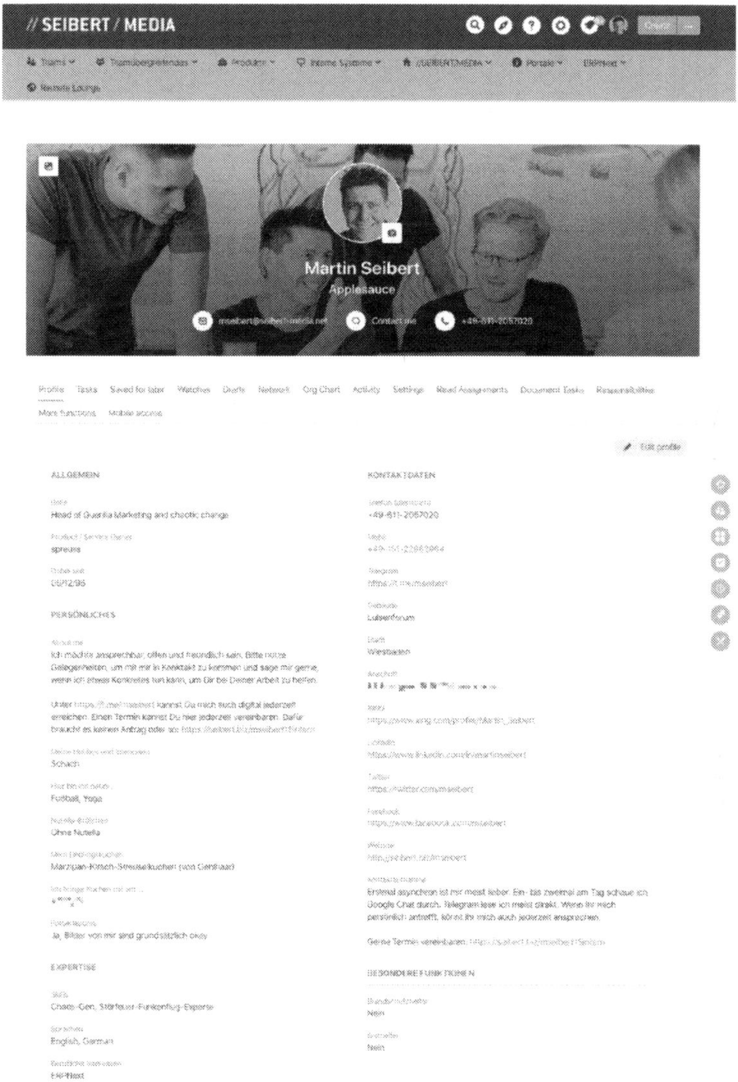

So sieht mein Profil in unserem Intranet aus. Quelldatei: https://seibert.biz/profilbeispiel

Ein modernes Intranet dreht sich um die Menschen, die darin arbeiten. Es geht darum, ihre Produktivität und Wirksamkeit zu erhöhen. Ein zentrales Element ist dabei die Kommunikation. Natürlich gibt es weiterhin die Top-down-Kommunikation vom Vorstand an alle Mitarbeiter. Aber was in den meisten Unternehmen richtig viel Potenzial hat, ist die Verbesserung, Strukturierung und Optimierung der Kommunikation unter den Kollegen. Auch die Zusammenarbeit in den festen Abteilungen und Gruppen des Tagesgeschäfts kann eine Organisation mit einem Intranet verbessern.

Das Entdecken, In-Kontakt-Kommen und Voneinanderlernen über Abteilungs- und Bereichsgrenzen hinweg eröffnet gerade in großen Firmen gewaltige Möglichkeiten, die in vielen Fällen leider ungenutzt bleiben. Ein Benutzerprofil bietet viele und tolle Ansätze, um das anzukurbeln.

Ich will nicht propagieren, dass Sie sich als Organisation in das Privatleben Ihrer Mitarbeiter einmischen sollen. Eine Expertensuche ist keine Tinder-Verabredungsplattform. Aber wenn Sie eine Option schaffen, die es Ihren Mitarbeitern ermöglicht, Gleichgesinnte zu kontaktieren, dann werden möglicherweise Sportgruppen gegründet, es könnten Filmabende, Brettspiel-Partys und vielleicht sogar Pokerturniere organisiert werden. Keine Frage, es ist nicht die zentrale Aufgabe einer Expertensuche, solche Interessengruppen zusammenzuführen. Aber Mitarbeiter wollen dazugehören, sie wollen sich mit anderen austauschen und sie lieben es, wenn es in der Abteilung und darüber hinaus einen guten Zusammenhalt und ein produktives Miteinander gibt.

Ich halte die Idee für sehr empfehlenswert, private Interessen und Hobbys mit in die Profile aufzunehmen.
Hier ist eine Liste mit Profilfeldern, die unsere Kunden für ihre Profilfelder zusammengestellt haben:

- Anrede
- Akademischer Titel
- Vorname
- Nachname
- Spitzname
- Geburtsname
- E-Mail-Adresse
- Telefonnummer
- Mobilfunknummer
- Fax
- Geburtsdatum
- Standort
- Gebäude
- Office Straße
- Office Postleitzahl
- Office Ort
- Land / Country
- Gesellschaft
- Bereich
- Abteilung
- Position / Job
- Vorgesetzter
- Expertise

- Sprachkenntnisse
- Projekte
- Verfügbarkeit / Chatfeld (Entwicklungsaufwand notwendig, um zum Beispiel Skype zu integrieren)
- Anwesenheit (ganztags, halbtags 8 bis 12 Uhr etc.)
- Profilseite (Link zum persönlichen Intranet-Bereich)
- Interessen (privat)
- Hobbys
- XING-Profil
- Abschluss
- Branchenerfahrungen (beispielsweise IT, Medizin etc.)
- Software-Expertise
- Teamschnittstellen
- Involvierte Projekte / Portfolio
- Persönliche Kurzbeschreibung
- Leitspruch / Zitat / Lebensmotto
- Prozesskenntnisse
- Kenntnis anderer Kulturen
- Auslandseinsätze und Erfahrungen

Ich bin mir sehr wohl darüber im Klaren, dass es durch den persönlichen Kontakt auch negative Effekte geben kann. So ist es wohl schon streitbar, ob das Unternehmen die Organisation eines Pokerturniers begünstigen sollte, also Glücksspiel. Hier führen wir mit Kunden immer wieder Diskussionen darüber, ob das Unternehmen der Hirte sein muss, der Böses verhindert, und ob es diese Rolle überhaupt auszufüllen vermag. Oder kann (und muss) man es den Mitarbeitern in ihrer Mündigkeit auch im

Unternehmensumfeld zugestehen, ein wirksames, kollegiales Miteinander nach ihren Vorstellungen zu leben?

Ich bin fest davon überzeugt, dass es für Unternehmen fast schon übergriffig ist, den Mitarbeitern die Möglichkeit vorzuenthalten, im Profil zum Beispiel ihre Hobbys angeben zu können. Und pures Gift sind Maßnahmen, die dazu dienen sollen, ein privates Miteinander außerhalb der Arbeitszeit zu unterbinden.

Für die Repräsentation der Mitarbeiter im Intranet mit reichhaltigen Profilen gibt es viele gute Gründe. Eine hochwertige Expertensuche ist eine sehr praktische Ausprägung.

Kurzlink zu diesem Kapitel:
https://seibert.biz/intranetbuchexperten

Zusammenhalt – aus einer Gruppe wird ein Team und aus der Organisation eine Gemeinschaft

Funktionierende Zusammenarbeit ist grundlegend für effizientes Arbeiten. Welche Rolle spielen Transparenz und Company-Happiness für eine Kultur des Miteinanders in Unternehmen?

Wenn in Ihrer Organisation von guter Zusammenarbeit die Rede ist, wird in der Regel vermutlich das Ergebnis im Fokus stehen: Wir haben gut zusammengearbeitet, also sind wir schnell zu einem wirklich guten Resultat gekommen. Das ist allerdings eine Totschlagargumentation. Denn gegen Effizienz und Effektivität kann in einem Team niemand etwas haben.

Aber eigentlich sollten wir eine gute Zusammenarbeit viel mehr auf einer emotionalen Ebene betrachten. Sie bildet die Grundlage für effizientes Arbeiten. Sie ist eine Voraussetzung dafür, dass wir überhaupt als Team gemeinsam gute Ergebnisse erzielen können.

Was macht eine Kultur der Zusammenarbeit aus?

Sie helfen Ihren Teamkollegen, weil Sie die Arbeit mit ihnen mögen. Die Personen selbst sind Ihnen manchmal vielleicht gar nicht so sympathisch. Ein Team ist nun mal keine Liebesheirat, sondern eine Zweckgemeinschaft. Aber Sie respektieren die Beiträge der Kollegen. Und manchmal entsteht aus der Unterschiedlichkeit und aus den Aspekten, die Ihnen auf den ersten Blick nicht so sympathisch erschienen sind, ein Effekt, der sich auf Ihr Team positiv auswirkt.

Zu einer guten Zusammenarbeit gehört Vertrauen in die Integrität der Kollegen. Dazu gehört Transparenz über die Ziele und Motive des Unternehmens, aber auch der einzelnen Leute.

Es braucht den Respekt und den Anstand, die Schwächen anderer nicht auszunutzen. Und es braucht den Charakter, seine eigenen Schwächen zu offenbaren.

Und an dieser Stelle liegen wir recht deutlich auseinander, nicht? Vielleicht sind Sie inhaltlich noch bei mir. Aber mit der tatsächlichen Zusammenarbeit in Unternehmen hat diese Beschreibung jetzt nicht mehr sehr viel zu tun, oder? Viele unserer Kunden können von einer solchen Zusammenarbeitskultur nur träumen.

Aber Träumen hilft nicht. Unternehmenskultur ist wie der Schatten des routinierten Verhaltens aller Mitarbeiter. Sie können die Kultur nicht direkt beeinflussen. Sie müssen das Verhalten und die Umgebung verändern. Dann können Sie die Kultur als Verhaltensänderung ernten. Und daran muss man auch ein bisschen glauben.

Wenn Sie keine Transparenz haben und jetzt welche schaffen – was wird dann passieren? Die Frage kann niemand beantworten. Sie ist einmalig für Ihre Organisation und hängt von vielen Faktoren ab. Es wird Menschen geben, die sich sofort im Sinne des Unternehmens daran machen, mit den zusätzlichen Informationen sinnvoll zu arbeiten. Und es wird welche geben, die versuchen, die Informationen für ihre persönlichen Zwecke zu nutzen, selbst aber nichts oder wenig zur Transparenz beitragen, um einen Wissensvorsprung zu erhalten. Ich bin nicht sicher, ob man Letzteres verhindern muss und welche Möglichkeiten Sie dahingehend haben. Diese Strategie wird sich ohnehin durch die weitere Schaffung von Transparenz als minderwertig erweisen!

Als wir diesen Wandel bei uns intern vollzogen haben, haben auch nicht alle "Hurra!" gerufen. Und auch wenn es nie so klar kommuniziert wurde, glaube ich, dass wir durchaus Kollegen verloren haben, die diese Art von Zusammenarbeit nicht als optimal (für sich) empfanden.

Um diesen Prozess hin zu mehr Transparenz und Zusammenarbeit und die Interaktion mit und durch die Menschen zu beschreiben, sollten wir uns eines Tages noch mal separat zusammensetzen. Jetzt sollte es uns genügen, noch darüber zu sprechen, dass Software selbst einen wesentlichen Beitrag leistet.

Wir haben schon erwähnt, dass zum Beispiel in Microsoft Office 365 oder in der Google G Suite neue Dokumente zunächst nicht für alle Mitarbeiter zugänglich und editierbar sind. Sie können versuchen, das einzustellen. In G Suite gelingt das aber nur bis zur Berechtigung

“Sehen und Auffinden”. Anders formuliert: Während in Confluence und auch in jeder anderen Wiki-Software in der Standardeinstellung jeder alles sehen und bearbeiten kann, bieten viele andere Systeme nicht mal die Option, das einzustellen, wenn man es möchte. Das ist nicht gerade förderlich, wenn Sie eine Zusammenarbeit auf Augenhöhe und autarke, starke Teams fördern wollen.

Wollen wir uns mal Beispiele ansehen, die zeigen, wie eine moderne Intranet-Software ganz konkret dazu beiträgt, Vertrauen, Transparenz und bessere Zusammenarbeit in die Teams und ins Unternehmen zu bringen?

Link zum Teilen dieser Kapitel im öffentlichen Internet: https://seibert.biz/intranetbuchzusammenhalt

Jemand ändert etwas an meinem Dokument? Super!

Wie schon besprochen: Es wirkt unglaublich vertrauensbildend, wenn Sie in einem Wiki auf einmal merken, wie die eigenen Vorurteile im Hinblick auf Kontrollzwang und die Unfähigkeit anderer Leute wie ein Kartenhaus kollabieren.

Es hört sich ganz schön vermessen an, aber auch ich bin einst mit der Annahme gestartet, dass es anderen wahrscheinlich schwerfallen wird, ähnlich klar zu denken wie ich und meine inhaltlichen Anforderungen zu erfüllen. Ich fand es ratsam, eine gute Struktur vorzugeben, damit die Kollegen Leitplanken zur Orientierung haben. Heute ist mir das peinlich – und Sie werden vielleicht das Gefühl haben, dass man so etwas nicht laut aussprechen darf: "Ich hab's drauf und die anderen sind ein bisschen doof." Nein, das können Sie auch im traditionellen Konzern nicht laut sagen – höchstens im Scherz und im üblichen Businesskasper-Lästermodus.

Die Realität sieht jedoch so aus, dass diese Denke recht weit verbreitet ist. Es gibt eine Art toxisches Gemisch aus Einflüssen, das die Leute in den meisten Situationen davon abhält, ihre inhaltliche Arbeit frühzeitig zu teilen. Dazu gehört beispielsweise die Zuweisung des Erfolgs: Das ist mein Gedanke, mein Konzept, mein Erfolg, mein Werk. All das soll schließlich auch mir zugeschrieben werden. Wenn hier auf einmal in einem sehr frühen Stadium noch mehr Leute drin rumfuhrwerken, ändert sich die Situation für mich. Es sieht dann so aus, als müsse man meine Arbeit korrigieren, als würde ich das nicht alleine auf die Beine stellen können. Die persönliche Zuweisung des Erfolgs funktioniert plötzlich nicht mehr.

Vorurteile wie diese sind aus meiner Sicht komplett falsch, weitgehend aus der Luft gegriffen oder grundsätzlich fehlgeleitet. Auch auf die Gefahr hin, mich zu wiederholen, will ich das noch mal auflösen, denn für die Zusammenarbeit und die Transparenz im Unternehmen ist es wirklich eine entscheidende Grundlage, dass alle Mitarbeiter ihre Arbeitsergebnisse kontinuierlich, früh und ohne Ausnahmen im Intranet verfügbar machen.

Im Hinblick auf den Kompetenzzweifel, der in diesem Zusammenhang wohl am weitesten verbreitet sein dürfte, reicht meiner Erfahrung nach ein einfaches Experiment bereits zur Läuterung aus. Wenn Sie glauben, dass die anderen alle doof sind, lassen Sie es doch einfach mal darauf ankommen: Machen Sie Ihr Konzept in einer frühen Phase öffentlich und schauen Sie, was passiert. Sie werden staunen, wie produktiv sich viele Leute damit auseinandersetzen! Gewiss, es wird passieren, dass Sie Kommentare finden, die Sie für wenig durchdacht halten. Aber in der Regel merken Sie dann auch, wo Ihr Konzept noch schwach ist und nicht überzeugt.

Es ist wahrlich eine augenöffnende Erfahrung zu sehen, was für coole Vorschläge und Ergänzungen von den Kollegen kommen – und zwar mitunter von Menschen, mit denen Sie gar nicht gerechnet hatten.

Früher habe ich oft argwöhnisch geschaut, wenn Leute davon gesprochen haben, wie Vielfalt und Diversität das Arbeitsleben bereichern können. Da denkt doch der klassische Manager vom alten Schlag: "Ach was, die Weicheier brauchen wir nicht, nur die Workaholics, die die Aufträge an Land ziehen und richtig was wegschaffen." So wird in Unternehmen auch im 21. Jahrhundert noch gesprochen. Aber wenn Sie mal mit 30 Leuten an einem Wiki-Dokument gearbeitet haben, wissen Sie, was es heißt, ein Konzept von allen Seiten zu beleuchten. Das mag nicht immer angenehm sein. Und manchmal ist es auch einfach gar nicht gewünscht, erforderlich oder hilfreich. Und ich will Ihnen die Sache auch nicht so verkaufen, als bräuchten Sie nur ein Wiki-Dokument zu erstellen und schon kämen zig Kollegen an, um Änderungen anzubieten. Die

Aktivität und Aufmerksamkeit müssen Sie sich ganz konventionell verdienen.

Was in einem Intranet-Wiki allerdings wirklich gut funktioniert, ist das Entdecken: Jemand sieht, was Sie gerade erstellt haben, interessiert sich für das Thema und korrigiert dann einen Rechtschreibfehler oder hinterlässt einen Kommentar mit einer Idee.

Der Effekt, der mit dieser konstruktiven und unerwarteten Zusammenarbeit entsteht, ist großartig. Als Unternehmer fühle ich mich darin bestätigt, diesen Mitarbeiter eingestellt zu haben. Wo ich früher hier und da Zweifel hatte ("Kann der das?" oder "Ist die dazu in der Lage?"), habe ich heute so viele positive Kontakte mit unseren Kollegen, dass ein starkes Vertrauen und eine enge Verbindung gewachsen sind. Und das funktioniert deshalb so gut, weil alles digital ist. Es ist asynchron.

Sie lesen dann im Intranet, wenn Sie Zeit dafür haben. Sie müssen nicht auf die seltenen Momente der synchronen Kommunikation zurückgreifen. Und auch hier brauchen wir uns ja nichts vorzumachen: Wenn Sie eine Führungskraft in einem großen Konzern sind, wird Ihnen ständig auf die eine oder andere Art Businesstheater vorgespielt. Jedenfalls mehr als mir in unserer Firma mit 180 Leuten.

Als weiteres Vorurteil hatte ich die Zuweisung des Erfolgs genannt: Ich will nicht, dass sich die Kollegen früh beteiligen, damit jeder sieht, wie gut meine Arbeit ist. Der Hintergedanke: Wenn andere sich frühzeitig in mein Konzept einklinken, bringt dies womöglich keinen großen qualitativen Zugewinn, aber bei der Bewertung des Konzepts könnten diese Leute möglicherweise auch den Erfolg und die Qualität zugewiesen bekommen.

Grundsätzlich halte ich dieses Argument für nicht vollkommen aus der Luft gegriffen. Wenn ich mich für die eine oder die andere Seite entscheiden müsste, würde ich vermutlich sogar sagen: Das stimmt. Relevant ist es aber nicht.

Die Zuweisung von Erfolg an Einzelpersonen ist Unsinn. Erfolg gibt es in unserer Unternehmenswelt nur im Team.

Einzelerfolge hat es vielleicht vor 100 Jahren im Handwerk gegeben: Jemand akquiriert, führt aus und nimmt auch noch die erforderlichen Nachbesserungen selbst vor. Heute gibt es so etwas nur noch in sehr einfachen und schlecht bezahlten Berufen. Jeder von uns arbeitet auf die eine oder andere Art in einem Team. Und die Wertschöpfung, die in unseren Teams erbracht wird, ist höchstwahrscheinlich eine ziemlich komplexe Angelegenheit, die sich nicht simpel messen lässt.

Und obwohl in modernen Unternehmen der Großteil der Wertschöpfung komplex und nicht direkt beim einzelnen Mitarbeiter messbar ist, gibt es immer noch individuelle Zielvereinbarungen und persönliche Erfolgszuweisungen. Die sind oft sogar an die Vergütung geknüpft und sorgen dafür, dass Menschen sich wie Affen verhalten. Sie werden darauf getrimmt, sinnlose Ziele zu erreichen. Klar, aus dieser Denke heraus ist es verständlich, dass der Erfolg ihnen gehören soll. Wenn sie schon nicht alle ihre Ziele erreichen, müssen sie zumindest so viele Erfolge wie möglich auf ihrer Habenseite verbuchen können, damit sie bei der nächsten Gehaltsrunde gut dastehen. Das ist gut für ihr Girokonto, bringt aber wenig für das Unternehmen und für den Kunden.

Die Idee der individuellen Ziele und der gehaltrelevanten Zielvereinbarungen ist wissenschaftlich zigfach seriös widerlegt.

Auch wenn in Ihrem Unternehmen eine Kultur der individuellen Erfolgszuweisung mit gehaltsrelevanten Zielvereinbarungen herrscht und auch wenn Sie selbst gar nichts daran ändern können, rate ich Ihnen, Ihren Teams und Ihren Intranet-Mitstreitern dazu, gemeinsam an Erfolgen zu arbeiten. Die Qualität steigt durch diese Art der Zusammenarbeit so massiv, dass selbst eine geteilte Erfolgszuweisung immer noch für alle besser ist als die Einzelerfolge, die sonst möglich sind. Und selbst wenn Sie (was sehr unwahrscheinlich ist) die einzige Person sind, die in Ihrem Team was drauf hat, wird sich mit zunehmender Rate und Häufung der Erfolge auf ganz natürliche Weise das Gefühl einstellen: Wenn die beteiligt ist, dann wird's was! Man wird Ihnen und Ihrem Team die schweren Aufgaben geben. Man wird Sie immer wieder auf dem Treppchen des Erfolgs antreffen. Und das entfaltet selbst dann Wirkung, wenn noch andere mit Ihnen auf dem Treppchen stehen dürfen. Ich kann nur dazu raten, das mal auszuprobieren. Das Schlimmste, was passieren könnte, ist, dass der Erfolg, den Sie mitverursachen, die ganze Zeit den anderen zugeschrieben wird. Darauf können Sie auch reagieren und die Sache entweder wieder einstellen oder gegebenenfalls probieren, wie es in anderen Teams läuft.

Das Risiko ist so oder so ziemlich gering. Es sind die kumulativen Erfolge und Entwicklungen, die über einen langen Zeitraum hinweg den überwältigenden Erfolg aufbauen. Es interessiert niemanden, ob Sie nach unserem Gespräch aus Versehen in ein paar Fettnäpfchen treten. Das Risiko ist gering. Der Ertrag einer besseren Zusammenarbeit ist enorm. Und die Erfolgsquote ist phänomenal. Es kommt mir ein bisschen so vor wie eine gute Gewohnheit, die man sich antrainieren will.

Theoretisch weiß jedes Teammitglied, dass mehr Transparenz und frühes Teilen von Inhalten für die Gesamtleistung des Teams positiv ist. Und im Unternehmen hören Sie auch jede Menge Lippenbekenntnisse dazu. Aber die eingetretenen Pfade zu verlassen und dafür zu sorgen, dass diese neue Art der Zusammenarbeit tatsächlich zum Leben erweckt wird, ist leichter gefordert als umgesetzt. Wir wissen, dass ein bisschen Gymnastik am Morgen hilfreich sein könnte. Und die sinnvolle Maximalmenge an Alkohol kennen wir eigentlich auch. Uns braucht auch keiner zu erklären, welche Mengen an Chips oder Schokolade zu viel sind. Und trotzdem handeln wir entgegen diesem Wissen oft nicht so, wie es eigentlich richtig wäre.

Die Unternehmenskultur Ihrer Organisation hilft Ihnen möglicherweise nicht dabei, gute Angewohnheiten wie Transparenz und bessere Zusammenarbeit in einem modernen Intranet zum Leben zu erwecken. Aber deshalb ist es noch lange nicht die richtige

Entscheidung, aus Gewohnheit das Falsche zu tun. Die Aufgabe ist einfach nur schwieriger als in anderen Unternehmen. Umso größer wird später die Zahl der Menschen sein, die sich denken: "Wie haben die das nur hingekriegt? Ich hätte nicht gedacht, dass so etwas bei uns überhaupt funktionieren kann!" Was in einem günstigeren Umfeld in einigen Wochen geschafft werden kann, dauert bei Ihnen vielleicht Monate oder sogar Jahre.

Was? So viel Ausdauer haben Sie nicht? Sie müssen schon zu den nächsten Quartalszahlen greifbare Ergebnisse vorweisen? Die ehrliche Antwort lautet, dass in großen Organisationen keine Wirksamkeit in solch kurzen Zyklen erreichbar ist. Aber wer solche Dinge verlangt, ist für gewöhnlich auch mit dem üblichen Businesstheater zufrieden. Und wie Sie Businesstheater im Intranet betreiben, können wir später noch einmal genauer betrachten (siehe "Erste Schritte und andere Fallstricke").

Eine nachhaltige Strategie wie die Etablierung eines modernen Intranets wird auch in einer Umgebung, die kurzfristig optimiert ist, langfristig erfolgreich sein und sich positiv für alle Beteiligten auszahlen. Lassen Sie sich nicht davon abschrecken, dass die größten Erfolge nicht sofort gefeiert werden können.

Kurzlink zu diesem Kapitel:
https://seibert.biz/intranetbuchdokument

Company-Happiness-Index als Stimmungsbarometer

In unserem Intranet sind noch weitere Elemente eingebaut, die Transparenz, Zusammenarbeit und Miteinander verbessern sollen. Dazu gehört eine anonyme Zufriedenheitsumfrage, an der alle Intranet-Nutzer teilnehmen können. Hier sollte ich erwähnen, dass in unserem Intranet wirklich nur Mitarbeiter aktiv sind. Für Externe betreiben wir ein separates System: das Extranet. Unser internes System ist durch eine Firewall nach außen geschützt.

Die Kollegen können in diesem System auf einer Skala von eins bis fünf ihre Zufriedenheit mit dem Team und mit dem Unternehmen darstellen. Darüber hinaus haben sie die Möglichkeit zu beschreiben, was die Stimmung negativ oder positiv beeinflusst hat. Hier ist ein Screenshot der Abstimmungsmaske:

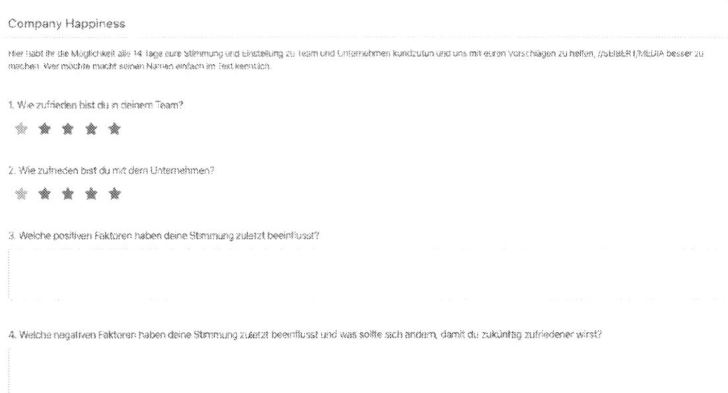

Damit ein Nutzer die Ergebnisse ansehen kann, muss er das Formular ausfüllen. Etwa ein Drittel unserer Leute beteiligt sich an dieser 14-tägigen Umfrage. Nach weiteren 14 Tagen verfällt die eigene Abstimmung wieder.

Die Ergebnisse sehen für unser Unternehmen so aus:

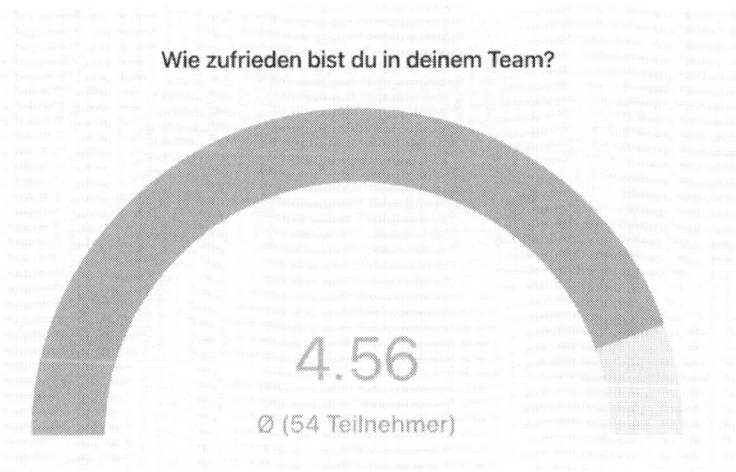

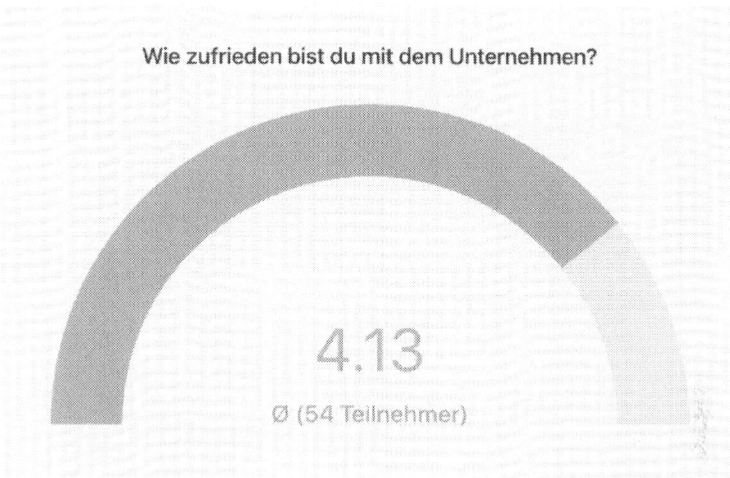
Wie zufrieden bist du mit dem Unternehmen?
4.13
Ø (54 Teilnehmer)

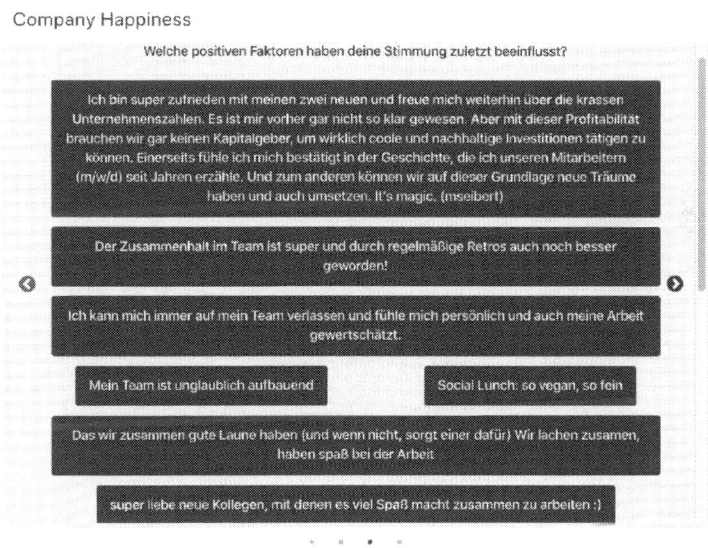
Company Happiness
Welche positiven Faktoren haben deine Stimmung zuletzt beeinflusst?
Ich bin super zufrieden mit meinen zwei neuen und freue mich weiterhin über die krassen Unternehmenszahlen. Es ist mir vorher gar nicht so klar gewesen. Aber mit dieser Profitabilität brauchen wir gar keinen Kapitalgeber, um wirklich coole und nachhaltige Investitionen tätigen zu können. Einerseits fühle ich mich bestätigt in der Geschichte, die ich unseren Mitarbeitern (m/w/d) seit Jahren erzähle. Und zum anderen können wir auf dieser Grundlage neue Träume haben und auch umsetzen. It's magic. (mseibert)
Der Zusammenhalt im Team ist super und durch regelmäßige Retros auch noch besser geworden!
Ich kann mich immer auf mein Team verlassen und fühle mich persönlich und auch meine Arbeit gewertschätzt.
Mein Team ist unglaublich aufbauend
Social Lunch: so vegan, so fein
Das wir zusammen gute Laune haben (und wenn nicht, sorgt einer dafür) Wir lachen zusamen, haben spaß bei der Arbeit
super liebe neue Kollegen, mit denen es viel Spaß macht zusammen zu arbeiten :)

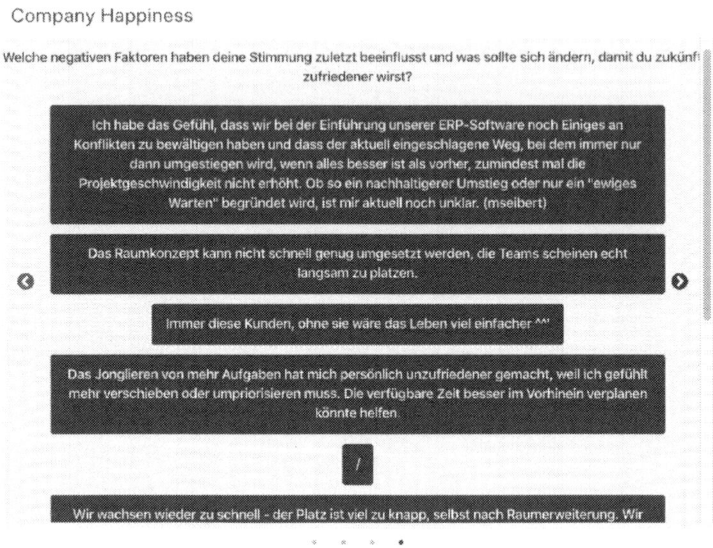

Für diese Momentaufnahmen gibt es auch eine Zeitreihenanalyse:

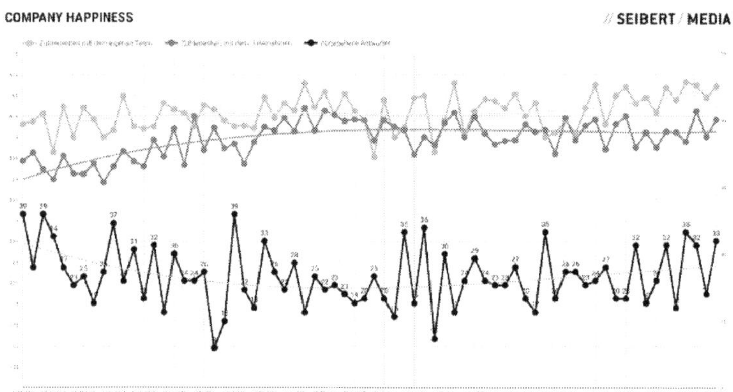

Anonyme Schmierfinken?

Ich habe eben kurz darüber nachgedacht, ob ich dieses Element wirklich mit Ihnen teilen sollte. Jedenfalls dürfen Sie es nicht als uneingeschränkte Empfehlung ansehen. Wir hatten gerade zu Beginn richtig große Herausforderungen mit diesem Format. Im Gedächtnis ist mir der Fall einer Kollegin geblieben, die gerade eine Führungsrolle übernommen hatte. Etwa eine Woche später schrieb jemand in der Umfrage anonym den Satz: "Abteilungs-PO (für Product Owner) ist eine Fehlbesetzung."

Diese und ein paar ähnlich gelagerte Rückmeldungen zu anderen Themen ermöglichen aufgrund der Anonymität gar keine Diskussion. Und das hat dazu geführt, dass ich dieses Werkzeug anfangs stark abgelehnt habe. Ich dachte mir: Wer zu seiner Meinung nicht persönlich und mit seinem Namen stehen kann, hat keine relevante Meinung. Es hat sich manchmal so angefühlt, als würden wir als Organisation die hässlichen Graffitis nächtlicher Trunkenbolde wegputzen. Keine schöne Aufgabe. Und da gerät man durchaus in die Versuchung, diese Plattform beziehungsweise die verursachende Anonymität einfach abzuschaffen.

Diese Zufriedenheitsumfrage sorgt bei uns bis heute für Diskussionen. Und auch wenn ich vereinzelte anonyme Zwischenrufe mittlerweile ganz gut aushalten kann und sie durch die Veränderung der Fragestellung zudem noch seltener geworden sind, ist die Anonymität immer wieder ein Grund für Kopfschütteln und Frust.

Eine häufige Frage lautet zum Beispiel: Warum binden wir uns das ans Bein, wenn wir doch genauso gut einfach die Anonymität auflösen könnten? Ich spreche dieses Werkzeug hier an, weil ich vermute, dass Sie sich in Ihrer Organisation eher früher als später ähnlich gelagerten Fragen zu anderen Themen gegenüber sehen werden: Warum sollten wir im Intranet ein Wiki einführen und uns die Last aufbürden, diese neue Form der Zusammenarbeit zu etablieren, wenn wir die Aufgabe doch auch ganz einfach mit einer Mobile App und schönen News der Geschäftsführung abfrühstücken könnten? Wer macht sich freiwillig zusätzliche Arbeit und Stress?

Grundsätzlich bin ich ein Freund iterativer Vorgehensweisen und kleiner Aufgaben. Es spricht gar nichts dagegen, erst mal nur mit den News und der App zu starten und die höheren und eher transzendenten Formen der Zusammenarbeit, die wirklich das Miteinander und die Transparenz im Unternehmen ändern, später anzugehen. Das halte ich sogar für richtig. Viele unserer Kunden machen das so. Sie sollten halt nur darauf achten, dass ein System nicht am Ende der Fahnenstange angekommen ist, wenn Sie diese kleinen und einfachen Schritte abgewickelt haben.

Für uns als Unternehmen ist diese anonyme Umfrage zur Mitarbeiterzufriedenheit vermutlich genau die richtige Herausforderung gewesen. Intern sprechen wir von Ambiguitätstoleranz, wenn es darum geht, offensichtliche Widersprüche tolerant auszuhalten. Einfach ist das nicht. Da schreibt jemand etwas, was aus meiner Sicht eine Kombination aus frech, falsch und schädlich ist. Und als Unternehmen propagieren wir diese Meinung auch noch, indem wir sie prominent auf der Intranet-Startseite anzeigen. Das ist doch verrückt, oder? So etwas würde keiner unserer Kunden jemals zulassen.

Und doch hat es viele positive Effekte. Ich kann mir täglich darüber Gedanken machen, was denjenigen dazu bewegt hat, solche Dinge zu schreiben. Das macht mir keinen Spaß. Und ich ertappe mich oft dabei, genau diese Aktivität als Zeitverschwendung anzusehen. In gefühlt 80 Prozent der Fälle verstehe ich aber nach ein paar Tagen, wie der Kommentar vermutlich zustande gekommen ist. Ich verstehe dann auch, dass die vermeintliche Schmiererei aus Sicht des Verfassers ein mehr oder weniger konstruktiver Versuch ist, eine Veränderung anzuregen. Natürlich würde die Person das so nicht machen, wenn ihr Name darunter stünde und sichtbar wäre.

Doch darin steckt auch der Wert der Sache: Wir bekommen Feedback, das wir unter anderen Umständen nicht erhalten würden, und können damit arbeiten.

Wie gesagt: Wer kein Feedback hören will oder bei wem eh klar ist, was die aktuellen Herausforderungen und Themen sind, wird so ein Instrument nicht anleiern wollen.

Unsere anonyme Zufriedenheitsumfrage hat mir viel Ambiguitätstoleranz beigebracht. Ich kann jetzt viel besser als früher Dinge einfach mal im Raum stehen lassen. Ich muss nicht immer sofort rufen: "Halt! Das ist falsch! Das kann man so nicht sehen!" Und in der Regel sind es ja Meinungen, die geäußert werden. Die sind immer wahr. Vielleicht sind sie manchmal boshaft motiviert.

Vielleicht sind sie unvollständig oder unlogisch. Sie könnten auch ungünstig oder bewusst provokativ formuliert sein.

Aber als Organisation und auch als Person an sich die Offenheit zu haben, das auszuhalten, ist aus meiner Sicht gesund und stärkt die Resilienz. Man muss nicht jedem Trend hinterherlaufen und man kann auch einem Schlamassel mit einer gewissen Verwundbarkeit begegnen, ohne als Verlierer vom Platz zu gehen.

Ja, ich räume es freimütig ein: So eine Umfrage ist etwas grenzwertig. Und auch wir befinden uns noch in der Experimentierphase. Es ist ein bisschen so wie mit der Milchglasfolie. Die Dinge entwickeln sich anders als man denkt. Es mag Ihnen einen Eindruck vermitteln, wie wir bei uns Experimente gestalten. Und das Risiko ist nun wirklich nicht besonders hoch. Irgendwer kotzt sich aus und es steht ein paar Tage im Intranet, wo andere es lesen können. Meine Güte!

Wir haben inzwischen übrigens durchaus eine Art Zensur eingefügt. Sämtliche Einträge werden automatisch bei unseren Agile Coaches vorbeigeschickt, die Beiträge per Klick aus der Zufriedenheitsumfrage entfernen können. Das soll aber nur geschehen, wenn es persönliche Angriffe sind. In den letzten zwölf Monaten war das kein einziges Mal der Fall. Vielleicht sind wir besonders. Ich vermute allerdings eher nicht. Stattdessen fehlt es in Ihrer Organisation möglicherweise eher an festem Glauben in die Menschen, die dort arbeiten.

Ich bin mir sicher, dass Sie in Ihrem Unternehmen auch von Experimenten profitieren können. Starten Sie nicht mit dem gerade beschriebenen. Aber wenn Sie schon weiter sind und finden, dass Ihnen in Sachen Agilität nicht mehr viele was vormachen können, dann probieren Sie's doch mal aus. Wie auch immer: Sie werden eine Menge lernen.

Link zum Teilen dieser Kapitel im öffentlichen Internet:
https://seibert.biz/intranetbuchcompanyhappiness

Inner Loop, Outer Loop, Extranet

Wie kontaktiert man die verschiedenen Zielgruppen und Ansprechpartner innerhalb und außerhalb des Intranets? Das Extranet als wirkungsvolle Ergänzung des Intranets

Sie werden es vielleicht nicht glauben, aber ich habe von diesem wirklich eingängigen und überzeugenden Konzept zuerst bei Microsoft gelesen (siehe auch https://seibert.biz/microsoftinnerouterloop). Der Hersteller hat Kunden gegenüber ähnliche Erklärungsnöte wie wir bei Linchpin. Sie entstehen aus einem tatsächlichen Bedarf, den das Konzept von Inner und Outer Loop wunderbar klar werden lässt.

Es gibt Ihre direkten Mitarbeiter, mit denen Sie täglich oder zumindest häufig zu tun haben. Sie müssen nicht unbedingt alle aus einer Abteilung kommen. Aber Sie arbeiten in Projekten und Taskforces oft zusammen. Es ist wichtig, dass Sie mit ihnen im engen Kontakt bleiben. Das ist fast wie bei einer Familie. Da sagen Sie Bescheid, wenn ein Kind krank ist und Sie ungeplant zu Hause bleiben müssen, oder wenn es bei einem Kunden oder in einem Meeting länger dauert. Das ist laut Microsoft Ihr "Inner Loop" (würde ich einfach mal inneren Kreis nennen). Für die Abstimmung mit diesen Personen brauchen Sie einen Gruppenchat. Für Microsoft ist das Microsoft Teams. Für uns ist es Google Hangouts Chat und für viele andere ist es Slack. Falls es für Sie immer noch WhatsApp in der Schatten-IT ist, wissen Sie ja inzwischen, warum das ein ernstes Problem ist, das sie angehen sollten.

Als “Outer Loop” (oder äußeren Kreis) bezeichnet Microsoft dann zum Beispiel die ganze Abteilung, die Geschäftseinheit oder sogar sämtliche Kollegen (je nach Unternehmensgröße). Diesen äußeren Kreis wollen Sie kontaktieren, um Erfolge (beispielsweise einen Großauftrag) zu feiern. Aber auch wenn Sie neue Gedanken für ein Konzept oder eine Idee benötigen, ist es hilfreich, mal in den großen Raum zu rufen. Für den Outer Loop nutzt Microsoft Yammer, wir haben Microblogging in unserer Linchpin-Lösung.

In Microsofts Modell kommt schließlich noch Outlook als Synonym für die E-Mail zum Einsatz. Das würde ich durch das Extranet ersetzen wollen, denn die E-Mail ist so omnipräsent, aber gleichzeitig so schwach, dass sie als Konzept nicht auftauchen sollte (siehe “E-Mail-Chaos – omnipräsent, vieldiskutiert, ungelöst”). Sie wird eh schon von allen für alle möglichen und unmöglichen Zwecke missbraucht. Wir können mit gutem Gewissen sagen, dass all das, was besser außerhalb der E-Mail abgebildet werden kann, auch dort abgebildet werden sollte.

Wichtig ist allerdings das Wort “besser”. Wenn etwas an anderer Stelle mit einer anderen Technologie nicht besser abgebildet wird, setzt sich die E-Mail aufgrund Ihrer Vormachtstellung eh durch. Die E-Mail braucht keinem erklärt zu werden und niemand muss sie in irgendeinem Konzept verorten. Sie ist eingewoben in unsere täglichen Abläufe und klebt an ihnen. Wir sind auf der Suche nach der Magie, die dabei hilft, sich von ihr zu lösen und den Anwendungsfall dauerhaft anderswo besser abzubilden.

Warum Microsoft auf die Mail setzt, ist einfach erklärt. Sie haben das Problem, dass die Kunden nicht verstehen, warum es Outlook, Yammer und Microsoft Teams gibt. Und die Frage ist auch nicht aus der Luft gegriffen, da die Produkte im Hinblick auf ihre Nutzungsszenarien diverse Überlappungen aufweisen.

Im konzeptionellen Ansatz passt Extranet statt Outlook meines Erachtens besser. Zwar können Sie per E-Mail wirklich jeden erreichen – und erschreckenderweise gehören hier inzwischen teilweise auch Maschinen und Bots dazu. Aber in unserem Kontext der regelmäßigen Zusammenarbeit interessieren uns die paar Mails mit Fremden wenig. Sie verursachen nicht viel Zeitaufwand. Die paar Mails lenken die meisten Kollegen nicht oft und lange ab.

Die Kommunikation mit den Kunden hingegen nimmt zu Recht viel Raum ein. Und das sollte ein virtueller Raum sein, den Ihre Organisation für Kunden bereitstellt. Ein solches Extranet ist quasi ein Intranet für Sie und Ihre Kunden, Lieferanten, Partner, Interessenten, Bewerber.

Ein Extranet für Kunden, Partner und Lieferanten

Mir ist nicht ganz klar, ob das Thema Extranet für unsere Kunden zum Themenkomplex Intranet gehört oder nicht. Für viele ist es etwas anderes, weil ein Extranet in der Regel aus der Kundenbetreuung und dem Vertrieb heraus gesteuert wird, während das Intranet zumeist bei Unternehmenskommunikation, Personal oder Marketing daheim ist. Die technologischen

Anforderungen sind aber ähnlich, und es gelten auch ganz ähnliche Voraussetzungen und Argumente.

Die Einführung eines Intranets ist zumeist eine Maßnahme, die auf ein Problem im Hinblick auf Zusammenarbeit, Information, Abstimmung, Transparenz und/oder Auffindbarkeit zurückgeht. Die Einführung eines Extranets dagegen fußt häufig auf dem Wunsch, bestimmte Potenziale zu nutzen.
Es ist ziemlich ernüchternd, dass Probleme tendenziell so viel Aufmerksamkeit erhalten und Potenziale so wenig. Dabei sind der Nutzen und die Wirksamkeit eines Extranets noch viel schneller und einfacher herzustellen als bei einem Intranet.

Natürlich braucht auch ein sehr gutes Extranet die Mitarbeit und aktive Beteiligung der Kunden. Aber durch Ihre eigene interne Arbeit können Sie dafür gute Voraussetzungen schaffen, indem Sie die relevanten Informationen für den Kunden abrufbar machen.

Und hier meine ich keine automatisierten Schnittstellen zu ERP- oder CRM-Systemen. Natürlich ist es toll, wenn der Kunde automatisch auf alle Angebote, Aufträge, Rechnungen und sonstigen Prozesse zugreifen kann. Aber schon ein zentraler Ort für die Kommunikation und die Dokumentation der Geschäftsbeziehung ist gerade mit Geschäftskunden (B2B) sehr wertvoll.

Oft findet die Kommunikation mit Kunden zwischen Personen statt: Ein Ansprechpartner des Kunden kommuniziert mit einem

Ansprechpartner in Ihrer Organisation, ein weiterer Ansprechpartner redet mit Ihrem Kollegen und so weiter. Und so entstehen viele Eins-zu-eins-Kommunikationsbeziehungen. Der gängige Versuch, das Ganze für alle Beteiligten transparenter zu gestalten, besteht darin, alle möglichen Kollegen in Kopie zu setzen. Und so mutieren zur Abstimmung gedachte E-Mails zu Massenverteilern mit einem wahren Informationsoverkill.

Was interessiert es Sie, was Ihre beiden Kollegen gerade mit dem Kunden machen? Das geht Sie doch erst etwas an, wenn Sie sie wegen Urlaub oder Krankheit vertreten müssen und auf die Infos angewiesen sind. Aber in jenem Moment, in dem die Mail bei Ihnen ankommt, sind diese Informationen sinnlos, denn es entsteht keine Aktion. Die implizite Erwartung ist, dass Sie den gesamten Kommunikationsstrang mitlesen und dann gut informiert sind, falls diese Dinge für Sie doch irgendwann mal relevant werden sollten. Das ist nichts anderes als die moderne Verschwendung von Aufmerksamkeit und Schaffenskraft in Unternehmen.

Ein Extranet bietet einen Raum, in dem Sie diese Kommunikation zum Beispiel in Form von Microposts im Microblog abbilden können. Wer interessiert ist, folgt – und alle anderen werden nicht mit Push-Nachrichten behelligt. Wenn Sie dann doch mal in die Verlegenheit kommen, sich über den aktuellen Stand in einem Projekt oder bezüglich der Kommunikation mit einem Kunden informieren zu müssen, können Sie das bequem in dessen Extranet-Bereich tun.

Aber ein gutes Extranet kann noch viel mehr leisten, als die Kommunikation an einer zentralen Stelle zu sammeln und für alle verfügbar zu machen. Lassen Sie uns mal einen Blick in die häufigsten Anwendungsfälle werfen, die wir mit unseren Kunden abbilden.

Natürlich nutzen wir regelmäßig Seiten mit Dateianhängen. Dabei handelt es sich unter anderem um Angebote, Aufträge und Rechnungen. Das kann unser ERP-System bisher noch nicht leisten, weshalb wir den einfachen Weg gehen und die Infos manuell bereitstellen. Den Service erhalten nur die Kunden, denen das wichtig ist und die wir so intensiv betreuen, dass sich das auch lohnt. Solche Kunden erhalten oft auch Budgetübersichten, Ausblicke für das nächste Jahresbudget und Rückblicke in die Vergangenheit, um selbst besser planen zu können.

Mit vielen Kunden tauschen wir über das Extranet Konzepte aus. Wir erarbeiten ein paar Ideen auf einer Wiki-Seite und teilen diese mit den Ansprechpartnern, die wiederum selbst Änderungen vornehmen, bis das Konzept einen Reifegrad hat, den wir gemeinsam für entscheidungsfähig halten. Das ist eine sehr gute Form der Zusammenarbeit, weil jeder im Team jederzeit Zugriff auf diese Inhalte hat und die Beobachtungsoption der Wiki-Seiten auch Stakeholdern und nicht direkt involvierten Projektteilnehmern die Möglichkeit eröffnet, sich bei Bedarf schnell informieren zu können. Die Arbeit an Konzepten mit Texten und Diagrammen ist eine der zentralen Tätigkeiten, die wir mit Kunden gemeinsam durchführen.

Wir nutzen das Extranet auch mit Microblog-Timelines, um das Projektstadium und kurzfristige Entwicklungen schnell und unkompliziert festhalten zu können.

Link zum Teilen dieser Kapitel im öffentlichen Internet: https://seibert.biz/intranetbuchextranet

Kundenbindung der angenehmen Art

Im Extranet betreiben wir darüber hinaus eine Art Top-down-Kommunikation für unsere Kunden und Partner. Dort kündigen wir Events an, verbreiten Nachrichten und hinterlegen Informationen, die für alle Kunden interessant und relevant sind. In diesen mit allen Kunden gemeinsam geteilten Bereichen können die Ansprechpartner auch untereinander in Kontakt kommen und sich innerhalb und außerhalb der Plattform austauschen. Falls Sie aber – aus welchen Gründen auch immer – einen direkten Austausch zwischen Ihren Kunden und Partnern nicht wünschen, gibt es technische Möglichkeiten, das zu unterbinden.

Noch wichtiger als die einzelnen Anwendungsfälle an sich ist mir die Tatsache, dass wir unseren Kunden eine Art Heimathafen und erste Anlaufstelle bezüglich unserer Zusammenarbeit anbieten: Lieber Kunde, hier findest du sämtliche Informationen, die zu unseren Projekten gehören.

An der einen oder anderen Stelle mag es aufwendig sein, die zahlreichen Infos zu pflegen. Und als wir damals angefangen haben, das Extranet zu entwickeln, hat es fast eine Stunde gedauert, einen

Bereich für einen Kunden überhaupt erst vorzubereiten, ehe die Kollegen dann anfangen konnten, die relevanten Infos einzustellen. Heute ist das dank der Space-Privacy-Erweiterung und des Blueprint Creators in Confluence eine Sache von Sekunden. Und es besteht auch keine Gefahr mehr, irgendwelche Fehler zu machen, die dazu führen, dass versehentlich ein Kunde einen anderen Kunden (via Profil) sehen oder sogar auf geschützte Inhalte zugreifen kann.

So eine Heimat für die Zusammenarbeit hat auch den Vorteil eines Bindungseffekts. Die meisten unserer Konkurrenten bieten eine solche Anlaufstelle nicht. Das bedeutet auch, dass ein Kunde, der nicht mehr mit uns, sondern mit einem Marktbegleiter arbeitet, auf diesen Service und die damit verbundene zentrale Verfügbarkeit sämtlicher Informationen verzichten muss.

Jede Investition, die ich in einem Kundenbereich tätige, fühlt sich für mich doppelt gut an. Einerseits ist es natürlich ein Dienst am Kunden, der ihm hoffentlich positiv auffällt. Andererseits ist es eine langfristige Investition in die Kundenbindung.

Und dieser Aspekt motiviert mich besonders, weil daraus bei einer intensiven und längeren Zusammenarbeit ein fast unfairer Wettbewerbsvorteil erwächst. Wir haben schon Kunden gesehen, die uns gebeten haben, den gemeinsamen Extranet-Bereich zu exportieren, damit sie ihn an anderer Stelle importieren können. Ein anderer Kunde hat das Extranet-Konzept selbst umgesetzt und uns dann als Lieferant in diesem System arbeiten lassen, um dem Lock-in-Effekt zu entgehen.

Es ist mir an dieser Stelle wichtig, die positive Seite der Kundenbindung noch einmal zu unterstreichen. Ein Lebenspartner kennt Sie irgendwann so gut, dass er Ihre Präferenzen ohne Ihre Anwesenheit vertreten kann. Genauso ist es mit einem Dienstleister.

Ein gemeinsamer Extranet-Bereich mit einer Wissenssammlung ist nur ein Abbild dieser Bindung. Die Bindung besteht so oder so – zum Vorteil beider Seiten. Das ist allen bewusst. Doch durch ein Extranet wird die Wirkung ein bisschen verstärkt. Und das ist sehr wertvoll – gerade bei Kunden, für die man nicht nur eine Extrameile, sondern auch einen Extramarathon laufen würde.

Lassen Sie sich das mal durch den Kopf gehen. Meistens steht das Thema Extranet nicht direkt auf dem Zettel des Intranet-Teams. Das ist schade, weil so ein Projekt viel bringt, aber in der Regel nicht so stark umkämpft und daher relativ leicht zu besetzen ist. Das ist taktisch im Hinblick auf die Wichtigkeit der Projektgruppe vielleicht gar nicht so schlecht.

Zusammenarbeit im Kontext der Arbeitsergebnisse

Wenn wir über digitale Kollaboration reden, müssen wir auch über die Arbeit mit Dateien, über Korrekturschleifen, über Abstimmungen und über die Kommunikation rund um Änderungen sprechen. Das passt ganz prima zu den Diagrammen, über die wir vorhin schon diskutiert haben, weil auch hier oft visuell gearbeitet wird (siehe "Organigramme und Diagramme erstellen und teilen").

Aber lassen Sie sich von mir erst mal auf eine Baustelle entführen. Es ist staubig und dreckig. Wir stehen mitten in einem Rohbau und fragen uns, ob wir nicht auch so eine Feinstaubmaske haben sollten wie der Arbeiter mit seinem Bohrhammer dort hinten. Was hat der Bauleiter gerade gesagt? Es ist einfach zu laut hier, um sich zivilisiert zu unterhalten.

Aber was wollen wir hier eigentlich? Warum tut sich die ganze Gruppe an Schlipsträgern das hier an? Letztendlich geht es um Entscheidungen, die hohe Kosten nach sich ziehen können. Es geht um Kontext. Wer vor Ort ein Problem begutachtet, versteht es besser. Das wissen wir intuitiv. Und das stellt hier trotz Lautstärke und Staub und Kälte keiner infrage. Wir zerstören mit den obligatorischen Bauhelmen geflissentlich unsere Frisur und dennoch hat noch nie jemand so etwas im Büro besprechen wollen. Denn hier kommen alle Probleme physisch zusammen. Hier können wir eine schräge Mauer und ein Bauteil, das nicht passt, direkt ansehen. Hier sehen wir es, wenn jemand gepfuscht hat. Und selbst wenn wir am Reißbrett fehlerhaft geplant haben, fällt das dem Bauleiter spätestens bei oder kurz vor der Umsetzung auf. Und dann bilden wir mal wieder so eine Elefantenrunde und besprechen das Problem vor Ort.

Der Hintergrund ist so klar wie einfach: Hier kommt alles zusammen. Die Handwerker sind da. Hier wird gearbeitet. Hier entsteht die Wahrheit. Hier werden Workarounds implementiert. Kein Mensch schickt auf eine Baustelle Briefe mit langen schriftlichen Anweisungen, was gemacht werden muss. Das würde sich der Handwerker vermutlich nicht mal ansatzweise durchlesen.

Und damit kehren wir an unseren Computer-Arbeitsplatz zurück. Da arbeiten wir leider tagtäglich so. Wir beschreiben Änderungen an Dokumenten, Entwürfen, Design-Vorschlägen, Software-Prototypen, Websites und Marketingkampagnen in Textform und schicken die Wünsche per Mail an unsere Kollegen. Das ist so üblich wie blöd. Eigentlich stimmt daran gar nichts. Alles daran ist falsch. Aber der Reihe nach.

Der Grund für die E-Mails ist schlicht Alternativlosigkeit. Wir wissen gar nicht, wie wir es anders machen sollten. Oder nein, ganz so ist es ja nicht: Wir wissen natürlich schon, dass zum Beispiel persönliche Treffen, Videotelefonate mit geteiltem Bildschirm oder auch einfach nur Telefonate besser funktionieren als diese E-Mail-Beschreibungen. Aber Zeit für diese synchrone Kommunikation ist rar. Wovon wir dagegen viel haben, ist asynchrone Zeit zur Kooperation. Doch genau dafür fehlen in den Unternehmen flächendeckend die passenden Werkzeuge. Genau hier kann ein gutes Intranet ansetzen.

Ein modernes Intranet kann Dateien aller Art beherbergen und die Zusammenarbeit in Form von Diskussionen im direkten Kontext dieser Dateien ermöglichen. Das bedeutet, dass Sie etwa eine Powerpoint-Präsentation ins Intranet hochladen, wo diese als Vorschau dargestellt wird. Nicht falsch verstehen: Sie laden nicht etwa die Datei wieder herunter und öffnen sie mit dem auf dem Computer installierten Programm, sondern sie wird auf der

Weboberfläche direkt angezeigt. Ein großer Vorteil besteht darin, dass Ihre Kollegen diese Desktop-Software gar nicht selbst installiert haben müssen. Und der für unseren Zusammenhang entscheidende Vorzug ist, dass Sie und Ihre Mitarbeiter auf dieser Webvorschau punktgenau im Kontext Notizen sowie Erwähnungen hinterlegen können: "@Karl: Das ist doch veraltet. Wir müssten doch von XYZ sprechen, oder?"

Dieser eine Satz reicht aus. Und hier hat ein modernes Intranet-System der klassischen E-Mail viel voraus. Denn in der Mail müssten Sie das wohl in etwa so machen:

Betreff: Deine Präsentation für den Kunden UUU

Hallo Karl,

ich habe mir deine Präsentation dateiname.ppt angesehen (siehe Anhang). Auf Folie 34 sprichst du in der dritten Zeile von ABC. Aber das ist doch veraltet. Da müßtest du von XYZ sprechen, oder?

Schau doch mal in die Datei und melde dich bei mir, wenn du nicht weißt, was ich meine.

Viele Grüße

In der Intranet-Version können Sie sich die ganzen Kontextinformationen sparen, denn anhand der Markierung im System weiß Karl sofort, was Sache ist. Beugen Sie sich mal zu mir rüber, ich zeige Ihnen das auf meinem Rechner:

Beispiel eines Kommentars im Kontext einer Webvorschau

Anhand dieser Beispiele erkennen Sie, dass es viel weniger Worte (und natürlich auch weniger Zeit) braucht, um Änderungswünsche an Dingen wie einer Präsentation oder einem Layout-Vorschlag für eine Website zu kommunizieren. Aber die paar Sekunden Unterschied machen den Braten doch auch nicht fett, finden Sie? Eigentlich würde ich Ihnen zustimmen. Aber es sind ja nicht die 30 Sekunden Arbeit an sich. Der Tag Ihrer Mitarbeiter besteht ja nicht aus acht Stunden gleichmäßig verteilter Schaffenskraft. Per Mail dauert es nicht nur 30 bis 90 Sekunden länger, eine solche Änderung zu kommunizieren. Entscheidend ist, dass es deutlich mehr Aktivierungsenergie kostet, eine solche E-Mail mit all den Kontextinformationen zu schreiben. Gerade wenn Sie nicht nur eine, sondern viele solcher Änderungen haben, skaliert die Belastung stark. Die Folge ist in der Arbeitswirklichkeit oft, dass das Feedback unter den Tisch fällt. Es ist einfach zu aufwendig, diese Kleinigkeit zu melden.

Kennen Sie das nicht auch? Eine Kollegin meldet dem Team einen Fehler und Ihnen fällt auf, dass Sie genau diesen Fehler ebenfalls schon entdeckt, aber bisher noch nicht offiziell kommuniziert haben. Das ist wirklich kein schönes Gefühl. Sie wussten, dass das korrigiert werden muss. Und Sie haben nichts gesagt. Und Monate später meldet es ein frustrierter Kunde.

Ich will nicht verhehlen, dass auch ich immer noch solche Momente erlebe – trotz Intranet und Wiki und Dateivorschau und Inline-Anmerkungen. Das Feedbackgeben braucht eben weiterhin viel Energie. Und ich komme ja nicht zur Arbeit ins Büro, um Hinz und Kunz zu sagen, wie sie dieses und jenes verbessern können. Ich will selbst wirken und etwas schaffen. Das Feedback ist für mich persönlich oft so etwas wie ein Hindernis auf dem Weg zu einem produktiven Arbeitstag. Natürlich weiß ich, dass meine Rückmeldungen für viele Kollegen wertvoll sind. Ich habe viel Erfahrung und kann diese Erfahrung durch Rückmeldungen im Unternehmen teilen und meinen Wirkungskreis deutlich erweitern. Trotzdem suche ich diese Gelegenheiten nicht. Ich muss mir dafür extra Zeit nehmen.

Ist es bei Ihnen nicht auch so, dass Sie Fehler und Verbesserungsvorschläge oft in den unpassendsten Momenten bemerken? Sie wollen gerade etwas ganz anderes machen und stellen fest, dass hier etwas geändert werden müsste. Ich will Ihnen zeigen, dass Feedback mit Kontext viel schneller und einfacher von der Hand geht.

Es sollte so einfach wie möglich sein, Rückmeldungen zu geben. Das ist sicherlich auch eine Frage der Kultur. Wenn Feedback willkommen ist und Sie als Anwender auch mal einen Screenshot mit einer Anmerkung einfach in den Gruppenchat werfen dürfen, statt immer einen Vorgang in Jira oder eine strukturierte Rückmeldung geben zu müssen, steigt die Wahrscheinlichkeit, dass es viel Feedback geben wird.

Teams, die viel Feedback super finden (und eigentlich sollten das alle Teams im Unternehmen sein), teilen ihre Konzepte und Ideen schon früh und visuell. Dann erhalten sie direkt im Kontext an der exakten Stelle des Layouts oder der Vorlage ihre Rückmeldungen. Auf diese Weise generieren unsere Teams für das Konzept einer kleinen Website mit drei, vier Unterseiten gut und gerne 20 bis 40 Hinweise und Anmerkungen. Bemerkenswert sind dabei die Qualität des Feedbacks und die Varianz hinsichtlich der Feedback-Geber.

Wenn in unserem Intranet-Microblog jemand ruft, dass er zu einer Iteration gerne Rückmeldungen hätte, melden sich nicht nur diejenigen Leute, die viel mit Testing und Qualitätssicherung zu tun haben. Es melden sich alle, die gerade Zeit und Energie haben, um Feedback zu geben. Darunter sind Rechtschreib- und Formulierungsfüchse, Design-Profis, Technikspezialisten und Security-Analysten. Und die Rückmeldungen reichen dementsprechend von Rechtschreibfehlern über Design-Änderungswünsche, Vorschläge für bessere Ladezeiten oder SEO-Aspekte bis hin zu Ergebnissen aus Penetrationstests, die bei uns schon manche böse Sicherheitslücke früh aufgedeckt haben.

Ich bin sicher, dass wir nicht einen Bruchteil der Rückmeldungen erhalten würden, wenn die Kollegen nicht einfach direkt im Kontext der Ergebnisse markieren könnten, was anders gemacht werden sollte.

Die Zusammenarbeit im Kontext von Dokumenten und direkt an den visuellen Stellen, die es betrifft, ist eigentlich etwas, das man selbst tun und live erleben muss. Wenn Sie schon mal am Telefon mit einem Kollegen Layout-Änderungen besprochen haben, werden Sie wissen, dass das um ein Vielfaches lästiger und schwerfälliger ist, als im persönlichen Gespräch einfach auf die Stelle zu zeigen.

Oft geht es in der digitalen Welt darum, die persönliche Situation des Miteinanders und der Zusammenarbeit an einem Tisch oder in einem Raum nachzubilden. Und das gelingt für die Zusammenarbeit im Kontext schon ganz gut. – Falls Ihnen dieser Ansatz bislang gänzlich fremd ist, wäre es ein guter erster Schritt, sich das mal mit ein, zwei Kollegen in Google Docs oder Microsoft Word Online anzusehen.

Ein modernes Intranet muss Diskussionen im (visuellen) Kontext von Dateien und Konzepten unterstützen und ohne Hürden ermöglichen. Das ist eine Grundanforderung.

Kurzlink zu diesem Kapitel:
https://seibert.biz/intranetbuchkundenbindung

Erste Schritte und andere Fallstricke: Dos und Don’ts

Warum es kein Intranet im Alleingang gibt, wie Sie im Businesstheater erfolgreich mitspielen und worauf es wirklich ankommt, wenn Ihr Intranet erfolgreich werden soll.

“Die IT brauchen wir für dieses Projekt nicht!”, so klingt der Start des Intranet-Unterfangens, das mit großer Wahrscheinlichkeit in die Hose gehen wird. Und leider läuft es in ungefähr einem Drittel der Projekte exakt so ab.

Warum warten? Warum lange abstimmen? Wir nennen die Sache einfach “Mitarbeiter-App”, arbeiten mit einem Cloud-Provider, lassen unsere lahme IT außen vor und sind schon in wenigen Tagen oder Wochen mit einer coolen Lösung am Start!

Soweit die Idee und soweit umsetzbar. Und die Unternehmenskommunikation läuft los, lässt die IT die IT sein und setzt eine Cloud-Lösung auf, die genau darauf zugeschnitten ist, keine IT zu brauchen.

Aber Sie können es auch andersherum falsch machen. Das Intranet? Eine Software, die wir selbst betreiben und die uns gehört. Die ändern wir einfach! Nein, da brauchen wir keinen zu fragen. Machen statt reden!

Und schon ist ein neues System etabliert. Leider veröffentlicht darin niemand Nachrichten oder andere Inhalte. Es mag schick und mächtig sein. Aber ohne die Killer-Applikation schlechthin kann kein Intranet erfolgreich sein – nämlich gute Inhalte. Und auch wenn wir bei unseren Kunden gerne flachsen, dass die Antwort auf die Frage, was es heute zum Mittagessen gibt, die Killer-Applikation schlechthin sei, ist das nur eine plastische Umschreibung dafür, dass es um Inhalte geht.

Kein Intranet-Erfolg ohne IT und Unternehmenskommunikation

Es ist die grundlegende Aufgabe der Unternehmenskommunikation, die Geschäftsführung in der Kommunikation nach außen und innen zu unterstützen. In großen Firmen gibt es manchmal sogar die organisatorische Unterscheidung zwischen externer und interner Unternehmenskommunikation.

Wir haben an anderer Stelle schon darüber nachgedacht, warum es desaströs sein kann, den Betriebsrat nicht einzubeziehen (siehe "Vor dem Start – eine breite Unterstützung finden") . Hier ist es ganz ähnlich: Wenn Sie alle an einen Tisch holen, brauchen Sie sicherlich deutlich mehr Schleifen und Abstimmungsrunden, aber die Ergebnisse sprechen später für sich.

Eigentlich ist es egal, auf welche Weise der Alleingang gestartet wird. Wenn so etwas bei Ihnen passiert und Sie es partout nicht verhindern können, rate ich Ihnen dringend dazu, sich aus dem

Projekt herauszunehmen und andere Betätigungsfelder zu suchen. Sofern kein Wunder geschieht, kann es nur schiefgehen.

Irgendwann kommt nämlich der Zeitpunkt, an dem die Unternehmensrealität Sie einholt. Mit Ihrem Alleingang eines Cloud-Intranets irritieren Sie das Organisationssystem. Die Geschäftsführung ist von der lahmen IT genauso genervt wie Sie und gibt Ihnen grünes Licht für die schnelle Lösung. Sie schalten das neue System frei und tun das, was Sie am besten können: Sie füllen das System mit richtig coolen Inhalten. Was Sie da aus dem Karton geholt haben (Man nennt solche Systeme auch "out of the box intranets"; unsere Linchpin-Lösung gehört letztendlich ebenfalls in die Kategorie der "Zusammensteck-Intranets"), ist schon recht schick und sieht fertig aus. Super. Die Geschäftsführung ist zufrieden. Sie machen die Sache den Mitarbeitern zugänglich. Sie bekommen gute Rückmeldungen. Wer braucht schon die IT? Sie haben es doch gleich gewusst!

Und während Sie denken, Sie könnten sich langsam neuen Projekten und Aufgaben widmen, schleichen sich die ersten Probleme ein: Datenschutz, Rechtssicherheit, Revisionen, Audits, Offboarding, Single Sign-on, Profildaten, Systemabgleiche und Synchronisationen, Performance, Mobile-Device-Management. Und so weiter und so fort.

Aber der Reihe nach: Gehen wir mal davon aus, dass Ihre IT nicht nachtragend ist und Sie mit Ihrem Intranet einfach ignoriert. Denn wenn Sie in der IT einen politischen Agitator haben, kommen Sie gar nicht bis zur Liveschaltung. Das haben wir schon oft erlebt. Da wird Ihr Projekt kurz vor der Ziellinie einfach mit Totschlagargumenten einkassiert. Wie gesagt:

Wer ein Intranet alleine umsetzen will, scheitert früher oder später sowieso.

Das einzige Szenario, in dem eine solche Taktik funktionieren kann, besteht aus meiner Sicht darin, dass die IT später einbricht und sagt: "Na gut, ihr hattet recht. Wir machen es so, wie ihr das wollt. Dass ihr uns nicht einbezogen habt, nehmen wir hin (oder zumindest nicht übel), und arbeiten jetzt aktiv mit." Intern bezeichne ich das als Machiavelli-Taktik: Sie lavieren sich mit Macht durch die Iterationen und sind irgendwann so mächtig, dass Sie alle anderen Akteure einfach unterwerfen können. Das finden manche Leute attraktiv. Aber die Wahrscheinlichkeit ist gering, dass so etwas funktioniert. Und nachhaltig ist es nie. Sie schaffen sich dabei Feinde. Und die anderen helfen Ihnen nicht aus eigenem Antrieb. Die schauen lieber dabei zu, wie Sie mit 130 Sachen gegen einen Betonpfeiler donnern. Hoffentlich funktioniert der Airbag!

Aber wir wollen das Gute im Menschen sehen und politische Intrigen mal beiseitelassen. Wir gehen also davon aus, dass die anderen Akteure alles stoisch hinnehmen. Nun müssen Sie lediglich Anforderungen umsetzen. Es gibt ein paar klassische IT-Stolpersteine für die Unternehmenskommunikation.

Eigentlich hätte ich dem Datenschutz zugetraut, die Cloud als Gesamtkonzept zu verhindern. Doch inzwischen dürfte klar sein, dass die Tech-Konzerne, wie Amazon mit AWS, Microsoft mit

Azure und Office 365 und Google mit der Google Cloud, längst auf der Siegerstraße fahren und es nur noch eine Frage der Zeit ist, bis der überwiegende Teil der Unternehmen seine Server nicht mehr selbst betreibt. Doch ein Vorfall beim Helpdesk-Anbieter Zendesk war für mich symptomatisch dafür, dass Datenschutz in der Cloud schwierig sein kann. Die Erkenntnis: Es ist nie ausgeschlossen, dass fremde Personen unter gewissen Umständen auf Ihre Daten zugreifen. Dem Hersteller für Helpdesk-Systeme war klar, dass ein hervorragender Kundensupport für den Erfolg des Zendesk-Produkts und des Geschäftsmodells entscheidend ist. Also hatte der Anbieter kurzerhand all seinen Mitarbeitern die Möglichkeit eingeräumt, Sitzungen mit beliebigen Kundenkonten im System zu starten. Kurz gesagt: Jeder Zendesk-Support-Mitarbeiter konnte sich als beliebiger Agent oder Kunde in Ihr System einloggen. Das ist tatsächlich ziemlich hilfreich, weil es den Support beschleunigt. Probleme lassen sich so schneller und besser nachvollziehen und beheben. Leider widerspricht diese Praxis nicht nur der damals noch nicht gültigen DSGVO, sondern wohl sämtlichen Datenschutzstandards dieser Welt – sogar den amerikanischen.

Wenn Sie also ein Intranet von Dritten betreiben lassen, müssen Sie sicherstellen, dass Sie dabei nicht gegen geltendes Recht verstoßen.

Ganz konkret brauchen Sie eine rechtssichere Auftragsdatenverarbeitungsvereinbarung zwischen Ihrer Organisation und dem Anbieter, der Zugriff auf die Systeme hat. Wenn mehrere Unternehmen Zugriff haben, muss gewährleistet sein, dass alle beteiligten Organisationen sich der Vereinbarung unterwerfen. Darüber hinaus kommen gerade große Unternehmen oft auf uns zu und vereinbaren Audits, um sicherzustellen, dass nicht nur geduldiges Papier unterzeichnet wird, sondern die Vereinbarungen auch in der Praxis gelebt werden.

Neben Rechtssicherheit und Datenschutz hat die IT auch die Informationssicherheit im Fokus. Eine grundlegende Anforderung lautet, dass die Software so sicher ist, dass von außen nicht einfach Fremde einbrechen können. Das sagt sich leicht. Aber Sie müssen kein Liebhaber von Hackerfilmen sein, um zu wissen, dass es da draußen unzählige böswillige Akteure gibt, die versuchen, in Server und Software-Systeme einzudringen. Und das gelingt ihnen auch, obwohl es unerwünscht ist.

Für die IT ist es daher schon einmal sehr hilfreich, wenn eine Software hinter der Firewall in der eigenen Infrastruktur installiert werden kann. Dann ist es nämlich gar nicht so wichtig, wie sicher die installierte Software selbst ist. Schließlich wird sie nach außen zusätzlich durch eine vermeintlich sehr sichere Brandmauer geschützt. Aber eine Cloud-Software ist in der Regel im öffentlichen Internet erreichbar und damit viel größeren Gefahren ausgesetzt. Für die Unternehmenskommunikation ist eigentlich nur wichtig, dass das eigene Cloud-Intranet nicht gehackt wird. Aber woher sollen Sie wissen, ob es in Gefahr ist oder nicht? Ganz ausschließen kann das niemand.

Wenn Sie nun keine IT-Unterstützung haben, ist das ein Damoklesschwert, das über Ihrem Projekt, über Ihnen und letztlich auch über Ihrer Karriere hängt. Geht der Cloud-Dienst, den Sie eigenverantwortlich und ohne Integration der IT etabliert haben, in die Binsen, wird man Ihnen das nicht nur seitens der IT nachtragen und anlasten. Und dieses In-die-Binsen-Gehen umfasst nicht nur die finsteren Hackerszenarien, sondern auch Datenverluste (alles weg) oder Nichterreichbarkeiten (Server sind ständig oder sehr lange am Stück down oder sehr langsam).

Was eigentlich als großer Vorteil der Cloud gefeiert wird (alles sicher, alles schnell, alles unter Kontrolle – ganz ohne IT), wird schnell zum Bumerang, wenn es nicht mehr gilt. Zugegeben: Das Risiko ist nicht besonders hoch. Aber falls der Fall der Fälle eintritt, ist das wirklich problematisch und ärgerlich – und es fällt auf Sie und die Unternehmenskommunikation zurück.

Natürlich wird derselbe Cloud-Dienst nicht dadurch weniger anfällig, dass Sie die IT im Boot haben. Auch dann kann er gehackt werden oder längere Zeit ausfallen oder Daten verlieren oder ständig langsam sein. Aber wenn es passiert, sind zumindest unternehmenspolitisch alle fein raus. Die Unternehmenskommunikation zeigt auf die IT. Die IT wiederum dokumentiert, dass sie den Cloud-Provider ordentlich geprüft hat, und ruft laut "Restrisiko!" – und das Leben läuft ganz normal weiter.

Aber wenden wir uns von diesen hypothetischen Horrorszenarien ab und praktischen Dingen zu, die in der Unternehmensrealität auf Sie zukommen werden und die meiner Ansicht nach verhindern, dass sich ein solches Intranet-Projekt ohne IT-Beitrag erfolgreich durchführen lässt.

Ein modernes Intranet besteht aus Menschen, die miteinander interagieren. Deshalb setzen viele Anbieter inzwischen auch das Wort "Social" vor das Intranet. Es soll ein Ort sein, an dem man zusammenkommt, um gemeinsam zu arbeiten, sich auszutauschen und Zusammengehörigkeit zu spüren, Themen und Inhalte zu entwickeln und zu verstärken. Zu den Menschen, die im Intranet agieren, gehören Profile. Ein Profil besteht aus einem Foto und möglichst vielen beschreibenden Feldern und Angaben.

In der Regel verfügt die IT nicht über besonders viele strukturierte und freigegebene Informationen. So ist es schon fast eine Seltenheit, wenn Sie aus einem Benutzerverzeichnis mehr Daten als die Nutzernamen, die Vor- und Nachnamen, die E-Mail-Adressen und die Gruppenzugehörigkeiten ziehen können.

Für ein richtiges Profil braucht man aber ein Foto, das der Nutzer am besten selbst hochlädt, weil wir sonst mit der DSGVO und anderen Persönlichkeitsrechten ins Gehege kommen können.

Das Intranet benötigt darüber hinaus Nutzungsbedingungen, denen die Anwender zustimmen müssen, damit die Profilbilder auch sinnvoll verwendet werden können. Und unsere Kunden nutzen in den Profilen noch zig weitere Felder. Darüber haben wir ja schon ausführlich gesprochen.

Sie haben hier also den einen Teil – sozusagen den Profilkern mit dem Nutzernamen, dem Passwort, dem realen Namen und der E-Mail-Adresse, den die IT pflegt. Und dann gibt es dort den anderen

Teil, der auf sinnvolle Weise eigentlich nur im Intranet selbst erhoben und gepflegt werden kann. Einige wenige Unternehmen halten solche Daten bereits woanders vor. In diesem Fall müssen diese Infos natürlich importiert und gegebenenfalls sogar synchronisiert werden. Aber darauf komme ich gleich zurück. Den Profilkern kriegen Sie nur von der IT. Punkt.

Ich würde sogar behaupten, dass Sie mit Ihrem Intranet gar nicht starten können, wenn Sie diesen Profilkern von der IT nicht bereitgestellt bekommen. Und damit ist nicht ein einmaliger Export gemeint. Sie brauchen einen ständigen und dauerhaften Abgleich. Und ja, ich habe auch schon gesehen, dass hemdsärmelig versucht wurde, einfach mal aus irgendeinem Nutzerverzeichnis, an das man leicht herankommt, Daten zu exportieren, und das Anlegen von Nutzern und das Setzen von Passwörtern einfach dem separierten Cloud-Intranet zu überlassen. Das können Sie machen. Allerdings wird es nicht allzu lange funktionieren.

Denn wie wollen Sie sicherstellen, dass neu eingestellte Kollegen in das System kommen und ausscheidende Mitarbeiter die Zutrittsberechtigung verlieren? Systeme wie Yammer haben das früher einfach über die E-Mail-Adresse gelöst: Wenn du eine Mail-Adresse @yourcompany.com hast, dann bist du auch ein Mitarbeiter. Das ist ein Ansatz. Aber er trägt eben nicht weit genug, um die DSGVO-Anforderungen und andere rechtliche Rahmenbedingungen abzubilden. Ich bezweifle, dass eine Unternehmenskommunikation heute noch damit durchkommen würde.

Die mit Abstand beste Option ist eine Single-Sign-on-Lösung (SSO). Sie kennen das aus dem Internet. Dort können Sie sich inzwischen bei ganz vielen Diensten mit Ihrem Google-, Facebook- oder Microsoft-Konto anmelden.

Diese Anbieter übernehmen die Legitimation und übergeben dem neuen Dienst dann die Informationen, die Sie als Nutzer freigeben. Das funktioniert auch bei Intranets – selbst dann, wenn Ihre IT eine solche Lösung entweder nutzt oder selbst bereitstellt. Wichtig ist aber auch hier wieder: Ohne die IT gibt es kein SSO. Da müssen Sie im Zweifel mit Machiavelli – also Macht – um die Ecke kommen und die Anbindung erzwingen.

Über den Profilkern hinaus lassen sich weitere Benutzerinformationen in beide Richtungen synchronisieren. Bei unseren Großkunden ist oft SAP im Einsatz. Wir haben dafür einen Import aus dem HR-Modul des SAP-Systems in unser Intranet implementiert. So etwas können Sie jedoch ohne die IT nicht zum Laufen bringen und erst recht nicht dauerhaft am Laufen halten. Es gibt noch viele weitere Systeme, die sich über Programmierschnittstellen (sogenannte APIs) in Ihr Intranet einbinden lassen. Das ist auch dann möglich, wenn Sie ein Cloud-Intranet haben, die einzubindenden Systeme aber hinter der Firewall laufen. Aber eben wiederum nur gemeinsam mit der IT.

Wenn Sie das Intranet auf Mobilgeräte ausrollen wollen, müssen Sie prüfen, ob die Mitarbeiter in Ihrem Unternehmen ihre privaten Smartphones nutzen dürfen. Das wäre dann das BYOD-Konzept, über das wir uns schon ausgetauscht haben (siehe “Bring-your-own-device-Konzepte und ihre Stärken"). Oft gibt es auch Kontrollmechanismen in Form von Software, um die Smartphones und ihre Daten einem besonderen Schutz zu unterwerfen. Das sind in der Regel die besagten Mobile-Device-Management-Systeme (MDM). Die kann normalerweise nicht mal die IT leiden, weil die meisten Lösungen nichts taugen.

Ohne die IT wird es Ihnen auch schwerfallen herauszufinden, warum bestimmte Dinge nicht so performant sind, wie Sie sich das vorstellen. Und Performance-Probleme sind bei Cloud-Systemen durchaus an der Tagesordnung, weil diese ja oft auf weit entfernten Servern betrieben werden.

Wenn Ihre Internet-Anbindung schwächelt, bringt das modernste Intranet gar nichts. Eine langsame Software benutzt kein Mensch. Die können Sie direkt wieder einpacken. Ganz perfide kann es übrigens werden, wenn auch die IT sich mit Machiavelli beschäftigt hat und in der Firewall eine Regel konfiguriert, die systematisch eine Geschwindigkeitsbremse für Abrufe auf Ihr Intranet einrichtet.

So etwas verdient meines Erachtens zwar direkt eine Abmahnung und Ächtung, doch das gilt für viele Machtspielchen, die wir in sehr großen Organisationen leider durchaus erleben. Falls Sie übrigens glauben, dass sich das nicht verschleiern ließe, liegen Sie falsch. Die IT bedient sich einfach eines üblichen Konzepts zur Aufhebung der Netzneutralität und erklärt einzelne Systeme für (geschäfts-)kritisch. Für die ist dann besonders viel Bandbreite auf der Datenautobahn reserviert. Und Ihr System ist leider nicht kritisch und daher gedrosselt.

Jetzt sind wir schon ziemlich tief drin in der politischen Kriegsführung, die innerhalb von Konzernen zu beobachten ist. Einen Tipp will ich Ihnen besonders ans Herz legen:

Suchen Sie nicht nach Abkürzungen! Holen Sie sich als Unternehmenskommunikation die IT ins Boot. Und die IT sollte sich ihrerseits um die Unternehmenskommunikation kümmern. Und wenn Sie schon dabei sind, sprechen Sie gleich auch den Betriebsrat an!

Es dauert zwar anfangs länger. Aber wenn alle wollen, wird die Sache rund und erfolgreich. Und nur das zählt am Ende. Niemand fragt später, wie lange Sie mit dem Schäufelchen Sandkörner abgetragen haben. Hauptsache, der Findling ist umgefallen und alle sind beeindruckt. Haben Sie Geduld. Es ist der richtige Weg.

Kurzlink zu diesem Kapitel:
https://seibert.biz/intranetbuchersteschritte

Intranet-Businesstheater für schnelle Erfolge

Ah ja, danke, dass Sie mich daran erinnern! Businesstheater – darüber wollten wir noch ein wenig reden. Ich will Ihnen nicht weismachen, dass meine Wenigkeit oder unsere Werkzeuge allein in der Lage wären, Ihre Unternehmensprozesse umzukrempeln und Ihre Kultur zu verändern. Gleichwohl glaube ich, dass wir einen wirksamen Beitrag dazu leisten können. Sonst würde ich Ihnen nicht seit Stunden in den Ohren liegen und mich nicht so inbrünstig für das Thema einsetzen.

Trotzdem sollte uns gemeinsam bewusst sein, dass eine Unternehmenskultur komplex ist. Sie lässt sich nicht mit einfachen und immer gleichen Rezepten bewältigen. Und wenn wir und unsere Intranet-Partner in Projekten noch so sehr bemüht sind, die Situationen unserer Kunden genau zu analysieren und die Werkzeuge punktgenau anzupassen, reicht ein tolles Intranet allein noch nicht für eine grundlegende Veränderung aus.

Ich würde mich nicht wundern, wenn der Weg hin zu mehr Transparenz, mehr Zusammenarbeit und letztendlich auch zu mehr Effizienz und Effektivität in dem Begriff "digitale Transformation" kulminiert. All diese Aspekte sind tatsächlich geeignet, Ihren Unternehmensgewinn signifikant zu steigern. Und das ist toll. Das wollen alle im Unternehmen. Selbst für die Arbeitnehmervertreter ist das super, weil es dann mehr zu verteilen gibt. Aber so einfach ist es nicht.

Für ein wirklich erfolgreiches Intranet und eine digitale Transformation brauchen Sie kulturelle Veränderungen, organisatorische Veränderungen und technische Veränderungen.

Wir haben hier bisher weitgehend über die technischen Veränderungen diskutiert. Viele Unternehmen lieben Tools und Software-Lösungen, weil sie leicht greifbar sind und sich sozusagen als Maßnahmen umsetzen lassen. Kulturelle und organisatorische

Veränderungen sind oft ziemlich schmerzhaft. Wenn Ihre Geschäftsführung den Mitarbeitern nicht vertraut, sondern sie einengt, ständig kontrolliert und eine Kultur des Misstrauens pflegt, dann wird es ziemlich schwer, mit einem modernen Intranet um die Ecke zu kommen und die digitale Transformation voranzutreiben. Von manchen Ansprechpartnern bei Kunden habe ich schon Aussagen wie diese gehört: "Die sollen erst mal ihre Einstellung in der Chefetage ändern, bevor sie von uns Transparenz, Vertrauen und Zusammenarbeit durch ein Intranet fordern."

Sie wissen natürlich selbst, dass das nicht hilft. Und genau diese Chefetage hat sie ja vermutlich damit beauftragt, das Projekt zu planen und umzusetzen.

Lassen Sie uns die Situation noch etwas abstruser, aber nicht unrealistischer machen, indem wir annehmen, dass Ihr Projekt mit Zielen und Metriken gemessen wird. Sie müssen also Ergebnisse vorweisen, damit Ihr Projekt gut dasteht. Jetzt könnten wir ausgiebig darüber lamentieren, dass konkret messbare Ergebnisse bei Dingen wie Kommunikation, Transparenz, Zusammenarbeit und Vertrauen wahrlich nicht leicht aufzustellen sind. Doch wie wäre es, wenn wir uns diese schwere Greifbarkeit stattdessen selbst zunutze machen?

Wir wollen also über Businesstheater sprechen. Diese Wortschöpfung stammt von Lars Vollmer – und der Begriff passt auf manche Vorgänge in den Unternehmen dieser Welt wie die Faust aufs Auge (siehe "Literaturempfehlungen"). Und manchmal braucht es auf der sogenannten Vorderbühne Businesstheater, das verantwortliche Akteure zufriedenstellt, um auf der Hinterbühne erfolgreich der richtigen, werthaltigen Arbeit nachgehen zu können.

Unsere Frage lautet nun: Wie spielt man ein Intranet-Projekt so, dass man in einer traditionell geführten Organisation möglichst früh und möglichst oft Erfolge vorweisen kann?

Dabei kommt uns zugute, dass die meisten Außenstehenden die Software, die wir nutzen, nicht kennen. Offensichtlich müssen Sie also Dinge, die gut klingen und die so oder so mit der von Ihnen ausgewählten Intranet-Software leicht umsetzbar sind, in Ihre Roadmap aufnehmen.

Vorher aber ein paar warnende Worte: Wenn Sie sich in einem Umfeld bewegen, in dem Businesskasper und Businesstheater erfolgreich sind, sollten sie nicht darauf hoffen, dass Sie durch ein Intranet-Projekt fundamentale Glaubenssätze überwinden können, die in Ihrer Organisation gelten. Falls dies doch möglich ist, können Sie hocherfreut sein! Ihren Erfolgsplan sollten Sie allerdings komplett an Ihrer derzeit vorherrschenden Kultur ausrichten. Spielen Sie ebenfalls Theater! Das heißt ja nicht, dass sie den Glauben an das Intranet verlieren müssen oder einen schlechten Job im Projekt machen sollen. Auf der Vorderbühne führen Sie ein Stück auf. Auf der Hinterbühne erledigen Sie in aller Ruhe, mit Bedacht und im Sinne der Wertschöpfung des Unternehmens, Ihre Arbeit.

Kurzlink zu diesem Kapitel:
https://seibert.biz/intranetbuchbusinesstheater

Erste Meilensteine

Es gibt ein paar Ergebnisse, die im Businesstheater zählen und die in der Regel nicht so schwer erreichbar sind.

Proof of Concept gestartet
Jeder Anbieter einer Intranet-Software wird Ihnen innerhalb kürzester Zeit eine Testplattform zur Verfügung stellen, mit der Ihr Intranet-Team erste Schritte gehen kann. Das nennen sie dann (voilà!) Proof of Concept und haben einen ersten Meilenstein erreicht.

Layout definiert
Die meisten Intranet-Software-Systeme unserer Zeit sind standardisiert. Selbst bei SharePoint, das im Rahmen von Microsoft Office 365 ausgeliefert wird, können Sie in der Cloud-Version nicht mehr so viel anpassen, wie es einst in der Server-Variante möglich war, die längst veraltet ist und von Microsoft inzwischen gar nicht mehr gepflegt wird. Kurz: Früher waren Intranet-Projekte so individuell wie Website-Projekte und bekamen ein eigenes Layout, das dann programmiert werden musste. Wir bleiben im Businesstheater einfach mal auf dieser Linie und überlegen uns, wie das Layout aussehen sollte. Dass das nicht allzu viel Arbeit ist, weil Sie in vielen Systemen nur noch die Farben anpassen, ein Logo hochladen und ein paar sekundäre Gestaltungselemente wie Banner im Kopfbereich einbauen müssen, brauchen Sie dem Management ja nicht auf die Nase binden. Der nächste Meilenstein ist erreicht.

Layout umgesetzt

Die Umsetzung dieser Anforderung haben Sie eigentlich schon erledigt. Letztendlich sind Definition und Ausführung ein Schritt. Aber Sie teilen das im Projektplan auf und erreichen die Meilensteine in der Realität dann doch einfach nah beieinander.

Beta-Tester geworben

Es ist für ein Intranet-Team in der Regel recht einfach, ein paar Freiwillige zu finden. Klar ist die Zusammenstellung einer repräsentativen Testgruppe in einem Konzern eine komplexe und anspruchsvolle Aufgabe. Aber wer macht sich im Businesstheater schon die Mühe, die Qualität einer solchen Zusammensetzung zu prüfen?

Beta-Tester nutzen das System inklusive Nutzer-Tests

Diese Anforderung ist ebenfalls ziemlich luftig. Auf Deutsch: Ihre Freiwilligen sollten sich mal eingeloggt und ein bisschen rumgeklickt haben. Wenn Sie der Sache einen professionellen Anstrich geben wollen, nutzen Sie eine Software wie Lookback.io und zeichnen ein paar Nutzer-Tests auf, die Sie dann auswerten können. Das lässt sich prima präsentieren. Echte Erkenntnisse für Ihr Projekt dürfen Sie aber nur dann erwarten, wenn Sie mit einer guten, repräsentativen Tester-Zielgruppe arbeiten.

Das System steht (theoretisch) allen Mitarbeitern zur Verfügung

Eigentlich brauchen Sie weiterhin nicht viel mehr als das Grundsystem. Gut wären natürlich ein paar Inhalte für die Startseite, um Ihr Potemkinsches Dorf zu etablieren. In einem Intranet-Projekt ist die Liveschaltung des Systems oft der größte und wichtigste Teil im Projektplan. Technisch steckt dahinter allerdings nicht viel mehr als die Möglichkeit, dass alle Mitarbeiter sich tatsächlich einloggen können. Aber seien Sie hier vorsichtig. Denn mit der offiziellen Liveschaltung geht oft auch die großzügige Budgetzuteilung zu Ende.

Wir würden bestimmt noch weitere Beispiele für sinnlose Meilensteine finden, die im Projektplan gut aussehen und bei der Umsetzung wenig Aufwand verursachen. Aber Sie wollen ja so wenig Zeit und Energie wie irgend möglich mit Businesstheater verschwenden und sich lieber auf echte und hochwertige Ziele konzentrieren, die wirksam sind und die Ihr Projekt tatsächlich voranbringen.

Kurzlink zu diesem Kapitel:
https://seibert.biz/intranetbucherstemeilensteine

Welche Ziele und Schritte eines Intranet-Projekts sind wirklich sinnvoll?

Viele Unternehmen spielen im Intranet-Projekt kein Businesstheater und sind an realen und nachhaltigen Veränderungen interessiert. Wenn man die interne Arbeitszeit berücksichtigt, die in einem Intranet-Projekt anfällt, dann sind solche Vorhaben immer teuer. Da ist es sinnvoll, sich Gedanken über Maßnahmen zu machen, die das Projekt unterstützen.

Wir sind oft schon froh, wenn Intranet-Teams Personas definieren, ab und an über diese prototypischen Endnutzer sprechen oder in konzeptuellen Argumentationen auf sie zurückgreifen. Sehr gute Teams haben Fokusgruppen zusammengestellt, die tatsächlich auch die Software testen dürfen.

Das alles ist auf ein konkretes Ziel ausgerichtet: Das Intranet muss tatsächlich im Tagesgeschäft Anwendung finden. Ist die Lösung nicht gut genug, um unter Bedingungen wie Stress, Hektik und Hast zu bestehen, muss man sich die Frage stellen, ob das Intranet nicht zum Rohrkrepierer wird. Denn wann brauchen Sie Hilfe am dringendsten? Natürlich dann, wenn es hoch hergeht. Ein gutes Intranet wirkt hier zweifach:

1. **Prävention:** Es verbessert die allgemeine Zusammenarbeit, die Organisation, die Auffindbarkeit und die Dokumentation, sodass es zu weniger Stresssituationen kommt. – Ja, ich sehe die skeptischen Falten auf Ihrer Stirn! Aber die Aufzählung ist ja auch eingeleitet mit "ein gutes Intranet wirkt". Über die Unterscheidung zwischen guter und mieser Software sollten wir unbedingt noch sprechen. Zunächst müssen Sie mir einen kleinen Vertrauensvorschuss geben und mir einfach erst mal glauben. Das hat auch was Befreiendes.
2. **Effektivere Prozesse:** Zwar ist die Nutzung von Wikis, zentralen Aufgabensystemen und anderen Kollaborationswerkzeugen mit Disziplin verbunden und der Einstieg geht vielen Anwendern nicht leicht von der Hand. Die langfristigen Vorteile sind jedoch unumstößlich und geradezu frappierend groß. Regelmäßig fragen wir uns hier, wie Unternehmen da draußen überhaupt so arbeiten

können, wie sie es tun. Und wenn Sie sich das nicht auch ab und zu im Hinblick auf Ihre eigenen Teams fragen würden, würden Sie wahrscheinlich jetzt nicht hier mit mir zusammensitzen. Um es direkt zu sagen: Selbst im größten Stress nehme ich mich noch zusammen für die Disziplin, eine Wiki-Seite zu erstellen, statt eine schnelle Mail zu verschicken.

Sie fragen, wie Sie jetzt am besten vorgehen und ob ich da nicht eine Liste mit wichtigen Schritten hätte? Ich versuche es. Weil Sie es sind. Aber Checklisten mit Schritten bieten oft das Potenzial für große Missverständnisse. Bitte verstehen Sie diese Punkte als (unvollständige) Ideensammlung und nicht als "Rezept für ein garantiert erfolgreiches Intranet". Projekte sind komplex und individuell. Trotzdem lohnt es sich in vielen Fällen, Zeit und Aufwand für die folgenden Maßnahmen zu investieren:

Eine Informationsarchitektur etablieren

Es ist wichtig, sich im Projekt darüber Gedanken zu machen, welche Informationen wem wie zugänglich sein sollten, um die Bedienung des Intranets möglichst einfach zu gestalten. Dabei kann jede Information nur einen tatsächlichen Ort in der Architektur haben. Für die Entwicklung von Informationsarchitekturen gibt es etliche hilfreiche Techniken wie Card-Sorting-Workshops und auch zahlreiche Experten am Markt.

Personalisierte Navigation erstellen

Der nächste Schritt ist die Schaffung einer Menüstruktur, die vor allem neuen Nutzern dabei hilft, sich initial zu orientieren. In diesem

Zusammenhang bieten moderne Intranet-Systeme personalisierte Menüs an, die die Anforderungen der Mitarbeiter in den Vordergrund stellen. So könnte Ihre Navigation (in Abhängigkeit der Abteilungszugehörigkeit eines Mitarbeiters) Marketing-, Vertriebs-, Software-Entwicklungs- oder Buchhaltungsinformationen beinhalten. Für Mitarbeiter in Frankfurt sind andere Inhalte relevant als für Mitarbeiter in New York oder Sydney. Neue Mitarbeiter benötigen eher Onboarding-Informationen und erste Orientierungshilfen. Das alles kann eine gute, personalisierbare Navigation abbilden.

Profil-Informationen definieren

Businessplattformen wie Xing und LinkedIn eröffnen umfangreiche Optionen zur Gestaltung Ihres Profils. Dort können Sie Ihren Lebenslauf, Ihre Qualifikationen und Erfahrungen, Ihre Zertifizierungen und gegebenenfalls auch Ihre Hobbys angeben. Ein modernes Intranet bietet ebenfalls reichhaltige Profilmerkmale an, die es ermöglichen, intern ähnliche Anwendungsfälle abzubilden wie bei LinkedIn oder Xing. Als Projektteam sollten Sie eine vernünftige Definition der Felder, Kompetenzen und Auswahlmöglichkeiten ausarbeiten, damit die spätere Expertensuche sinnvoll im Unternehmenskontext genutzt werden kann. In unseren Workshops legen wir unseren Kunden zig Profilmerkmale vor, die andere Organisationen in ihren Mitarbeiterprofilen zum Ausfüllen vorhalten. Das erleichtert diese Aufgabe etwas. Am besten fragen Sie mich die Tage noch mal, dann schicke ich Ihnen diese Liste mit Profilmerkmalen gerne zu. Öffentlich ist sie bisher noch nicht.

SSO etablieren

Um ihre Profile auszufüllen, müssen sich Ihre Mitarbeiter natürlich einloggen können. Dafür bietet sich wie gesagt die Single-Sign-on-Lösung an. Dann kann der Login eines anderen Dienstes als Authentifizierungsmechanismus genutzt werden: Wer dort angemeldet ist, kann ohne weitere Hürden auch auf das Intranet zugreifen. Gängig sind Logins von Microsoft oder Google. Aber auch eine LDAP-Synchronisierung im Hintergrund ist möglich. Die wenigsten unserer Kunden nutzen für das Intranet ein komplett neues Legitimationsverfahren. (Tatsächlich ist das sogar ein Sicherheitsrisiko.) Die Etablierung einer SSO-Lösung ist daher ein sinnvoller Meilenstein in einem Intranet-Projekt.

Personalstammdaten mit Fremdsystemen abgleichen

Neben den Login-Daten finden sich in Drittsystemen wie dem LDAP, dem Active Directory oder auch der ERP-Plattform weitere Informationen über die Mitarbeiter. Es ist gerade für den Start hilfreich, wenn diese bestehenden Infos mit ins Intranet übernommen werden können, damit die Experten- und die Profilsuche von Beginn an reibungslos funktionieren. Moderne Intranet-Lösungen haben Importer für solche Fremdsysteme und bieten auch die Möglichkeit, Daten wieder zurückzuspielen. (Letzteres lassen allerdings nur wenige IT-Verantwortliche zu. Es ist zwar klar, dass die von den Mitarbeitern selbst gepflegten Daten höherwertig und aktueller sind. Teils sind die Informationen in SAP aber mit Validierungs- oder Fremdprüfungen versehen, die durch einen Import nicht umgangen werden sollen.) Für Ihr Intranet-Team ist es vorerst nur wichtig, so viele Daten wie möglich zu bekommen. Wenn Sie die Aufgabe ernst nehmen, kann sich das zu einer ziemlich aufwendigen Sache ausweiten: Einer unserer Kunden mit über 55.000 Mitarbeitern in rund 35 Ländern nutzt elf unterschiedliche Personalinformationssysteme, aus denen Daten importiert werden. Die Mindestdaten, die Sie aus diesen Quellen ziehen sollten, sind Vor- und Nachnamen, gegebenenfalls Mail-Adressen und Telefonnummern sowie Zugehörigkeiten zu bestimmten Standorten und Geschäftseinheiten. Eigentlich erleben wir keine Systeme, die die für ein Intranet relevanten Profildaten gut gepflegt und nutzbar vorhalten. Das wären Fotos, Kompetenzen und umfangreiche Kontaktinformationen inklusive Mobiltelefon. Falls Sie in Ihrem Intranet-Projekt nach dem großen Klotz suchen, beschäftigen Sie sich mit dem Zusammentragen der Profilinformationen. Da sind viel Arbeit und Abstimmung fällig.

Echte Nachrichten und Inhalte für die Startseite generieren

Bevor Sie mit Ihrem Intranet-System live gehen, müssen Sie vorzeigbare Inhalte vorbereiten. Wenn Sie zwar vier prominente Plätze für News vorgesehen haben, aber keine oder nicht alle davon mit richtigen Nachrichten bestückt sind, sieht jeder Nutzer schon nach wenigen Sekunden, dass Ihre Intranet-Startseite noch nicht bereit ist für eine produktive Nutzung. Eine einfache, wirksame und sinnvolle Strategie besteht darin, sich mit unterschiedlichen Nutzern einzuloggen und echte Inhalte in das System zu übernehmen. Gegebenenfalls können Sie Content auch aus anderen Bestandssystemen oder von der Website abgreifen. Hier sollten Sie beachten, dass sich die Darstellung in einem personalisierten System in Abhängigkeit von Profilmerkmalen wie Standort, Abteilung oder Sprache umfangreich verändern kann. Sie müssen also für alle gängigen Varianten ein paar Test-News einpflegen. Ich bin immer wieder überrascht, dass sich viele Teams erst sehr spät im Projekt an diese Aufgabe machen. Die exemplarischen (oder sogar schon echten) Inhalte wirken in der Regel ziemlich gut. Wenn Sie im Projekt vorankommen wollen, ist das ein wichtiger und hilfreicher Schritt.

Statt der hier erwähnten Zwischenziele können Sie auch ein paar Dutzend einzelne Meilensteine definieren. Wir haben in unserer öffentlichen Infothek eine recht umfangreiche Liste mit Aktivitäten in einem Konzern-Intranet gesammelt, die weitgehend agnostisch in Bezug auf die genutzte Technologie sind. Augenblick, ich schicke Ihnen den Kurzlink in Telegram. Zack: http://seibert.biz/intranetanforderungen.

Kurzlink zu diesem Kapitel:
https://seibert.biz/intranetbuchziele

Welche Rolle spielen Kundenreferenzen?

Ich habe während unserer Unterhaltung ja immer mal wieder am Rande auf den einen oder anderen Kunden Bezug genommen. Würden Sie gerne ausführlichere Kundenbeispiele kennenlernen, mit denen wir Intranets eingeführt haben? Dann geht es Ihnen wie vielen Interessenten, die bei uns anfragen. Ich verstehe diesen Wunsch. Dennoch möchte ich jetzt darauf verzichten. Dafür gibt es ein paar Gründe.

Referenzen sind unvollständig und einseitig

Aktuell ergänzen wir auf unserer Linchpin-Website unter https://linchpin-intranet.de/referenzen/ etwa ein bis zwei neue Kundenreferenzen pro Monat. Derzeit können Sie dort ungefähr ein Dutzend Referenzprojekte nachlesen. Insgesamt haben wir aber etwa 200 Unternehmen, die Linchpin einsetzen. Das Bild ist zwar detailliert – mit Videointerviews und Screenshots –, aber halt nicht vollständig. Darüber hinaus würde mich der Umstand stören, dass ich Ihnen ja nur Linchpin-Referenzen anbieten könnte. Die Kunden, die sich gegen unsere Intranet-Lösung entschieden haben, nehmen sich zumeist nicht so viel Zeit, mit uns zu sprechen. Im Hinblick auf die Funktionalitäten, über die wir diskutiert haben, ist die zugrunde liegende Technologie eher zweitrangig. Vielmehr kommt es darauf an, den konkreten Anwendungsfall gut abbilden zu können. Bei Referenzen beziehen sich jedoch die Nutzungsszenarien und die Ergebnisse immer strikt auf die verfügbaren Software-Werkzeuge.

Unsere Kunden-Community im Extranet für Austausch und als Anwendungsfall

Wir streben danach, unsere Interessenten und Kunden miteinander zu vernetzen. Vielleicht ist das auch für Sie attraktiv und interessant? In unserem Extranet gibt es eine Kunden-Community. Diese zu erwähnen, finde ich in zweifacher Hinsicht sinnvoll. Einerseits ist es eine großartige Möglichkeit, um mit anderen Intranet-Begeisterten in Austausch zu treten, Kontakte zu knüpfen und sich "unter Kunden" ungefiltert zu unterhalten. Andererseits bietet sich der Anwendungsfall "Kunden-Community im Extranet" an, um ihn im Rahmen unserer Diskussion über Intranet-Projekte mal genauer zu betrachten. Eine solche Community stärkt nämlich nicht nur den Nutzen für die eigenen Kunden, sondern auch die Bindung zum anbietenden Unternehmen. Und dabei ist die Plattform technisch denkbar einfach aufgesetzt.

Konkret haben wir in unserem Confluence-basierten Extranet eine Erweiterung namens Space Privacy aktiviert. Sie ermöglicht es, den offenen Gemeinschaftscharakter von Confluence etwas einzuschränken. Mit Gemeinschaftscharakter meine ich die eigentlich gewünschte Offenheit gegenüber Menschen und Aktivitäten. Es ist ja gerade eine der Stärken eines Wikis wie Confluence, dass im Standardfall – also ohne spezielle Rechteeinstellungen – erst mal alles für alle Nutzer offen ist. Den meisten Anwendern und Intranet-Betreibern ist das nicht klar, aber gerade diese Grundeinstellung macht deutlich, warum SharePoint eben häufig nicht so gut funktioniert. Die meisten Unternehmen ändern nämlich die Grundeinstellungen ihres Intranet-Systems nicht. Es gibt dafür einfach keinen Anlass.

In SharePoint sind die neuen Dokumente standardmäßig beschränkt und müssen aktiv für andere freigegeben werden. Das mag in einzelnen Bereichen anders sein. Aber diese Bereiche selbst sind im Standardfall ebenfalls erst mal geschlossen. (Google macht das übrigens keinen Deut besser – gleiches Dilemma.) Als Nutzer ist es furchtbar lästig, immer mitzudenken und jedes Mal bestimmte Seiteneinstellungen anzupassen, obwohl man eigentlich an der Sache selbst arbeiten will.

Die Confluence-eigene Offenheit, also die Sichtbarkeit der Menschen im System und ihrer Dokumente und Arbeitsergebnisse, ist innerhalb des Unternehmen wünschenswert und sehr hilfreich. Aber wenn es um Kunden, Lieferanten, Partner, Bewerber und Alumnis geht, entsteht schnell ein böses Gemisch aus Geschäftsschädlichkeit und Rechtswidrigkeit, das Sie sich bestimmt nicht wünschen.

Stellen Sie sich mal vor, einer Ihrer Lieferanten käme – begünstigt und ermöglicht durch Ihr Extranet – mit Ihren Kunden in Kontakt (siehe "Ein Extranet für Kunden, Partner und Lieferanten"). Dabei stellt sich heraus, dass es ja recht praktisch und kostensparend wäre, Sie als Handelspartner zu übergehen. Plötzlich hätten Sie mit Ihrem Extranet Ihr eigenes Geschäft geschädigt. Das kann freilich nicht Ihre Zielsetzung sein.

Wenn Sie in einem Extranet also Gruppen haben möchten, die untereinander nicht kommunizieren können sollen, brauchen Sie abgetrennte Bereiche. Dafür ist diese Space-Privacy-Erweiterung da. So haben Sie die Möglichkeit, jedem Kunden und Partner einen separaten Bereich anzubieten, in dem Sie mit ihm zusammenarbeiten. Und darüber hinaus können Sie dann Räume schaffen, auf die auch Personen aus unterschiedlichen Bereichen gemeinsam zugreifen können – eben so etwas wie unsere Kunden-Community.

Solche Communitys betreiben wir für Kunden, für Partner sowie für Bewerber und Alumnis – drei unterschiedliche Gemeinschaften, um sich auszutauschen und direkte Kontakte zu knüpfen. Sie können die Profile der anderen samt Telefonnummern und E-Mail-Adressen einsehen und über die Plattform wie in einem Diskussionsforum Nachrichten veröffentlichen. Das realisieren wir über integrierte Microblogs.

Hier ist ein Beispiel für einen Beitrag in unserer Partner-Community:

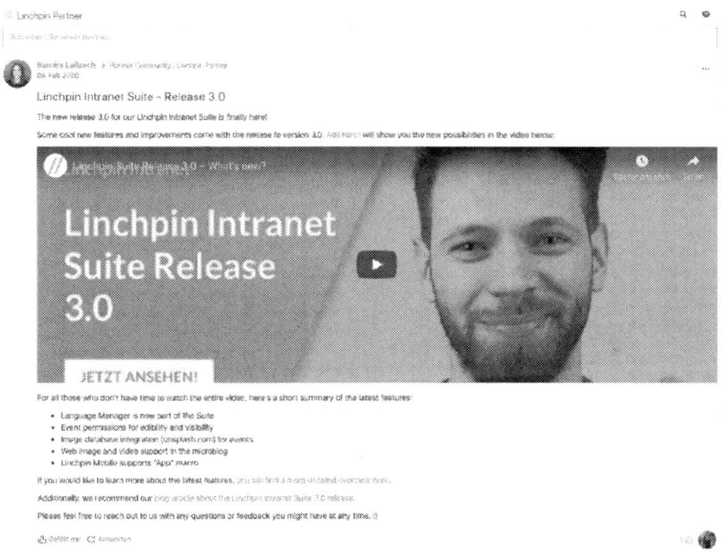

Um noch einmal kurz auf die Frage nach den Projektreferenzen zurückzukommen: Wir empfehlen unseren Interessenten und Kunden, diese Communitys zu nutzen, um genau die Personen zu identifizieren, die einerseits zu einem Austausch bereit sind und die andererseits die gewünschten Kriterien erfüllen. Oft wollen unsere Interessenten mit Intranet-Verantwortlichen aus Unternehmen derselben Branche sprechen. Diese Personen können Sie in den

Communitys einfach und schnell herausfiltern und direkt ansprechen.

Durch den direkten und ungefilterten Kontakt entsteht sehr viel Authentizität. Allerdings müssen Sie sich fragen, ob das Geschäftsmodell Ihrer Organisation dies zulässt.

Bei uns sind alle Preise öffentlich und für alle Kunden gleichermaßen gültig. Daher haben wir keine Angst davor, dass Kunden sich über Preise austauschen könnten. Falls Sie stattdessen eher einen Yield-Pricing-Ansatz verfolgen, bei dem sich die Konditionen je nach Bedarf und Dringlichkeit unterscheiden, sind direkte Kontaktmöglichkeiten und Communitys eventuell nicht so ratsam.

Nicht zu unterschätzen ist hierbei übrigens die Notwendigkeit, die Zielgruppen in den Communitys zu aktivieren. Die Beteiligung ist alles andere als selbstverständlich, und die Nutzeraktivierung ist eine ähnlich harte Nuss wie bei einem Intranet. Gehen Sie also nicht davon aus, dass eine Kunden-Community mit der richtigen Technologiebasis schon von alleine laufen wird. Kommunikation und aktive Betreuung sind mindestens genauso wichtig.

Kurzlink zu diesem Kapitel:
https://seibert.biz/intranetbuchkundenreferenzen

Fragen an Ihr Intranet-Projekt: Wie sollen wir denn jetzt vorgehen?

Huch, schon so spät? Hätten Sie mal was gesagt! Genau, manchmal muss ich wohl gebremst werden. Und ich verstehe, dass Sie nun endlich auch über das konkrete Vorgehen in Ihrem Projekt sprechen möchten. Doch leider ist deutlich einfacher zu sagen, was man in einem Intranet-Projekt *nicht* tun sollte, als vorzugeben, was unbedingt in jedem Intranet-Projekt vorkommen muss. Klar, es gibt ein paar Dinge, die trivial sind. Sie benötigen eine Software und alle Mitarbeiter brauchen Zugang. Sie müssen gewährleisten, dass das Ganze sicher ist. Es muss einfach sein, Informationen und Inhalte in das System einzuspielen. So weit, so selbstverständlich.

Was Sie aber garantiert nicht brauchen, ist eine minutiöse Planung des Projektablaufs mit umfangreichen Gantt-Charts und viel Determinismus. Das erlebe ich permanent – und es bringt fast immer sehr wenig bis gar nichts. Freunden Sie und Ihr Projektteam sich lieber mit einem iterativen Vorgehensmodell an. Ein Kunde sagte mal zu meinem Bruder: "Jetzt weiß isch, was Sie mit diesem 'Agile' meine: sisch dorschworschtele. Das mache mir hier in Projekte auch immer."

Was soll ich dazu sagen? Das ist das natürliche Verhalten, das wir als Kinder an den Tag legen und das uns auch später oft den besten Weg weist. Lassen Sie sich nicht erzählen, alles sei planbar. Das ist Quatsch. Einige Sachen sind so simpel und schnell umgesetzt, dass Sie dafür gar keinen Plan brauchen. Andere Dinge sind so komplex,

dass jeder Plan nur davon ablenkt, dass hinter der nächsten Ecke die nächste Überraschung wartet, auf die Sie reagieren müssen.
Seien Sie mit dem Projektteam bereit, Änderungen umzusetzen und zu akzeptieren. Das ist ein wichtiger Schritt.

Ansonsten begegnet mir in großen Unternehmen immer wieder ein unbändiger Hang zur Theorie. Da werden Konzepte geschrieben, Ziele und Wünsche gesammelt und priorisiert. Es werden Anforderungen strukturiert und klassifiziert. Natürlich werden Pflichtenhefte und Projektpläne erstellt.

Teilweise werden externe Agenturen beauftragt, um die Planung des Projekts zu moderieren und zu organisieren. Nur eine Sache bleibt fast immer außen vor: das tatsächliche Nutzen und Ausprobieren der Software-Systeme.

Das Problem des fehlenden Praxisbezugs ist so ausgeprägt, dass ich versucht bin, Ihnen zu empfehlen, lieber auf die Planung als auf das Testen der Software zu verzichten. Es ist ganz und gar nicht unüblich, dass ein Gremium von bis zu zwanzig Personen gemeinsam über die Anschaffung einer Intranet-Software berät und letztlich auch entscheidet. Und von diesen zwanzig Leuten haben fünfzehn die Software-Systeme, über die sie diskutieren, nicht ernsthaft geprüft. Die meisten haben sich nicht mal irgendwo eingeloggt.

Zugegeben: Viele Anbieter machen es einem nicht gerade leicht, die Software zu testen. Einige stellen gar keine Testumgebungen zur Verfügung, die Sie selbst produktiv nutzen können. Manchmal werden die Zugänge auch erst herausgegeben, nachdem Sie drei Handstände und zwei Hampelmänner geturnt haben. Aber hier geht es ja nicht darum, was andere machen oder wollen, sondern was für Ihr Intranet-Projekt gut ist. Und wenn eine Sache richtig gut ist, dann ist es die Nutzung der Software. Das kann ich auch einfach und eingängig erklären.

Die meisten Unternehmen erhoffen sich durch die Einführung eines Social Intranets Veränderungen im Verhalten der Mitarbeiter. Es geht um die Unternehmenskultur, um das Miteinander, um Transparenz und darum, dass wirklich jeder Bescheid weiß und sich zu Hause und angekommen fühlt. Wenn all das schon da wäre, bräuchten Sie den Aufwand für ein Intranet ja nicht zu betreiben. Etwas soll also anders werden. Aber was genau ist das? Tja, wenn das so klar wäre, hätte Ihre Organisation es bestimmt schon längst umgesetzt. Machen wir uns nichts vor: Die ganze Mannschaft weiß nicht so genau, was sich im Einzelnen ändern soll.

Wir freuen uns immer wieder, wenn Software uns auf subtile und sanfte Weise dabei hilft zu verstehen, wie man etwas anders machen kann. Sie können doch niemandem wirklich erklären, wie Video-Meetings die Zusammenarbeit verändern, wenn Sie bisher nur telefoniert haben.

Wenn in Ihrem Unternehmen also viele Menschen noch nie mit einem erfolgreichen, modernen Social Intranet gearbeitet haben – wie sollen diese Leute dann aufschreiben, wie so ein Intranet zu sein hat? Das wäre sinnlos.

Eine gewisse Gefahr besteht darin, dass einige wenige Personen sich in eine bestimmte Software verlieben und dann aus der Sache nicht mehr herauskommen. Sie kennen sich beispielsweise mit Word, Excel und PowerPoint aus und wollen künftig alle Projekte und beruflichen Lebenslagen mit diesen Software-Werkzeugen bearbeiten. Diese Situation hat den Vorteil, dass sie nichts Neues lernen müssen. Sie schauen die Welt einfach weiter durch ihre eigene Brille an. Und genau das tun Sie, wenn Sie in der reinen Theorie ein Intranet konzipieren und Anforderungen zusammentragen.

Wenn Sie also ein Intranet-Team losschicken, um eine Plattform auszusuchen und um zu evaluieren, was ein Intranet für Ihr Unternehmen erreichen soll, dann sorgen Sie auf jeden Fall dafür, dass das Team aktiv mit den Software-Systemen arbeitet. Nicht nur mit einem. Mit vielen. Und schließlich können Sie ja drei oder fünf Systeme auswählen, die wirklich gut, einfach und überzeugend sind. Mit denen arbeiten Sie dann weiter aktiv.

Bevor Ihr Gremium aus zwanzig Personen eine Entscheidung trifft, sollten all diese Leute wenigstens mal eine halbe Stunde in die letztendlich ausgewählte Software reingeschnuppert haben. Das erleben wir leider so gut wie nie, aber ich halte das für den richtigen und nachhaltigen Weg.

Es ist gar nicht so wichtig, dass Sie ein festes Korsett an Anforderungen definieren und die Tester und Entscheider diese Anforderungen stets präsent haben. Unterschiedliche Systeme setzen unterschiedliche Schwerpunkte. Sich auf diese einzulassen und herauszufinden, wie die entsprechenden Funktionen und Vorteile im eigenen Unternehmen Mehrwert stiften könnten, ist aus meiner Sicht deutlich wertvoller, auch wenn es sich zunächst nicht besonders systematisch und intuitiv anhören mag.

Die meisten Intranet-Teams legen deutlich zu viel Gewicht auf Anforderungslisten und (theoretische) Erfüllungsgrade. Richten Sie den Fokus stattdessen auf die tatsächliche Software-Nutzung!

Wenn Sie in Ihrem Projekt den Praxisbezug hochschrauben können, ist schon viel gewonnen. Probieren Sie Dinge aus. "Worschteln" Sie sich durch. Lassen Sie sich auf die Spezialitäten der Software ein und versuchen Sie zu erspüren, ob zwischen der Lösung und den Bedürfnissen Ihres Unternehmens ein gemeinsamer Nenner entsteht.

Testen Sie Zusammenarbeits-Software nicht allein. Je mehr Personen beteiligt sind, desto realistischer ist der Test.

Ich halte es für sehr sinnvoll, einfach mal ein Team oder eine kleine Abteilung mit zehn oder auch fünfzig Personen auf die Software anzusetzen, um sie auszuprobieren. So ein Test kann sich getrost über zwei, vier oder sechs Wochen erstrecken. (Die meisten Anbieter dürften dies kostenfrei ermöglichen.)

Kurzlink zu diesem Kapitel:
https://seibert.biz/intranetbuchvorgehen

Zu guter Letzt: eine optimistische Sicht auf die Zukunft von Intranets

Im Verlauf unseres Gesprächs haben Sie und ich gemerkt, wie viel man über Intranets im engeren und weiteren Sinne erzählen kann. Ich hatte mit einem angeregten Vorabend gerechnet, und nun ist es fast Nacht. Und es ist vermutlich ein guter Zeitpunkt, zum Abschluss mal einen spekulativen Ausblick darauf zu wagen, was künftig auf Intranets zukommt, was bleibt und was geht.

Ich bin mir sicher, dass die News bleiben werden. Die Top-down-News-Kommunikation im Unternehmen funktioniert und es gibt auch keine ernsthafte Konkurrenz dazu.

Sie können natürlich der Argumentation von Rolf Dobelli folgen, der die Verbreitung von Generalnachrichten für alle Mitarbeiter als überflüssig und irrelevant ansieht (siehe "Literaturempfehlungen"). Wobei auch er den Konsum von Nachrichten eher als Taktik versteht: Andere werden mir schon Bescheid sagen, wenn es etwas Wichtiges gibt, das alle wissen sollten. Doch damit wird ja das Intranet nicht obsolet: Irgendjemand muss schließlich die News lesen, von denen er den anderen dann berichtet. Zudem können Sie kein Interesse daran haben, dass die Gerüchteküche hochkocht. Jeder muss wissen, was in Ihrer Organisation Sache ist. Wie auch immer die Software aussehen mag, die für diesen Anwendungsfall künftig zum Einsatz kommt: News werden bleiben.

Ein anderes Konzept wird indes definitiv von der Bildfläche verschwinden: der SAP-Ansatz, alle erdenklichen Funktionen in einem System zu vereinen. Ich sehe leichte Skepsis in Ihrem Gesicht. Ja, das klingt etwas komisch – bieten wir doch mit Linchpin eine Intranet-Lösung an, die im Hinblick auf den Funktionsumfang und die Anwendungsfälle besonders umfassend ist. Aber Linchpin ist und bleibt eine Intranet-Plattform, der Grenzen gesetzt sind.

Wenn Sie beispielsweise darauf aus sind, der Schatten-IT mit WhatsApp durch einen offiziellen Messenger für die Echtzeitkommunikation den Kampf anzusagen, können Sie nicht ernsthaft glauben, dass die Lösung dieses Problems “nebenbei” in einer Intranet-Software mitgeliefert wird. Das ist unrealistisch und wird in der Praxis schlicht nicht funktionieren.

Dass ein Intranet einfach nicht alle erdenklichen Anwendungsfälle in einer Software abbilden kann, lässt sich noch an vielen weiteren Anwendungsfällen darstellen: E-Mails, Kalender, Telefon, Videokonferenzen, Meetings, Aufgaben, Raumbuchungen, Personalverwaltung, Urlaubsbeantragung, Beschwerdemanagement und so weiter und so fort. Ob Sie wollen oder nicht: Sie brauchen zusätzliche Software.

Und das ist eine Überleitung zu einem wichtigen Thema, an dem Intranet-Anbieter und Intranet-Teams künftig nicht mehr vorbeikommen werden. Es geht um die Schaffung von Verbindungen zwischen Systemen und der Integration anderer Lösungen.

Ein Intranet kann nicht alle Anwendungsfälle eines Unternehmens abbilden, aber diese Spezialfälle müssen gut ins Intranet integriert werden.

Da ist es mit einem personalisierten Link nicht getan. Ihre Nutzer werden mehr und mehr erwarten, dass es sich so anfühlt, als würden sie zum Beispiel direkt im Intranet chatten, obwohl eigentlich eine Drittsoftware genutzt wird.

Ein Intranet der Zukunft muss stark darin sein, Inhalte, die nativ in anderen Systemen liegen, anzuzeigen und editierbar zu machen. Dann haben die Mitarbeiter das Gefühl eines übergreifenden, nahtlosen Anwendungserlebnisses. In diesem Zusammenhang muss ein Intranet außerdem unkomplizierte, intuitive Absprungpunkte bieten, die es ermöglichen, im Kontext des aktuellen Anwendungsfalls auf die Speziallösung zuzugreifen. Jede Software hat ihre eigene Oberfläche – und das aus gutem Grund. Dem Intranet obliegt hier eher eine Integrationsaufgabe.

Intranets schaffen Identifikation. Sie schaffen eine digitale Heimat für neue und bestehende Mitarbeiter.

Das Thema Heimat wird auch bleiben. Vielleicht ist das sogar eine *der* Kernfunktionen eines Intranets: Gib unseren Mitarbeitern einen Ort, an dem sie das Unternehmen kennenlernen und auf dem Laufenden bleiben können.

Anhand dieser Anforderung lässt sich auch die Entwicklung vom Zustand, den wir als Intranet 1.0 bezeichnen, bis heute (und darüber hinaus) erklären. Wenn Sie nämlich (zentral gesteuert) einfach nur genug Arbeit in eine digitale Heimat stecken, kann sie sich durchaus wie ein Fünf-Sterne-Hotel anfühlen. Es gibt immer aktuelle Nachrichten, jede Ecke sieht aus wie geleckt und es ist alles ordentlich aufbereitet. Das Gefühl der Heimat können Sie aktiv fördern. Allerdings wird das allein in Zukunft nicht mehr ausreichen.

Das Gefühl von Heimat in einem digitalen System wie einem modernen Intranet ist nämlich flüchtig. Wenn wir uns ein großes Unternehmen ansehen, ist es an einem durchschnittlichen Arbeitstag schon nach kurzer Zeit verflogen. Die Intranet-Startseite, die sich seit Ihrem letzten Besuch vor einer Stunde nicht relevant verändert hat, fühlt sich an wie die Zeitung von gestern.

Deshalb ist es so wichtig, dass Sie im Intranet einerseits mit Personalisierung Relevanz schaffen und andererseits Bottom-up-Kommunikation zulassen.

Auch die Aktivitäten der ganz normalen Mitarbeiter in ihren Projekten und Teams müssen auf der Startseite sichtbar gemacht werden. Und damit meine ich nicht nur Nachrichten, sondern jegliche Aktivitäten, die möglicherweise sogar in ganz anderen Software-Systemen stattfinden. Denn die Aktualität schafft Verbindung und Aktivität.

Stellen wir uns mal vor, ich erzähle Ihnen das hier nicht gerade von Angesicht zu Angesicht, sondern schreibe es für einen externen Blogartikel auf, den ich im Intranet vorbereite. Falls Sie mir, während ich diese Zeilen schreibe, einen Tipp geben, wie ich meinen Inhalt noch klarer und verständlicher machen kann, küsse ich Ihnen dafür die Füße. Unbezahlbar! Wenn Sie im Intranet sehen, dass ich an diesem Text arbeite, weil zum Beispiel in einem dynamischen Aktivitätsstrom eine Änderung an meiner Seite angezeigt wird, könnte das sogar passieren.

Wenn Sie zehn Minuten, nachdem ich die Arbeit für heute abgeschlossen habe, mit den Tipps ankommen, freue ich mich auch noch. Dann fange ich entweder noch mal an, weil ich den Kontext noch im Kopf habe, oder baue es direkt morgen ein. Aber wenn Sie dieselbe Änderung in drei Monaten vorschlagen, ist mir das möglicherweise gar nicht mehr so willkommen. Denn dann hat das keine Priorität mehr. Ich habe keinen Kontext und der Tipp verkommt schnell zu einer lästigen Aufgabe. Vielleicht denke ich sogar darüber nach, es zu ignorieren.

Das mag jetzt grob klingen. Aber Sie kennen doch die Realität. Wer sich konzentrieren kann, leistet mehr. Und zum Konzentrieren gehört, Nein zu sagen. Wenn Sie sich diese Situation durch den Kopf gehen lassen, wird Ihnen schnell klar, warum aktuelle und relevante Informationen für ein Intranet so wichtig sind.

Wenn Sie den Jetztmoment einfangen können, schaffen Sie mehr Heimat. Sie schaffen als Intranet-Projektteam mehr Verbindungen und mehr hilfreiche Interaktionen.

Intranets der Zukunft bilden also keine neuen Funktionen ab und lösen keine ganz neuen Anwendungsfälle, sondern sie etablieren ein

Heimatgefühl. Sie führen zusammen und bilden eine Art digitalen Kitt, der die Mitarbeiter zusammenschweißt. Ich spreche von einem Gefühl, wie es entsteht, wenn Sie mit Ihrer Familie bei einem entspannten Abendessen zusammensitzen und alle gut gelaunt sind. Dies wäre für mich das Ideal, das ein Intranet erreichen kann, auch wenn Sie über meinen Pathos die Augen verdrehen.

Unternehmen müssen sich heute mit Komplexität beschäftigen. Die Welt besteht mehr denn je aus Überraschungen und Veränderungen. Da draußen ist es kalt, unwirtlich und gefährlich. Ob es die Konkurrenz aus China oder das Start-up zwei Straßen weiter ist – alle wollen Ihre Marktanteile, Ihre Mitarbeiter, Ihre Kunden, und sie machen sich im Zweifel nicht viel daraus, wenn Sie dabei auf der Strecke bleiben.

Das Unternehmen muss nach innen einen Schutzschild bilden, unter dem sich die Mitarbeiter sicher und geborgen fühlen. Ab und zu muss man vielleicht auch mal ausruhen. Aber eigentlich will ich mich unter diesem Schutzschild konzentrieren können. Und obgleich die Welt da draußen immer lauter und gefährlicher wird, helfen schnelle und oberflächliche Maßnahmen immer weniger. Wer mal schnell ein Feuer auspustet, löst heute keine fundamentalen Herausforderungen, vor die uns der Markt stellt.

Echte Arbeit und echte Wertschöpfung finden in Projekten statt. Interdisziplinäre Teams arbeiten gemeinsam an einer Sache und bringen die unterschiedlichen Talente ihrer Mitglieder ein. So kommt Ihr Unternehmen voran. Ein Intranet ist keine Projektmanagement-Software, auch wenn es Ihre Projekte, Ihre

Kommunikation und Ihre Dokumentation unterstützt. Aber es ist nicht der Kern, den ein Intranet der Zukunft ausmacht.

Das Intranet gibt dem Unternehmen Identität. Es schafft Zusammengehörigkeit.

Es manifestiert, wer innen und wer außen ist. Es ist ein Ort, an dem man geschützt ist und den Kopf frei bekommt. Hier läuft alles zusammen. Hier helfen wir einander. Hier teilen wir unsere Erfolge und auch unsere Mißerfolge. Es ist ein Ort, an dem optimalerweise Transparenz und Offenheit und Vertrauen herrschen. Ein Ort, an dem jeder gerne ist und jeder mit seinen Stärken und Schwächen akzeptiert wird. Ein Ort, an dem ich mich sicher fühle, hilft mir dabei, meine beste Arbeit in die Organisation einzubringen.

Es gibt viele Unternehmen, die gar keine Sicherheit und Geborgenheit stiften wollen. Sie glauben, dass es gut ist, wenn unter den Mitarbeitern die Angst regiert. Für solche Organisationen werden die Intranets der Zukunft zunehmend unattraktiv sein. Aber diese Unternehmen müssen sich auch zunehmend damit abfinden, dass ihr Organisationsmodell im Hinblick auf den Umgang mit Komplexität krasse Schwächen hat.

Okay, Sie müssen los. Es war ein schönes Gespräch mit Ihnen! Hm, haben Sie auch den Eindruck, dass ich ein bisschen häufiger zu Wort gekommen bin als Sie? Nun ja, ich kann eben nicht aus meiner Haut.

Ich wünsche Ihnen auf jeden Fall, dass Sie es im Hier und Jetzt schaffen, eine Intranet-Software auszuwählen und erfolgreich einzuführen, die die ganz konkreten Anwendungsfälle Ihrer Organisation unterstützt. Lassen Sie sich von agilen Träumen von Transparenz und Vertrauen nicht zu sehr ablenken. Das ist wichtig, aber ein "Langzeitprojekt". Gerade in großen Unternehmen gilt nach wie vor erst mal, dass handfeste, gute und zuverlässige Software die beste Basis schafft.

Wenn Sie die finden und nutzen, ist schon viel gewonnen. Und vielleicht entstehen damit ja ein paar Grundlagen, mit denen Sie andere Themen vorantreiben können.

Meine besten Wünsche für diese Reise. Sie ist mühsam. Halten Sie durch! Die Ergebnisse rechtfertigen viele Schmerzen und nutzlose Meetings. Alles wird gut. Schön, dass wir uns mal darüber unterhalten haben!
Kurzlink zu diesem Kapitel:
https://seibert.biz/intranetbuchzukunft

Anwendungsbeispiele

Welche Nachrichten veröffentlichen wir in unserem Intranet? Wie nutzen wir es für das Onboarding neuer Mitarbeiter? Beispiele aus unserem Unternehmen zeigen, wie ein Intranet lebendig wird.

Nachrichten aus unserem Intranet veröffentlichen

Auf der folgenden Seite sehen Sie eine Übersicht der Nachrichten in unserem Intranet-Portal von Ende 2019.

// SEIBERT / MEDIA
All news
Happy Remote Christmas
Linchpin-Roadmap: Gute Vorsätze für 2020
BWA November 2019 der Blogbeitrag
Zeit ist Geld?
State of the Month Dezember 2019 - "Produktgeschäft ist wie Klimawandel, nur in gut"
Lachender Kobold
Update 12/2019 zur Psychonauten-Teambetreuung
Halli Hallo !
The video guy
Fliegende Pinguine
In 3 Schritten zum MLP?
Von Mondscheinsonate und Apfelmus
Linchpin 2019 - ein Rückblick
Fünf Einzelapps werden im Frühjahr 2020 vom Marketplace genommen
Erster Logbuch-Eintrag
Straight outta Hunsrück
Glaskugel BWA November 2019
Die neuen Halo Reviews: Hands on, statt frontal.
BWA Oktober 2019 der Blogpost
Farmer und Vertical Farming - Ein Zwischenbericht zur Initiative
English Content Request Process
Hallo an alle
Wohin mit alten Schuhen?
Ich bin 's, Desi!
Product Management Festival 2019
Tools 4 Agile Remote Teams
Logbuch eines interdisziplinären Livegangs
State of the Month November 2019 - "Ja, das ist Winterspeck, na und?"
Working remotely
The Pre-Onboarding Process: A Retrospective
XP Days Germany 2019

Quelldatei zum abgebildeten Screenshot: https://seibert.biz/newsausunseremintranet)

Diese Übersicht ist weder gekürzt noch sonst wie verändert. Es handelt sich um einen Original-Screenshot.

Die ersten sieben Überschriften und Dachzeilen der jüngsten Nachrichten in diesem Screenshot lauten wie folgt:

> Happy Remote Christmas (Neulich zufällig in der Teeküche ...)
> Linchpin-Roadmap: Gute Vorsätze für 2020 (Wollen wir Sponsored Developments?)
> BWA November 2019 – der Blogbeitrag (Oh du Fröhliche ...)
> Zeit ist Geld? (Validierung des Konzepts: Arbeitszeit ist gehaltsbestimmend)
> State of the Month Dezember 2019 – “Produktgeschäft ist wie Klimawandel, nur in gut”
> Lachender Kobold (Ich richte mir eine Dev-Umgebung ein)
> Update 12/2019 zur Psychonauten-Teambetreuung

Noch interessanter und erkenntnisreicher ist vermutlich eine Auflistung nach Typ und Zielsetzung der Nachricht, denn diese Typen und Ziele lassen sich prima auf andere Organisationen übertragen.

Es gibt Selbstvorstellungen neuer Kollegen, die im Rahmen ihres Onboarding-Prozesses angehalten sind, initiale Blogposts zu schreiben, damit sie im Unternehmen bekannter werden. Diese Blogartikel sind für viele unserer bestehenden Mitarbeiter der erste qualitative Kontakt mit einem neuen Kollegen. Zwar findet am ersten Tag eine Büroführung statt, bei der ein paar Hände geschüttelt werden. Außerdem bringen Neulinge morgens einen Kuchen mit, und zum Feierabend wird noch eine Limo (oder auch ein Bierchen) getrunken. Aber diese Zusammenkünfte beschränken sich normalerweise auf die Teams, in denen die Mitarbeiter starten. Die Blogposts bieten zusätzliche Informationen über Hobbys und Privatleben, aber natürlich auch über die geschäftlichen Aufgaben, die die Neuen übernehmen werden. Wir geben hier weder Form noch Inhalte vor. Manche Leute erledigen die Aufgabe kurz und bündig, andere werden ziemlich ausführlich mit Fotos und vielen Details.

Vermutlich am meisten gelesen werden unsere BWA-Meldungen und die Prognosen, die wir "Glaskugeln" nennen. Die BWA (für "betriebswirtschaftliche Auswertung") kommt in der Regel ein paar Tage nach Ablauf eines Monats aus der Buchhaltung. Es handelt sich um die tatsächlichen Geschäftszahlen, die allen Mitarbeitern gleichzeitig zur Verfügung gestellt werden. Es gibt also keine Vorabversion für die Geschäftsführung oder die Gesellschafter und auch keine unterschiedlichen Versionen für "normale" Mitarbeiter und Management. Die BWA ist die offene und ehrliche Antwort auf die Frage, wie unser Geschäft läuft. Zusätzlich gibt es eine sachliche Interpretation aus der Buchhaltung, um es auch weniger kaufmännisch erfahrenen Kollegen zu ermöglichen, die Zahlen zu interpretieren. Die Glaskugel ist ein ähnliches Instrument; allerdings blicken wir hier nicht zurück, sondern in die Zukunft. Wir nennen sie so, weil viele Elemente darin noch geschätzt oder vorläufig sind.

Die Glaskugel, die zumeist direkt nach Ablauf des Monats veröffentlicht wird, ist die Antwort unserer Strategen auf die Frage: "Müssen wir uns auf den Untergang vorbereiten oder können wir Investitionen für die Ausweitung des Geschäfts tätigen?" Ein dritter Nachrichtentyp mit Auswertungscharakter ist die "State of the Month"-Meldung meines Kollegen Sebastian. Immer in der Mitte eines Monats sieht er sich unsere Zahlen an und interpretiert sie. Er vergleicht sie mit dem Vorjahr und dem Vormonat und rechnet vor, wie das Ergebnis aussehen könnte, wenn die zweite Monatshälfte genauso läuft wie die erste. Das ist die Prognose mit der größten Vorhersagedauer, die wir regelmäßig und institutionell an alle kommunizieren.

Diese drei spannenden Berichte werden viel gelesen und rege kommentiert. Die BWA ist sozusagen die Wahrheit, die Glaskugel gibt eine ziemlich genaue Schätzung und "State of the Month" ist eine Art aktuelle Wasserstandsmeldung.

Solche Nachrichten sorgen dafür, dass wir alle zusammen den Überblick über unser Geschäft behalten, niemand spekulieren muss und keine Gerüchte aufkommen. Das würde ich als den "Killer-Content" unseres Intranets bezeichnen. So nennt UX-Papst Jakob Nielsen diejenigen Inhalte, die für die Nutzer besonders attraktiv sind und die das Intranet aufwerten (siehe "Literaturempfehlungen").

Weitere häufige Meldungen sind Ankündigungen aus unseren Produkt- und Dienstleistungsteams. Diese Art von Nachrichten dürfte in den meisten Organisationen zum Standardrepertoire gehören: Wir haben ein neues Produkt. Oder wir haben etwas an einem Produkt verbessert. Oder wir bieten etwas Besonderes an. Oder wir verändern die Art und Weise, wie etwas abläuft. Es liegt im natürlichen Interesse der Teams oder Abteilungen, dass möglichst viele Leute im Unternehmen wissen, dass es diese Änderung gibt, damit sie sie in der Kommunikation mit Kunden und Externen aufgreifen können: Entweder helfen sie uns dabei, dieses neue Angebot besser abzusetzen, oder sie unterstützen uns, falls es zu Problemen durch die Änderungen kommt. Denken Sie mal darüber nach, wie solche Nachrichten bei Ihnen kommuniziert werden, wie viele Menschen auf diese Weise erreicht werden und wer solche Nachrichten erstellen darf. In einem Unternehmen wie unserem gibt es jede Woche mehrere Teams, die solche Meldungen loswerden wollen. Wenn hier beispielsweise die Produktmanager anfangen würden, jedes Mal eine Info-Mail an alle Mitarbeiter zu schreiben, wäre ein unüberschaubares und vor allem komplett wirkungsloses Chaos vorprogrammiert! Hier kann eine voll personalisierte Plattform, die auf dem Pull-Prinzip beruht, ihre ganze Stärke ausspielen und auch für Organisationen mit vielen Tausend Mitarbeitern noch eine übersichtliche Nachrichtenlage zu den relevanten Themen anbieten.

Ein klassisches News-Format bilden bei uns auch Rückblicke auf Jahre oder Halbjahre sowie Vorschauen. In den Rückblicken sind häufig Geschäftszahlen und tatsächliche Absatzzahlen nachzulesen. Bei den Vorschauen geht es zumeist um Planungen, die wir heute schon absehen können – zum Beispiel die Beteiligung an einer großen Messe, auf der das Team eine neue Version eines Produkts vorstellen will, oder eine Produkt-Roadmap, die insbesondere für unser Marketing wichtig und wertvoll ist. Zu den Ausblicken gehören außerdem die strategische Ausrichtung und die Taktiken für die künftige Entwicklung unseres Geschäfts mit den entsprechenden Plänen und Veränderungen. Ein Ziel besteht hier darin, dass die nun informierten Mitarbeiter aus anderen Bereichen sich mit ihren Teams besser auf diese Strategien einstellen können, und nicht selten entstehen so noch mal Diskussionen, die wir hier und da aufgreifen, um weitere Anpassungen und Justierungen vorzunehmen. Wie Sie merken, sind unsere News keine Einbahnstraßen: In vielen Berichten über Zahlen und Entwicklungen werden Rechtschreibfehler und Zahlendreher durch die Rückmeldungen der aufmerksamen Leser korrigiert oder Unklarheiten beseitigt.

Natürlich nutzen meine Kollegen das Aufmerksamkeitspotenzial unserer internen Nachrichten auch für Umfragen. Übrigens erlebe ich bei manchen Kunden eine Art Schockstarre, wenn wir vorschlagen, doch mal eine Umfrage unter allen Mitarbeitern durchzuführen. Mir ist schon klar, dass unsere gänzlich ungeregelte Art und Weise, Antworten grundsätzlich ungeprüft zuzulassen, in einem Konzern schnell zu einem "Feedback-Anfragen-Overkill" führen könnte. Allerdings gilt das vermutlich für Nachrichten im Allgemeinen ebenso. Daher gibt es in unseren Intranet-Konzepten Personalisierungsmöglichkeiten, um Nachrichten und Umfragen an die konkret gewünschten Zielgruppen zu versenden, während News, die zur Ausstrahlung für alle vorgesehen sind, in der Regel stärker reguliert werden.

Die erwähnte Schockstarre rührt manchmal auch daher, dass Umfragen nicht selten mitbestimmungspflichtig sind und die Genehmigung des Betriebsrats erfordern. Über die Zusammenarbeit mit dem Betriebsrat haben wir ja bereits gesprochen. Deshalb nur so viel: In den Projekten, in denen Kunden ernsthaft versucht haben, eine Umfrage auf die Beine zu stellen, ist das auch immer gelungen und nie am Betriebsrat gescheitert. Deshalb empfehle ich Ihnen, die Option von Umfragen im Intranet (gerade für spitze und kleine Zielgruppen/Nischen) keinesfalls zu verwerfen. Eine Anfrage beim und die Abstimmung mit dem Betriebsrat kann auf jeden Fall lohnend sein.

Wenn wir interne Veranstaltungen für Mitarbeiter oder externe Events mit Kunden durchführen, sind diese Termine im Eventportal unseres Intranets zu sehen:

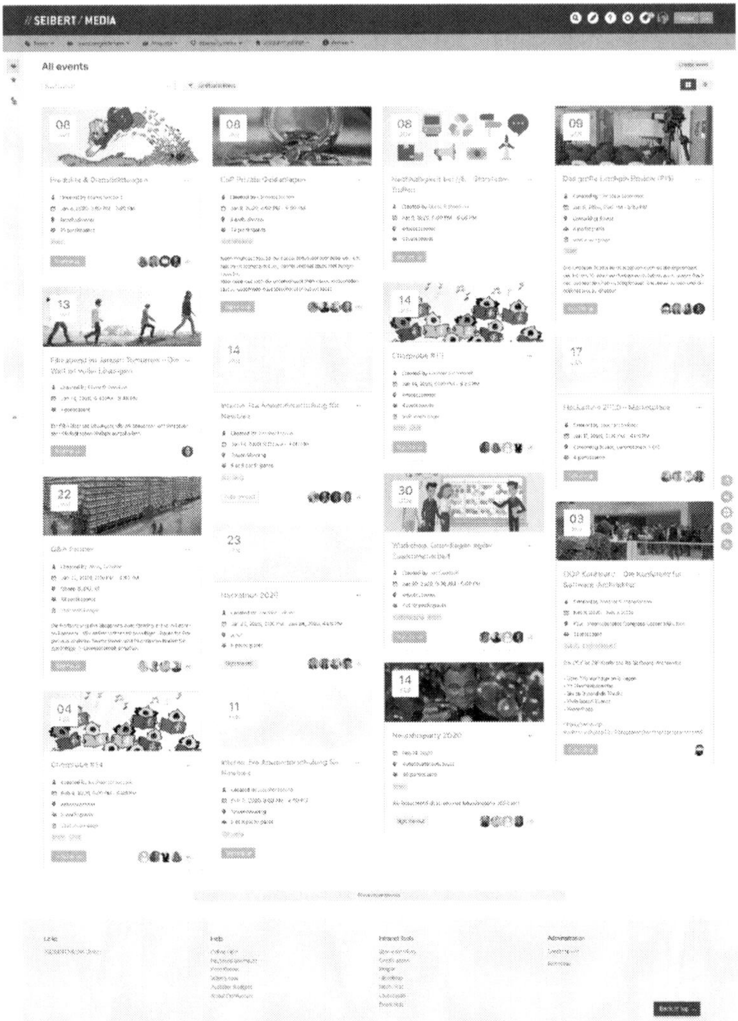

Das Eventportal in unserem Intranet (Quelldatei: https://seibert.biz/intraneteventportal)

Trotzdem veröffentlichen die Teams solche Veranstaltungen oft zusätzlich im Microblog und bei wichtigen Terminen auch als News-Artikel. Das sind bewusst redundante Ankündigungen, die

die einzelnen Veranstaltungen dann wiederum als Einzelevents beinhalten:

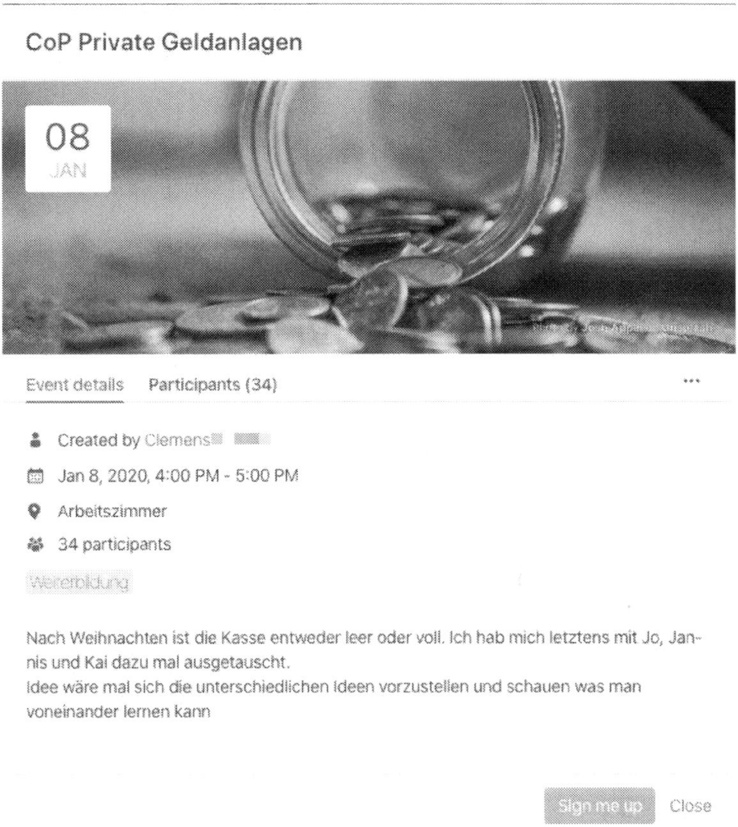

Darstellung einer einzelnen Veranstaltung im Intranet

Immer gut für News-Inhalte sind bei uns Aktivitäten aus dem Prozess der Unternehmensentwicklung, der internen Organisation und der Strategie. Im Rahmen unserer sogenannten Agile Org beschäftigen wir uns regelmäßig mit Nachhaltigkeitsthemen, aber auch mit solchen Fragen, die sich entweder auf alle Mitarbeiter oder auf alle Kunden oder auf unsere zentralen Prozesse auswirken – von Gehaltserhöhungen über die Schichtpläne bei unserer Server-Betreuung bis hin zum Aus- und Umbau unserer Büroräume. Kundenthemen in der Agile Org betreffen zumeist Aspekte, die entweder für Kunden große Vorteile bringen oder die zu Beschwerden führen können. In der Regel kommunizieren unsere dedizierten (temporären) Bearbeitungsteams schließlich, wie wir vorgehen werden, um die Sache wirksam und effizient abzuwickeln. Und dazu entstehen wiederum ziemlich intensive Diskussionen.

Bemühungen wie die um unsere ISO-Zertifizierungen sowie Prozessbeschreibungen und Ablaufstandardisierungen sind ebenfalls News-Gegenstände – auch wenn ich bei diesen Nachrichten hin und wieder den Eindruck habe, dass die Leute erst dann wach werden, wenn sie selbst betroffen sind. Das ändert natürlich nichts an der Notwendigkeit einer frühen Kommunikation. Während jedoch unsere Unternehmenszahlen und Agile-Org-Storys stets rege Diskussionen auslösen, habe ich den Eindruck, dass die Ankündigung einer Zwei-Faktor-Authentisierung für Google zunächst kaum Interesse weckt. Umso heftiger ist der Einschlag, wenn die Umstellung tatsächlich erfolgt! Wenn Sie für Ihre Intranet-News also vor allem Standards und Normen anzubieten haben, sollte Ihnen bewusst sein, dass das wohl noch kein Killer-Content ist.

Außerdem ist bei uns das nicht verpflichtende, aber doch übliche Verfahren zu beobachten, dass Kollegen, die auf Konferenzen oder teuren Weiterbildungsveranstaltungen gewesen sind, in internen News-Artikeln von ihren Erfahrungen und Erkenntnissen berichten.

Lassen Sie mich Ihnen in diesem Zusammenhang noch ein paar Gedanken an die Hand geben, die für Ihr Intranet-Projekt inspirierend oder als Hintergrundinfos hilfreich sein könnten:

Wir haben keinen Redaktionsplan für interne News und auch keine zentrale Steuerung. Es gibt keine vorgeschalteten Freigabeprozesse und keine Vorschriften, wer was zu welchem Thema wann veröffentlichen darf. Gewiss, manche Beiträge haben eine größere Bedeutung als andere, und es kommt durchaus vor, dass wichtige Nachrichten für meinen Geschmack zu schnell davongeschwemmt werden, weil neue Beiträge chronologisch oben landen.
Wir nutzen News-Artikel, seit wir etwa 80 Mitarbeiter sind. Mit zunehmender Unternehmensgröße und Akzeptanz des internen Bloggings steigt natürlich auch die Menge der veröffentlichten Nachrichten, sodass Neues schnell wieder aus dem Blickfeld rückt. Es ist ein bisschen wie bei den Nachrichten auf Online-Portalen oder in klassischen Zeitungen: Kaum jemand sieht sich die alten Sachen von gestern und vorgestern an.

Aktuell bieten wir in unserer Linchpin-Intranet-Lösung noch die Funktion, Nachrichten für einen bestimmten Zeitraum oben zu fixieren. Diese sehr zweifelhafte Alternative habe ich vorhin schon ausgiebig beklagt.

Eine bessere und nachhaltigere Reaktion auf ein hohes Nachrichtenaufkommen wären die Etablierung und Nutzung unterschiedlicher News-Kanäle und eine Personalisierung nach Zielgruppen. So könnten Sie zum Beispiel die Selbstvorstellungen neuer Mitarbeiter in einem eigenen Kanal bündeln, damit diese auf der Intranet-Startseite weniger Platz einnehmen und weniger prominent sind.

Aktuell haben wir keine Qualitätskontrolle und die Nachrichten haben manchmal gar keine Dachzeile. Das ist zwar nicht schlimm, sorgt jedoch dafür, dass die Darstellung nicht immer einheitlich ist. Viele Intranet-Teams gehen mit einer ordentlichen Portion Eitelkeit an ihre Projekte heran, ohne dass ich dieses Streben abwerten möchte. Diese Eitelkeit ist bei uns teils nicht besonders stark ausgeprägt. Für uns zählen die Aktualität und die Qualität der eigentlichen Inhalte mehr. Wir denken allerdings darüber nach, die Operationalisierung etwas stärker zu kontrollieren und zumindest nachträglich zu optimieren, wenn sich die Autoren selbst keine Zeit dafür nehmen. Das ist einfach, schnell und pragmatisch und sorgt auf konstruktive Art und Weise dafür, dass die Autoren lernen, was gute Qualitätsstandards sind und was ihnen noch fehlt, um sie zu erreichen.

In Projekten hören wir aus den Intranet-Teams immer wieder, dass dafür keine Ressourcen zur Verfügung stehen. Das ist okay und bei uns ja aktuell genauso. Während viele Kunden sich nun dazu entschließen, minimale Qualitätsstandards festzulegen, und damit in Kauf nehmen, dass Nachrichten in der Produktion stecken bleiben, weil den Autoren die Anforderungen nicht bewusst sind oder weil sie keine Zeit oder Lust haben, sie einzuhalten, gehen wir einen anderen und (wie ich finde) pragmatischeren Weg: Wir erlauben unseren Kollegen einfach, Nachrichten auch weniger formal zu veröffentlichen, und leben damit, dass ein paar Beiträge keine

Dachzeilen, keine Teaser-Texte und keine optimierten Vorschaubilder haben. Es gibt hier kein Richtig und kein Falsch. Und es ist immer eine Frage der Prioritäten. Für unser Intranet-Team ist es wichtig, dass wir viele und aktuelle Nachrichten anbieten, die die Plattform für die Mitarbeiter zu einer begehrten Quelle für relevante Informationen macht. Wir haben übrigens Kollegen, die in unserem Intranet-Microblog bereits darum gebeten haben, bestimmte Meinungsumfragen-Posts in eine eigene Kategorie zu verlegen, damit sie diese deaktivieren können. Die Personalisierung wird also auch bei 180 Leuten schon aktiv eingefordert und gelebt.

Kurzlink zu diesem Kapitel:
https://seibert.biz/intranetbuchnachrichten

Onboarding mit dem intergalaktischen Flugplan

Die hochwertige, wirksame und effiziente Einarbeitung neuer Kollegen ist für viele Unternehmen sehr wichtig – und leider auch über weite Strecken ungelöst. Natürlich gibt es Menschen, die ein Talent für so etwas haben und die sich der Neulinge mit großer Güte und großem Engagement annehmen.

Mein Kollege Torsten, der bei uns hauptamtlich als Entwickler tätig ist, wird von Kollegen gern mal Papa Schlumpf genannt, weil er in seiner Karriere so viel wie wohl niemand sonst für die Einarbeitung neuer Mitarbeiter getan hat. Er treibt auch unser gemeinnütziges Konzept programmieren.de voran, in dessen Rahmen wir Kinder und Jugendliche in die Grundlagen der Programmierung einführen. Er nimmt außerdem unsere Azubis aus allen Bereichen zur Seite, um gemeinsam mit ihnen zu coden. Er ist ein Entwickler, an dem ein Lehrer verloren gegangen ist. So etwas ist unbezahlbar für ein Unternehmen. Aber leider ist das weder systematisch herstellbar, noch skaliert es. Auch Torsten ist mal im Urlaub, krank und/oder mit Projektarbeit ausgelastet.

Deshalb ist es womöglich eine gute Idee, wenn wir mal darüber nachdenken, wie wir ein Intranet nutzen können, um Papa Schlumpf nachzueifern und um vielleicht einige Aspekte seiner Betreuungsarbeit digital abzubilden.

Orientierungshilfen für Neueinsteiger sind etwas, das unser Intranet recht erfolgreich anbietet. Bezogen auf die vielen unterschiedlichen Spezialsysteme sind das drei Dinge:

> Ein Launchpad: Mit dem sogenannten Launchpad ist ein Bereich gemeint, der als Absprungpunkt für unsere am häufigsten genutzten und wichtigsten Systeme dient. Hier erscheinen (personalisiert) diejenigen Werkzeuge, die zur Rolle des Nutzers gehören.
> Eine Navigation: Solche Menüs helfen dabei, sich über die Inhalte zu orientieren. Sie können natürlich auch für Tool-Übersichten genutzt werden.
> Ein Diagramm: Inhaltlich ist das der beste Weg, um ein Gefühl für das Gesamte zu bekommen. Gerade Funktionsüberschneidungen lassen sich mit einem Diagramm sehr schön darstellen und bewusst machen.

Bei uns gibt es für jeden Neuling einen sogenannten intergalaktischen Flugplan. Gucken Sie mal:

Beispiel eines Flugplans für das Onboarding meines Kollegen Björn. Quelldatei: https://seibert.biz/onboardingflugplan

Dieser intergalaktische Flugplan zur Einarbeitung ist eigentlich nicht viel mehr als eine simple Checkliste im Intranet, die wir grafisch etwas aufgepeppt haben. Finden Sie cool? Die Vorlage ist quelloffen. Sie können sie kostenfrei in Ihrem Unternehmen verwenden. Sekunde, ich schicke Ihnen den Link in Telegram rüber: https://seibert.biz/intergalaktischerflugplan

Diese Checkliste ist in die folgenden Bereiche und Aufgaben unterteilt.

Unsere Onboarding-Checklisten

Erste Woche:

Backe uns einen Begrüßungskuchen.

Kämpfe dich erfolgreich durch die Basis-Koordinaten.

Lies die Passwortrichtlinie durch, setze ein sicheres Passwort und schau dir das 1Password-Video an. Lass dich niemals von der IT erwischen, wenn du irgendwo 123456 oder Geheim0815 eingibst.

Am besten wirfst du auch gleich mal einen Blick auf die IT-Support-Grundlagen – sicher ist sicher!

Schreibe deinen ersten Logbucheintrag als Blog-Post und verlinke ihn in deinem Eintrag im Logbuch unter "Erfahre mehr über mich".

Erstelle und pflege dein Profil im Wiki. So könnte das Ganze aussehen (Beispiel).

Stöbere in der "Encyclopaedia Galactica seibertmediae".
Erstelle deinen eigenen Avatar für euer Team-Board und schicke ihn an den Ponyhof – oder lass dir zeigen, wie es geht!
Safety first – vereinbare mit Team IT einen Termin zum Security-Audit. Hier kannst du direkt einen Termin buchen.
Verbuchung von Arbeitszeiten – lies dir durch, was wie wohin gebucht werden soll, darf oder auch nicht. Sprich mit deinem Team darüber und wende dich bei Fragen gerne an deine PO/SO.
Du bist neu in Wiesbaden? Dann schau dir unsere Tipps für Neuankömmlinge an.

Den einzelnen Aufgaben ist jeweils eine bestimmte Anzahl Sterne zugewiesen – je nachdem, mit wie viel Aufwand etwas verbunden ist oder wie wichtig der Punkt im Onboarding-Prozess ist. Viele Elemente haben Links auf weiterführende Seiten mit Infos und Anmeldemöglichkeiten sowie Ansprechpartnern im Intranet. Grundsätzlich gilt auch hier: Jeder kann Änderungen und Ergänzungen vornehmen. Als unternehmungslustiger Kollege sollten Sie allerdings darauf gefasst sein, dass ziemlich viele Mitarbeiter das Vorlagendokument beobachten und wissen, dass Ihre Änderungen direkt für künftige Kollegen relevant werden. Da können Sie nicht einfach irgendeinen Quatsch eintragen, ohne dass Sie eine Breitseite an Kritik als Quittung bekommen. Viele Unternehmen haben Angst davor, dass so ein wichtiges Vorlagendokument allen Intranet-Nutzern zur Bearbeitung zugänglich ist. Noch mehr Angst haben jedoch die Mitarbeiter selbst: Sie werden wirklich nur Anpassungen vornehmen, die gut begründet sind. Das Problem ist nicht das Recht zur Änderung, sondern das Zutrauen, dass die eigene Änderung werthaltig genug ist.

Wir arbeiten schon seit mehreren Jahren an der Vorlage und haben bereits Hunderte kleiner Iterationen durchlaufen. Auch wenn die Details dieses Flugplans für die Überlegungen zu Ihrem Intranet-Projekt wohl etwas zu weit führen, können Sie an der einen oder anderen Stelle ja vielleicht als Inspiration dienen. Hier sind die weiteren Aufgabenlisten:

Organisatorisches:

Lass ein Foto von dir machen. Erstelle einfach hier (Link) ein Ticket, dann weiß Magdalena Bescheid. Sie macht die Fotos immer im Anschluss an das Agile-Org-Frühstück.

Trage deinen Geburtstag in unseren //SEIBERT/MEDIA-Geburtstags-Kalender ein, damit du auch nicht vergisst, Kuchen zu backen.

Lies dir das Vorgehen zur betrieblichen Altersvorsorge (bAV) bei //S/M durch und vereinbare anschließend einen Termin mit Timo oder Oli, um die Vorteile einer bAV persönlich zu besprechen.

Trink einen Kaffee mit Timo oder Silke und sprich über An- und Abwesenheiten (flexible Arbeitszeiten, Gleitzeitkonto, Überstunden, Urlaub, Freizeitausgleich, Krankheit).

Schau dir mit einem Kollegen das Wer-darf-was-Board an und bestelle etwas.

Finde heraus, ob du auch sonntags ins Büro kommen könntest.
Informiere dich über den Ablauf der Gehalts-Checks und nimm an der nächsten Info-Veranstaltung teil.
Sprich mit Jan über unsere Werte (wenn du schleimen willst, lern sie vorher auswendig).
Wirst du für uns reisen? Dann sprich bitte vor deiner ersten Reise mit Micha über den Ablauf.

Mentorenprogramm:
Organisiere zusammen mit deinem Lotsen deine Feedbackgespräche bis zum Ende der Probezeit:

1. Feedbackgespräch
2. Feedbackgespräch
3. Feedbackgespräch
4. Feedbackgespräch

Weiterbildung – lass dir von deinem Lotsen erklären, wie das mit der Weiterbildung bei //SEIBERT/MEDIA läuft, und finde mindestens zwei Dinge, die dich interessieren würden.
Sprich mit Jan über das Mentoring bei //SEIBERT/MEDIA.
Sprich mit Silke oder Anna über Probezeit und Feedbackformulare.
Stelle am Ende deiner Probezeit dein Mentoren-Team zusammen.

Soziales:

Mach einmal bei einer sportlichen Aktivität mit: Fußball? Joggen? Treppenlaufen? Schwimmen? Oder hast du andere Ideen und Vorschläge? Frag einfach Torsten, wie es läuft!

WG-Regeln?

Mach ein Selfie mit einem anderen Team und poste es mit #dashpic im Microblog

Nimm an einem Filmabend teil.

Organisiere ein Mittagessen mit den Gesellschaftern bzw. der Geschäftsführung.

Hol dir die //SEIBERT/MEDIA-App.

Organisiere mindestens ein Mal das Freitagsbierchen.

Du singst gerne? Wie wär's mit Chor?

Schulungen und Veranstaltungen:

Damit du auch sofort im Bilde über unsere internen Veranstaltungen bist, zu denen du natürlich eingeladen bist, wirf doch auch einen Blick auf die aktuelle Terminübersicht.

CoP steht für Community of Practice, nimm mal an einem teil.

Nimm an möglichst vielen Reviews mindestens ein Mal teil:

Linchpin

Brogrammers

Nimm an einer JIRA-Schulung teil.

Nimm an einer Confluence-Schulung teil.

Nimm an einer G-Suite-Schulung teil.

Geh zum nächsten LizenzEinmalEins mit Toni.

Neubi erklärt wieder mal unsere Dienstleistungen und Produkte? Sei dabei.

Wir lieben Feedback! Aber warum denn eigentlich? Finde es heraus!
Nenne uns drei Dinge, die du neuen Mitarbeitern mit auf den Weg geben würdest, die dir aufgefallen sind oder die du anders machen würdest.

Agile Org:

Sprich mit Sven oder Clemens über die Agile Org.
Nimm an einer Agile-Schulung für Einsteiger teil.
Nimm am nächsten Hackathon teil.
Was ist das Pull-Prinzip? Frag Sven!
Was hat ein Pfirsich mit //SEIBERT/MEDIA zu tun? Frag Paul oder Clemens.
Flache Hierarchien? Wer hat hier eigentlich das Sagen? Frag mal Jo.
Marketing und Vertrieb machen wir ganz anders! Aha!? Martin erklärt dir, was das bedeutet und was du dazu beitragen kannst.
Lass dir von mindestens drei Teams ihr Board erklären.
Sprich mit Oli über unseren Gehaltsfindungsprozess.

Rein technisch wäre es natürlich ein Leichtes, einen solchen Flugplan auch mit einer Personalisierung zu versehen, sodass zum Beispiel je nach Abteilungszugehörigkeit oder Rolle zusätzliche Bereiche eingeblendet werden können. Das haben wir intern schon mal andiskutiert, erreichen aber erst jetzt langsam eine Unternehmensgröße, bei der sich das lohnen würde. Für einige unserer Kunden ist das schon diskutiert und meines Wissens auch umgesetzt worden. Machbar ist es jedenfalls recht einfach.

Warum Onboarding-Checklisten sinnvoll sind

Die Vorteile solcher Checklisten im Intranet leuchten den meisten unserer Kunden direkt ein. Die Transparenz darüber, wer mit der Einarbeitung gerade wie weit ist, motiviert die Mitarbeiter intrinsisch, die Liste tatsächlich zu bearbeiten. Der Fortschritt wird darüber hinaus während der Probezeit bei uns auch mit dem zugewiesenen Lotsen abgestimmt. Die Bearbeitung selbst ist freiwillig. Wir schreiben niemandem vor, was er erledigen muss. Nicht optional ist hingegen, sich überhaupt mit der Checkliste zu beschäftigen. Wer damit gar nicht arbeitet, wird erst freundlich, dann bestimmt darauf hingewiesen. Aber es gibt keine einzelnen Pflichtelemente und auch kein "Mindestvolumen". Es ist eher eine Abwägung des Lotsen, der prüft, ob der Mitarbeiter sich gut einarbeitet. Und das geht natürlich auch abseits der Checkliste.

Ein großer Vorteil der Checkliste besteht darin, dass sie einfach zu bearbeiten und eigenständig zu erledigen ist. Statt die Personalabteilung mit diesen Administrationsaufgaben zu beschäftigen, wird die Arbeit komplett auf den Mitarbeiter selbst verlagert. Und das funktioniert bei uns sehr gut. Über die Sterne erhalten die Kollegen einen Eindruck, wie weit sie schon vorangeschritten sind, und in der Übersicht gibt es auch einen aktuellen Schnappschuss, der zeigt, wie es im Vergleich zu anderen Newbies aussieht. Wir bilden dabei bewusst keine Ranglisten. Es geht uns nicht darum, dass einzelne Mitarbeiter besonders viele Sterne sammeln. Es soll eher eine Art Benchmarking sein. Die Kollegin, die am selben Tag angefangen hat wie ich: Wie viele Sterne hat die schon? Wie stehe ich im Vergleich zu den anderen Kollegen da?

Für mich als Gesellschafter hat der intergalaktische Flugplan den Vorteil, dass die neuen Mitarbeiter sich fast alle eigenständig bei mir melden, um über Marketing und Vertrieb zu sprechen. Das ist für mich eine gute Gelegenheit, etwas über unserer Kultur zu erzählen und die Leute noch besser kennenzulernen.

Und das Ganze ist aus Sicht unserer Organisation so wunderbar einfach. Für jeden neuen Mitarbeiter kopieren wir einfach die Vorlage und personalisieren die Intranet-Seite mit dem Namen. Anschließend liegt der Druck der Transparenz auf ihm. Will ich mich mit meiner Einarbeitung beschäftigen? Wie schnell? Und wie viel Zeit investiere ich? All das ist bei uns selbst organisiert und muss nicht von irgendwem zentral geprüft und koordiniert werden. Es ist auch keine lästige administrative Aufgabe, weil das entsprechende Drumherum tatsächlich gering ausfällt.

Und es entsteht noch ein weiterer Vorteil. Gerade in anspruchsvollen Rollen mit viel Komplexität müssen Mitarbeiter fachlich ziemlich viel lernen und auch Erfahrung sammeln. Es dauert nicht selten ein paar Monate, bis sie vollkommen eigenständig an Aufgaben arbeiten können. Das bedeutet, dass sie ihr Team zu Beginn noch nicht besonders produktiv unterstützen können. Der intergalaktische Flugplan hilft ihnen jedoch dabei, sich sinnvoll selbst zu beschäftigen, wenn das Team gerade keine Zeit und Ressourcen in die Einarbeitung investieren kann. Und machen wir uns nichts vor: Das kommt immer wieder mal vor. Unsere neuen

Mitarbeiter sind beschäftigt. Das ist gut für unser Unternehmen. Viele unserer Kunden lieben die Idee und adaptieren sie. Deshalb haben wir den Code für die Umsetzung auf vielfache Nachfrage auch öffentlich gemacht.

Autarke Früheinarbeitung – schon früher loslegen

Bei unserem Partnerunternehmen Atlassian bekamen 2014 alle neuen Mitarbeiter zum Start des Jobs erst einmal vierzehn Tage Urlaub. "Start fresh" nannte das Unternehmen das. Ich war beeindruckt! So ausgeruht und mit einem klaren Kopf startet es sich auch viel besser, oder?

Ich weiß nicht, ob Atlassian das heute immer noch macht, aber wir haben das Verfahren nicht übernommen. Viele unserer Ideen der internen Organisation sind von Atlassian entlehnt. Diese nicht. Wir machen quasi genau das Gegenteil. Natürlich ist es – wie eigentlich alles bei uns – nicht verpflichtend. Und wir geben uns große Mühe, damit unsere Mitarbeiter wirklich verstehen, dass die autarke Früheinarbeitung ein Angebot für Interessierte und kein gruppendynamischer Zwang oder keine Erwartungshaltung ist.

Als autarke Früheinarbeitung bezeichnen wir die Möglichkeit, sich selbstständig mit unserem Unternehmen zu beschäftigen und sich zumindest virtuell in unserer Organisation aufzuhalten. Ganz konkret erhalten Kollegen, die nach der Unterzeichnung eines Arbeitsvertrags an dem Angebot interessiert sind, von uns schon vor dem ersten richtigen Arbeitstag einen Zugang zu unseren Online-Systemen, ein Notebook und (in einigen Fällen) ein Smartphone.

Mit diesem Zugang und den Geräten können sie sich autonom und früh selbst einarbeiten. Seitens unserer Personalabteilung gibt es in dieser Phase keine Betreuung. Eine autarke Früheinarbeitung erfordert immer die Zustimmung und Betreuung des Teams, in dem der neue Mitarbeiter starten wird, denn irgendwer muss ja auch Fragen beantworten und dem Kollegen das Gefühl geben, willkommen zu sein und Antworten zu erhalten.

Das Konzept ist erst wenige Monate alt und daher kann ich noch keine verlässlichen Aussagen treffen. Immerhin sehe ich, dass die Leute es intensiv wahrnehmen. Etwa 60 Prozent unserer neuen Mitarbeiter nutzen es. Wir beobachten aktuell sehr genau, ob diese Kollegen sich möglicherweise implizit dazu gezwungen sehen, sich schon vor Dienstantritt einzuarbeiten. Allerdings geben die Gespräche, an denen ich teilweise auch selbst teilgenommen habe, zu dieser Vermutung wohl keinen Anlass. Ganz im Gegenteil: Es scheint ein großes Bedürfnis zu geben, schon vorab im Intranet herumstöbern, Neuigkeiten lesen und die Aktivitäten und Diskussionen in den Gruppenchats mitlesen zu dürfen.

Die sich früh einarbeitenden künftigen Kollegen sind bisher immer sehr zurückhaltend und für andere mehr oder weniger unsichtbar geblieben. Sie haben sich nicht an den bei uns üblichen Diskussionen im digitalen Raum beteiligt und selbst nichts gepostet. Sie bearbeiten nicht etwa vorab schon ihren digitalen Flugplan. Es ist eher ein Beobachten, Ertasten und Erleben unserer Kultur. Die

Rückmeldungen zu diesem Ansatz waren bisher überwältigend positiv, und es hat mich überrascht, wie viel Wissen die Leute schon vor ihrem Arbeitsbeginn aufgesogen hatten.

Ich verstehe Ihre Bedenken. Es handelt sich zugegebenermaßen um ein recht spezielles Konzept, das in Konzernen wohl nicht so einfach umsetzbar ist. Wir haben lange mit unserem Steuerberater und unserem Justitiar gesprochen, um dafür zu sorgen, dass das rechtssicher und auch steuerrechtlich unproblematisch ist. In einem Großunternehmen mit seiner Compliance dürften die Hürden jedoch deutlich höher liegen.

Wie dem auch sei: Ich finde das Thema für unsere Diskussion deshalb so spannend, weil die Möglichkeit einer autarken Früheinarbeitung erst durch ein modernes und stark frequentiertes Intranet entsteht. Das Level an digitaler Zusammenarbeit muss hoch sein, damit Sie mit einem Login, einem Rechner und einem Smartphone in der Lage sind, zu erleben, wie die Zusammenarbeit in einem Team funktioniert.

Nur wenn Transparenz tatsächlich gelebt wird und Mitarbeiter Neuem gegenüber offen sind, gelingt es, zu diesem Zeitpunkt noch fremde Menschen zumindest digital in ein Team zu integrieren und die Einarbeitung ab dem ersten offiziellen Arbeitstag deutlich schneller und effektiver ablaufen zu lassen.

Bei alldem besteht freilich die Gefahr, dass Mitarbeiter in einer solchen Phase unbetreut ins kalte Wasser eintauchen und den Job und die Rolle total doof finden, bevor es überhaupt richtig losgeht. Gerade wenn die Unternehmenskultur nicht so prall ist, ist bei solchen Instrumenten vermutlich Vorsicht geboten.

Die Erkenntnis, dass das bei uns gut funktioniert, macht mich ein bisschen stolz. Sehen Sie's mir nach, falls ich gerade etwas prahlerisch rüberkomme. Es geht mir nicht darum, zur Schau zu stellen, wie schön unsere Kultur ist. Die digitalen Grundlagen und ihre Vorteile, die sich hier manifestieren, sind mir wichtig.

Selbst wenn die autarke Früheinarbeitung kein Konzept für Ihr Unternehmen ist – die Vorteile eines modernen, gut angenommenen Intranets werden in Ihrer Organisation auch so zum Tragen kommen.

Link zum Teilen dieser Kapitel im öffentlichen Internet: https://seibert.biz/intranetbuchonboarding

Das Mittagessen im Intranet

Die Antwort auf die *eine* Frage ist eigentlich seit jeher *der* Killer-Content für jedes Intranet: Was gibt es heute zum Mittagessen? Falls Sie eine Kantine haben, stellt in der Regel der Caterer eine Liste zur Verfügung. Ansonsten können die Mitarbeiter das Intranet als soziale Plattform für Essensverabredungen nutzen. Einige Unternehmen wollen mit solchen Verabredungsfunktionen die abteilungsübergreifende Kommunikation begünstigen oder sogar forcieren. Wenn Sie an unseren intergalaktischen Flugplan für Onboarding-Zwecke denken, werden Sie sich ebenfalls an mehrere

Aufforderungen erinnern: Gehe mit den Gesellschaftern essen. Gehe mit einem anderen Team essen. Gehe mit noch einem anderen Team essen. Und so weiter.

Microblog Lunch Meetingraum

Wie hat das Essen geschmeckt?

Du hast alle Gerichte bewertet. Vielen Dank!

Datum	Mittagessen	∅-Bewertung	Anmeldeschluss	TN	
6.1.2020	Seelachs (€ 4.25) Seelachs paniert mit Salat, Remouladensoße und Bratkartoffeln von Gunays Fisch	4	6.1.2020 10:30 Uhr	18	
	Kumpir (€ 3.30) Ofenfrisch gefüllte Backkartoffel mit Mais, roten Bohnen, Rotkohl, Oliven und Käse dazu Linsencreme und Hirtenkäse von Die Waffel	4.26	6.1.2020 10:30 Uhr	28	
	Goshi Ghorma (€ 3.48) Rindfleisch mit Kichererbsen in Tomatensoße dazu Reis und Salat von Chutneys Caterer	3.17	6.1.2020 10:30 Uhr	12 / 20	
7.1.2020	Rigatoni Vedure (€ 4.00) Nudeln mit frischem Gemüse in Tomaten-Sahnesoße von Pizzeria Kiara	3.38	7.1.2020 10:30 Uhr	3	✓
	Vegan Curry Bowl (€ 3.98) Rotes Thai Curry mit Gemüse, Rotkohl, Chrunchy Onions, Mais, Erdnüsse, frischer Koriander, Sesam, Quiona, Vollkornreis und Salat von Dean&David	3.78	7.1.2020 10:30 Uhr	10	✓
	Gaeng Kiow Wan (€ 4.25) Grünes Curry in Kokosmilch, Bambus, Auberginen, Paprika, Peperoni, Basilikum und Rindfleisch dazu Reis von Bai Bua Thai	4.11	7.1.2020 10:30 Uhr	16	✓
8.1.2020	Wöchentliches Restaurant würfeln – Eine Portion Mystery! Lass die Würfel entscheiden, was es zum Mittagessen gibt. Wenn auch ihr Lust auf eine Portion Mystery haben solltet, meldet euch an! Weitere Infos im Intranet (Team Rocket würfelt Mittagessen) von Team Rocket		8.1.2020 12:00 Uhr	2 / 12	✓
	Sushi Box (€ 6.00) 2x Kürbis Maki, 3x Gurke Maki, 2x Avocado Maki, 3x Lachs Maki, 1x Lachs Nigiri, 1x Thunfisch Nigiri, 2x California Roll Sesam, 2x Skandinavia Roll, 2x Dragon Roll von Sensai Sushi	4.66	7.1.2020 15:30 Uhr	14	✓

Übersicht des Mittagessens in unserem Intranet (Quelldatei: https://seibert.biz/mittagessenimintranet)

Die meisten Leute wollen über den Tag hinweg wenigstens einmal etwas Warmes essen. Und da hilft eine Software, die Menschen zusammenbringt. Das Mittagessen ist für Ihr Intranet-Team eine klassische Möglichkeit, einen sehr wertvollen Inhalt im Intranet bereitzustellen und ihn gegebenenfalls sogar sozial aufzuladen.

Kurzlink zu diesem Kapitel:
https://seibert.biz/intranetbuchmittagessen

66 Anwendungsfälle für ein Firmenwiki

Das hier ist unser Wiki-Buch. Lassen Sie sich nicht vom hässlichen Einband abschrecken! Es hat schon ein paar Jahre auf dem Buckel, gerade in der schnelllebigen IT-Welt ist das ja nicht zu vernachlässigen, aber etliche Gedanken haben nach wie vor ihre Gültigkeit. Na klar, das Exemplar können Sie gerne behalten.

Quelldatei zum Buch: https://seibert.biz/wikibuch

Jedenfalls gibt es in diesem Buch einen Abschnitt, der 66 Gründe für ein Firmenwiki enthält. Wir können ja die wichtigsten dieser Argumente und Anwendungsmöglichkeiten mal aufgreifen, durchgehen und gedanklich quasi aktualisieren.

Damit möchte ich Ihr Verständnis dafür schärfen, dass der Einsatz eines Wikis in Ihrer Organisation nicht einer überschaubaren Anzahl vorgefertigter Situationen folgt, sondern in unzähligen fließend ineinander übergehenden Szenarien auf unterschiedliche Art und Weise für Tausende Menschen nützlich sein kann.

Aus meiner Erfahrung gehört diese Erkenntnis bei einer Wiki-Einführung im Unternehmen zu den härtesten aller Nüsse. Es ist ein bisschen so, als würden Sie ein Werkzeug einführen, aber noch nicht genau wissen, wofür es dann genutzt wird. Noch schwieriger ist es für die Mitarbeiter: Ich soll mich hier also in eine neue Software einarbeiten, ohne dass ich weiß, wofür, wann und wie ich sie künftig verwenden werde? Diese Situation wollen wir auflösen und entspannen.

Hier ist also das Beste aus unseren 66 Beispielen:

Organisationales Lernen
Ein Wiki hilft Ihnen dabei, Projektergebnisse und Learnings festzuhalten und für andere verfügbar zu machen. Es reduziert damit die Wiederholung von Fehlern und befördert organisationales Lernen. Da, wo sie bisher alleine unterwegs gewesen sind, um Texte oder Konzepte zu schreiben, haben Sie jetzt die Möglichkeit,

gemeinsam mit einer Gruppe von Menschen zu arbeiten und zu denken. Und zwar nicht nur gleichzeitig in einem Meeting, sondern vor allem auch asynchron über viele Tagen oder Wochen hinweg, ohne dass jemand das Gefühl bekommt, den Fortschritt des Dokuments nicht mehr unter Kontrolle zu haben.

Qualitätsmanagement

Wenn Sie im Unternehmen ein Qualitätsmanagement (zum Beispiel nach ISO) haben oder einführen möchten, ist ein Wiki eine moderne und hilfreiche Grundlage, um einerseits die technischen Grundlagen für eine solche Zertifizierung schnell und praxistauglich zu erstellen und vorzuhalten und andererseits die einzelnen Dokumente und Prozesse einem revisionssicheren Workflow zu unterwerfen.

Handbücher

Sie können bestehende Handbücher (etwa für Ihre Produkte) eins zu eins übernehmen oder als native Inhalte ins Wiki überführen und dort mithilfe der Zusammenarbeitsfunktionen und Workflows weiterentwickeln. Ich bin davon überzeugt, dass Sie in Sachen Qualitätsmanagement und Handbücher keinen besseren und besser passenden Ort als ein Wiki finden werden.

Ideen festhalten

Sie können Ideen an einem zentral zugänglichen Ort festhalten und gemeinsam sammeln und diskutieren. Damit lassen sich Brainstormings prima ergänzen, "verlängern" und verbessern.

Dokumentation, Tutorials

Natürlich können Sie im Wiki auch andere Formen der Dokumentation prima erstellen und verwalten, weil hier viele kleine Änderungen an der Tagesordnung sind. Die Versionierung und die Kontrollmöglichkeiten eines Wikis passen perfekt dazu. Zu den Anwendungsfällen gehören Tutorials (auch als Videos) und Anleitungen, FAQs (Fragen und Antworten) sowie alles, was man nachschlagen kann. Sie können sogar proprietäre Dokumente ablegen, verwalten und bequem durchsuchen.

News-Clippings, Konkurrenzbeobachtung

Einige unserer Kunden nutzen das Wiki für Prozesse der Unternehmenskommunikation wie News-Clippings: Wo wird mein Unternehmen in der Presse oder im Web erwähnt? Auch Aspekte wie Konkurrenzbeobachtung und Wettbewerbsanalyse lassen sich im Wiki gut organisieren.

Berechtigungen

Im Wiki können Sie alle möglichen Berichte nicht nur mit sinnvollen Berechtigungen ausstatten, sondern auch sehr gut multimedial so aufbereiten, dass sie einerseits dynamisch sind und andererseits weiterführenden Kontext bieten und Diskussionen ermöglichen. Viele unserer Kunden bereiten Website-Inhalte im Wiki gemeinsam vor.

Extranet

Das Wiki kommt oft als Extranet zum Einsatz, weil es sich für das Projektmanagement und in Sachen Referenz so gut eignet. (Darauf sollten wir gleich noch zurückkommen! (Siehe auch: "Inner Loop, Outer Loop, Extranet")

Diagramme

Moderne Wikis bieten native Optionen zur Erstellung und Verwendung von Diagrammen. Beispielsweise sind für die zentrale Dokumentation der IT-Infrastruktur oder die Visualisierung einer Software-Architektur Flowcharts perfekt geeignet.

Erstellung und Ablage von Vorlagen

Die Erstellung und Ablage von Vorlagen aller Art wird von einem Wiki gut unterstützt. Das können Beispiele für die Kommunikation wie E-Mail-Signaturen, Briefköpfe und Brieflayouts oder auch Präsentationsvorlagen sein. Auch hier ist ein Wiki in der Kombination aus schnellen, kleinen Änderungen, der Versionierung und der einfachen Überwachung vielen anderen Systemen überlegen. Auch die Vorschauansichten für Dateien, ohne die einzelnen Vorlagen erst öffnen zu müssen, erweisen sich immer wieder als zeitsparend und effizient.

Glossar und Lexikon

Der Einsatz als internes Glossar und Lexikon geht auf die Wurzeln von Wikis zurück – das Wiki-Ursystem Wikipedia. Sie werden kaum in Zweifel ziehen, dass ein Wiki als Nachschlagewerk für Fachbegriffe im Unternehmen gut geeignet ist. Das Wikipedia-Vorbild gehört zu den erfolgreichsten Websites der Welt.

Recherche

Einige unserer Kunden nutzen Wikis, um Links und interessante Quellen für die Recherche im Internet in thematisch organisierten Listen zur Verfügung zu stellen.

Vorstellung von Abteilungen, Geschäftsbereichen und/oder Dienstleistungen

Gerade in Intranet-nahen Anwendungsfällen ist die Vorstellung von Abteilungen, Geschäftsbereichen und/oder internen Dienstleistungen eine einfache und praktische Möglichkeit der Wiki-Nutzung. Hier eröffnen die vielen Formatierungsmöglichkeiten den

Redakteuren große Gestaltungsfreiheiten. Ein Wiki-System fördert schnelle und einfache Änderungen durch viele Beteiligte, während beispielsweise ein Abteilungsverantwortlicher stets die Kontrolle behält.

Standardisierung durch Vorlagen

Nicht nur im Hinblick auf die Vorstellung von Abteilungen und internen Dienstleistungen, sondern überall dort, wo eine gewisse Standardisierung durch Vorlagen gewünscht ist, setzen unsere Kunden eine Vorlagen-Software innerhalb des Confluence-Wikis ein (siehe "Adil Nasri: Vorlagen in Intranets").

Gemeinsame Erarbeitung von Verträgen

Für die gemeinsame Erarbeitung von Verträgen mit ihren Änderungen ist ein Wiki auf längere Sicht eine geeignete Lösung. Ich räume ein, dass die meisten Organisationen ihre Verträge wohl eher in Word oder Google Docs erstellen, was ebenso gut und in Sachen Ausdruck sogar noch besser funktioniert. Wenn die Dokumente jedoch sehr umfangreich sind und über einen langen Zeitraum hinweg immer wieder bearbeitet werden, hat das Wiki einige Vorteile. Zum Beispiel können Sie Inhalte in kleinere, "besser verdauliche" Häppchen aufteilen und später wieder zusammenfügen.

Schaltungspläne

Schaltungspläne für Blogartikel und Social-Media-Posts in Form von Tabellen nutzen wir oft und intensiv. Hier planen die verantwortlichen Teams oder Abteilungen ihre externen Veröffentlichungen.

Tabellen
Gerade bei Tabellen, zu denen viele Mitarbeiter Änderungen beitragen, kann ein Wiki seine Stärken ausspielen. Freilich bieten inzwischen auch Google Tabellen und Excel Online die Möglichkeit, gemeinsam an Tabellen zu arbeiten. Diese sind allerdings auf reinen Text beschränkt, während moderne Wikis reichhaltige, multimediale Inhalte erlauben. Zum Beispiel können Sie Bilder oder auch Formate wie PDF-Dokumente hochladen und direkt einbinden. Zudem ist es möglich, innerhalb von Zellen mit Formatierungen, Überschriften und Links zu arbeiten. Damit organisieren wir unter anderem Feedback-Listen, Meinungsbilder, Bug-Übersichten und vieles mehr.

Unternehmenswerte
Die Unternehmenswerte sowie die Ziele und die Vision der Organisation werden über das Wiki jederzeit zugänglich und auffindbar.

Bestelllisten
Bestelllisten pflegen wir oft spontan und wenig strukturiert mit Wiki-Seiten. Natürlich haben wir einen strukturierten Bestellprozess. Aber wenn die Leute während eines Hackathons Pizzen bestellen, tragen sie sich mit ihren Wünschen in eine rasch erstellte Wiki-Seite ein.

Kundenschulungen
Die Unterlagen für unsere Kundenschulungen dokumentieren wir im Wiki und machen sie für alle Mitarbeiter verfügbar. Auch andere interne und externe Schulungsunterlagen legen wir im Wiki ab,

damit Kollegen später auf sie zugreifen und sie vielleicht für eigene Weiterbildungszwecke nutzen können.

Onboarding

Das Onboarding neuer Mitarbeiter ist für uns und sehr viele unserer Kunden ein wichtiges Thema. Dabei geht es darum, dass neue Kollegen sich schnell im Unternehmen zurechtfinden und rasch zur Wertschöpfung beitragen können. Ein gutes Onboarding sorgt dafür, dass die Zeit der Einarbeitung kurz ist und die Mitarbeiter anschließend kompetent unterstützt werden (siehe "Onboarding mit dem intergalaktischen Flugplan"). Dabei helfen Wissen und Grundlagen viel. Ein großer Teil dieses Grundlagenwissens ist für alle Angestellten gleich – und diesen Teil sollten Sie auf jeden Fall im Intranet abbilden. Darüber hinaus kann es bereichsspezifische Informationen geben.

Essensplan

Der Essensplan für die nächste Woche oder die Tagesgerichte der Kantine sind in einem Unternehmen wohl die am meisten aufgerufenen Informationen. Eigentlich wünschen wir uns in Projekten, dass die Mitarbeiter eine digital und schlau unterstütze Bestellmaske für ihr Essen haben. Die Realität besteht aber zumeist aus PDF-Dokumenten, die ein Caterer zur Verfügung stellt. Gerade diese statischen Informationen und deren häufiger Wechsel lassen sich über ein Wiki prima abbilden. Und dank der automatischen Änderungsbenachrichtigungen sind Sie sofort im Bilde, wenn die Kollegen einen neuen Essensplan eingestellt haben.

Track-Records

Wir nutzen das Wiki zusätzlich für sogenannte Track-Records. So nennen wir Listen und Tabellen mit Erfolgen zum Beispiel aus Marketing und Vertrieb. Das Marketing könnte im Track-Record die durchgeführten Marketingmaßnahmen mit Daten und erhofften Effekten auflisten. Wir nutzen diese Listen, um Erfolge, die im Vertriebs-Track-Record stehen, im Hinblick auf eine Korrelation mit den Marketingaktivitäten abzugleichen. Das ist besonders spannend, wenn Sie nur wenige, aber umso größere Erfolge zu feiern haben. Das Knallen der Sektkorken ist gerade verklungen, da fragen schon die Ersten, wie man den Erfolg systematisch wiederholen kann. Eine gute Antwort darauf zu finden, ist in der Regel sehr schwer. Doch solche Listen mit Arbeitsergebnissen aus unterschiedlichen Abteilungen helfen dabei, eine Geschichte aufzubauen, die plausibel klingt und die eine Grundlage für weitere Hypothesen und Experimente bilden kann. Ein Wiki ist für solche Track-Records besonders gut geeignet, weil es transparent und für alle Leute im Unternehmen leicht einsehbar ist. Darüber hinaus können beliebig viele Personen jederzeit an den Daten und Inhalten arbeiten.

Normen, Standards und Vorschriften

Wenn ein Unternehmen zum Beispiel in der Automobilindustrie tätig ist, gehören Normen, Standards und Vorschriften zum Tagesgeschäft. Viele unserer Kunden nutzen das Wiki, um solche Anforderungen systematisch und übersichtlich zu dokumentieren und verfügbar zu machen. In diesem Zusammenhang ist es hilfreich, dass Nutzer nicht nur die nativen Inhalte, sondern auch Dateianhänge durchsuchen können.

Betriebsrat

Ein Wiki ist für den Betriebsrat oder die Personalvertretung eine hervorragende Plattform, um alle Mitarbeiter zu informieren. Es gehört zu den ärgerlichsten und überflüssigsten Problemen (oder vielmehr Missverständnissen) in Intranet-Projekten, dass die Projektleitung und die beauftragende Geschäftsführung den Betriebsrat als Gegenspieler wahrnehmen. Darüber haben wir uns ja schon ausgetauscht (siehe "Vor dem Start – eine breite Unterstützung finden"). Deshalb wollen wir uns hier nur noch einmal kurz in Erinnerung rufen, dass die Intranet-Plattform für die Mitarbeitervertreter eine ideale Präsentations- und Kommunikationsgrundlage ist. Der Betriebsrat wird das Wiki im Sinne seiner Aufgabe auch gewiss nutzen. Ob dieser Nutzung ein Konflikt vorausgegangen ist oder nicht, ändert oder reduziert nichts an diesem Anwendungsfall. Und wenn Sie mit Ihrem Intranet eine bessere Zusammenarbeit und mehr Transparenz anstreben, sollten Sie dort auch Betriebsrat-Inhalte dulden und zulassen. Sie bilden aus Sicht der Mitarbeiter oft eine wertvolle Informationsquelle.

Formulare

Falls Sie (noch) keine digitalen Formulare im Intranet anbieten, können Sie bestehende PDFs zum Download und Ausfüllen vorhalten und verlinken. Das sehen wir in Projekten mit Konzernen häufig. Teilweise werden solche PDF-Formulare auch für die Kommunikation mit Kunden benötigt.

Anleitung zur Intranet-Nutzung

Und zu guter Letzt darf als Vorschlag natürlich die Anleitung zur Nutzung der Intranet-Plattform selbst nicht fehlen, die Sie mit

Ihrem Team im Wiki hervorragend nach und nach aufbauen und dann auch in unterschiedliche Formate exportieren können (beispielsweise als PDF oder E-Book).

Kurzlink zu diesem Kapitel:
https://seibert.biz/intranetbuchanwendungsfelder

Fragen von Lesern und unsere Antworten

In diesem Kapitel beantworten wir Fragen, die während des Schreibens an diesem Buch von Kunden an uns herangetragen wurden.

In weiten Teilen sind die Fragen, die in diesem Abschnitt behandelt werden, bereits durch die vorhergehenden Kapitel beantwortet. Teilweise aber auch noch nicht. Statt die Sachen verteilt irgendwo in den Buchtext zu quetschen, biete ich hier eine spezifische Antwort zur Frage ggf. mit Verweisen in den Buchtext. In vielen Fällen habe ich den Antworttext für die Fragen hier im Buch gekürzt, um das Werk nicht unnötig aufzublähen. Die vollständige Antwort ist über einen Kurzlink verfügbar.

“Worauf kommt es bei einem Intranet-Projekt an? Was ist das Wichtigste? Wo sollte der Fokus liegen?”

Das Problem mit solchen pauschalen Fragen ist, dass sie meist nur pauschale oder oberflächliche Antworten zulassen. Mein Intranet-Buch beschäftigt sich im Kern mit genau dieser Grundfrage. Was kann ich als Teilnehmerin einer Intranet-Projektgruppe in einer Organisation tun, damit unser Projekt erfolgreich wird?

Ich kann hier nicht das ganze Buch zusammenfassen und daher entnehme ich meinem Kapitel “Dos und Dont’s” einfach ein paar Fehler. Denn es ist immer viel einfacher und auch viel operationaler, zu sagen, was man garantiert nicht machen sollte. Wenn Sie sich dabei ertappt fühlen oder vielleicht sogar der Meinung sein sollten, meine Kritik sei ungerechtfertigt, dann sollten Sie unbedingt noch mal genauer nachlesen. Dann dürfte das Buch für Sie besonders interessant sein.

Sie sollten in einem Intranet-Projekt zum Beispiel unbedingt darauf verzichten, Ihre Entscheidung für oder gegen eine Software auf der Grundlage einer objektiv erscheinenden Excel-Tabelle oder sonst wie gearteten gewichteten oder ungewichteten Nutzwertanalyse zu treffen. Der Versuch, eine Software in Funktionskategorien und Erfüllungsgrad zu pressen, ist zum Scheitern verurteilt. Denn eine Software, die alles halbherzig macht, wird in keiner einzigen Kategorie angewendet. Sie suchen nämlich gar nicht die eine Intranet-Lösung, die besser ist als alle anderen Intranet-Lösungen. Sie suchen für jeden Anwendungsfall die beste Lösung. Und es gibt ja immer auch schon einen Status quo. Wenn Ihr Intranet schlechter ist als der Status quo, dann wird es sich niemals durchsetzen können.

Im Buch ist der Anwendungsfall Messenger und die Schatten-IT mit WhatsApp ausführlich erläutert. Wenn Ihre Anwendung nicht besser als WhatsApp ist, brauchen Sie mit Messaging eigentlich gar nicht erst anzufangen. Dann bleiben die Nutzer mehrheitlich bei WhatsApp.

Man sollte also keine checklistenartige Funktionsprüfung durchführen. Stattdessen schlage ich Experimente vor. Kurz gesagt: Probieren Sie Software aus und sammeln Sie echte Erfahrungen.

Bei der Frage nach dem Fokus würde ich empfehlen, dass Sie sich auf die Anwender selbst konzentrieren. Statt langer Konzepte, finde ich es wichtig, dass Nutzer in Fokusgruppen gemeinsam aktiv an Ergebnissen arbeiten. Wir erleben es oft, dass Menschen, die eigentlich gar nicht so genau wissen, was sie ernsthaft von einem Social Intranet erwarten dürfen, eine Art Wunschliste gemeinsam abstimmen und verabschieden. Anschließend sind die Wünsche verbrieft und versiegelt, aber trotzdem nicht realistischer oder wichtiger geworden. Statt sich mit den einzelnen Menschen zusammenzusetzen und ein Brainstorming zu Anforderungen zu machen, ist es hilfreicher, direkt mit diesen Menschen Informationen zu erarbeiten, die zum Beispiel für deren Zusammenarbeit hilfreich wären. Sie könnten zum Beispiel überlegen, wie die Abteilung sich im Unternehmen vorstellen würde und welche Informationen dafür gebraucht würden.

Sie können natürlich auch abfragen, welche Formen der Zusammenarbeit hilfreich wären, und die Funktionsliste dann anhand von Beispielsoftware einfach mal ausprobieren und erfragen, ob das tatsächlich helfen würde. Dafür müssen Sie selbst natürlich als Team bereits einen gewissen Überblick bekommen haben, was man von Intranet-Software erwarten kann. Wenn Sie den nicht haben, probieren Sie die unterschiedlichen Systeme mal aus, damit sie Bescheid wissen. Hier liegt meines Erachtens auch ein wirklich großes Potenzial für Beratungsunternehmen. Diese können sich durchaus ein paar unterschiedliche Software-Lösungen ansehen und dann in einer "unabhängigen" Präsentation die Systeme vorstellen, wenn Sie sich nicht selbst einarbeiten wollen. Natürlich werden

Ihnen die Hersteller oder deren Partner auch jederzeit eine kostenfreie Demo der Software geben.

Aus Platzgründen sind im Buch Fragen nicht vollständig abgebildet. Diese Frage finden Sie im Internet unter https://seibert.biz/erfolgsfaktorenintranet. Dort können Sie auch selbst mitdiskutieren. Darauf freuen wir uns.

“Wo lauern Gefahrenstellen? Risiken und Nebenwirkungen ;)”

Zu den Gefahrenstellen habe ich mich bei der Frage mit dem “Fokus” und worauf man achten sollte, ja schon ausführlich geäußert. Da schauen Sie einfach an anderer Stelle noch mal nach.

In meiner Antwort hier würde ich mich auf die Risiken und Nebenwirkungen beziehen. Das ist ein Begriff, den man in Bezug auf Medikamente kennt. Ob das für Ihre Organisation nun ein passender Vergleich ist und das Intranet für Sie eine Art Medizin darstellt, müssen Sie selbst entscheiden. Wenn man es allerdings mit einer Medizin vergleicht, dann müssen Sie wissen, dass es sich um eine sehr nachhaltige und eben nicht schnell wirkende Medizin handelt.

Wenn ein Patient empfohlen bekommt, mehr Sport und Krafttraining zu machen, um seine Rückenschmerzen zu bekämpfen, dann klingt das teilweise nur bedingt nach Medizin. Mir ist das übrigens so ergangen. Und als ich dann begonnen habe, systematisch Sport zu machen, hat sich kurzfristig erst mal kein

Effekt eingestellt. Die schlimmsten Risiken und Nebenwirkungen, die ich darstellen kann, sind die, dass kurzfristige Erfolge eher unwahrscheinlich sind. Sie werden also etwas Geduld mitbringen müssen. Allerdings sind mir bezüglich des Sports (bei mir waren das Yoga und Gymnastik) keine nennenswerten Nachteile aufgefallen. Außer, dass man wohl sagen könnte, dass die Zeit auch anders investiert werden könnte. In den letzten Monaten habe ich mir 20 Minuten Sport täglich als absolutes Minimum angewöhnt. Meist komme ich auf etwa 60 Minuten täglich. Es gibt keine Ausnahmen. Nicht an Heiligabend, nicht am Silvestertag oder dem 1. Januar. Rückenschmerzen habe ich allerdings auch keine mehr.

Wenn Sie das auf Ihr Intranet-Projekt übertragen wollen, dann empfehle ich, einfach täglich 10 Minuten in das Projekt zu investieren. Es ist unglaublich, wie weit man damit kommt. Sie brauchen es ja nicht so rigoros wie ich zu machen und auch samstags und sonntags und im Urlaub die 10 Minuten zu investieren. Vielleicht machen Sie auch eine Pomodoro (25 Minuten, tolles Konzept, siehe auch https://de.wikipedia.org/wiki/Pomodoro-Technik) und dafür nur an regulären Arbeitstagen? Dieses Buch ist übrigens genau so entstanden.

Aus Platzgründen sind im Buch Fragen nicht vollständig abgebildet. Diese Frage finden Sie im Internet unter https://seibert.biz/risikenintranet. Dort können Sie auch selbst mitdiskutieren. Darauf freuen wir uns.

“Wie bekomme ich alle dazu, sich zu beteiligen? Wie viel Struktur und Vorgaben braucht es?”

Eine Zusammenarbeits-Software lebt von der Beteiligung der Mitarbeiter. Man könnte es als die Gretchenfrage bezeichnen. Ohne die Aktivität möglichst vieler in der Organisation ist die Software nahezu wertlos. Die einen brauchen wir als Schreibende. Die anderen als Lesende mit sporadischen Rückmeldungen wie "Gefällt mir" oder anderen Kommentaren.

In der idealen Welt erstellt jeder Nutzer jeden Tag neue Inhalte, liest und kommentiert. Kurz: Alle arbeiten mehrmals täglich aktiv mit dem Intranet. Diese ideale Situation herrscht aber eigentlich nie. Neue Mitarbeiter müssen sich erst mal daran gewöhnen, wie unser Intranet genutzt wird. Leute, die weniger technikaffin sind, wollen sich vielleicht gar nicht daran gewöhnen oder haben noch überhaupt keine relevante Einführung von irgendwem erhalten und wissen gar nicht genau, wie das laufen soll und was von ihnen erwartet wird.

Egal wie groß oder klein Ihre Organisation ist: Mit der Beteiligung werden Sie immer hadern. Sie werden immer mehr davon haben wollen. Allerdings ist es richtig, dass es eine Art "tipping point" gibt, ab dem das System auf breiter Ebene genutzt und anerkannt wird und neue Nutzer schon fast automatisch in das System und die aktive Nutzung gezogen werden. Über diesen Punkt wollen Sie hinaus kommen.

Das ganze vorliegende Buch beschäftigt sich damit, wie Sie dorthin kommen. Es gibt keine sieben Einzelmaßnahmen, die die Akzeptanz steigern, und der Rest sind Funktionen, die man halt braucht. Jede einzelne Funktion und jede Maßnahme sollte darauf ausgerichtet sein, die Akzeptanz des Gesamtsystems zu steigern. Einige Dinge sind direkt darauf ausgelegt. Wenn ich Ihnen am Tag des Intranet-Launchs einen Keks auf den Tisch lege, auf dem die Intranet-Adresse steht, oder im Eingang mit einem Info-Plakat und einem Notebook kurze Demos gebe, ist das direkt auf die Aufmerksamkeit gemünzt und jeder versteht sofort: Ich soll auf etwas aufmerksam werden und selbst aktiv sein.

Aber auch wenn wir statt eines Logins eine Single-Sign-on-Lösung etablieren, machen wir die Nutzung des Intranets einfacher und reduzieren die Hürden der Nutzung (hier: Logins, vergessene oder falsch eingegebene Passwörter, ...).

Zur Struktur und den Vorgaben möchte ich gerne auf das entsprechende Kapitel "Adil Nasri: Vorlagen in Intranets" an anderer Stelle verweisen. Grundsätzlich gibt es ein Problem mit leeren Seiten (englisch: Empty Page Syndrome). Die Menschen fühlen sich von Ihnen abgeschreckt und überwältigt. Das ist nicht gut, weil es allzu oft verhindert, dass gute Inhalte geschrieben und dokumentiert werden.

Aus Platzgründen sind im Buch Fragen nicht vollständig abgebildet. Diese Frage finden Sie im Internet unter https://seibert.biz/strukturenintranet. Dort können Sie auch selbst mitdiskutieren. Darauf freuen wir uns.

"Wie kann eine parallele Kommunikation zu offiziellen Dokumenten gut ablaufen (Small Talk)?"

Die Frage muss etwas interpretiert werden. Ich gehe davon aus, dass ein Umfeld wie ein Qualitätsmanagement-Handbuch gemeint ist. In einem solchen Umfeld gibt es offizielle Dokumente und freigegebene Versionen. Diese Versionen sind Bestandteil von Audits und Zertifizierungsbemühungen des Unternehmens. Sie unterliegen einer Dokumentenlenkung und werden in der Regel von einer oder mehreren Personen geprüft und freigegeben. Und jetzt soll zu einem solchen Dokument ein Austausch und eine lockere Diskussion (Small Talk) ermöglicht werden.

Im Umfeld von Confluence und Linchpin ist das einfach umzusetzen. Die formale Freigabe und Dokumentenlenkung setzen wir in der Regel mit Comala Document Management und den darin enthaltenen Workflows um. Die Grundsoftware macht es möglich, Kommentare unter dem Dokument oder sogar im Dokument anzubringen und zu versionieren.

Die freigegebene Version kann dabei immer im Vordergrund bleiben. Das finden viele Kunden schön an der Comala-Lösung. Ich nicht, weil ich den Small Talk und die Aktualität schätze. Aber das ist konfigurierbar.

Aus Platzgründen sind im Buch Fragen nicht vollständig abgebildet. Diese Frage finden Sie im Internet unter https://seibert.biz/kommunikationintranet. Dort können Sie auch selbst mitdiskutieren. Darauf freuen wir uns.

“Wie sieht eine gute/perfekte Startseite im Intranet aus?”

Eine gute Startseite ist relevant. Sie beinhaltet Informationen, die auf die Bedürfnisse des Nutzers zugeschnitten sind. Die perfekte Startseite wäre vermutlich nicht nur personalisiert, sondern von einem Menschen für mich kuratiert. Aber das habe ich noch nie gesehen und das ist wirtschaftlich auch nicht skalierbar. Und Ihr Vorstandsvorsitzender braucht dafür kein Intranet. Der kann sich vermutlich auch jeden Morgen ein Bild mit den wichtigsten Sachen malen lassen. Aber das hat mit Intranet-Anwendungsfällen nichts zu tun.

Ein Intranet ist klassischerweise genau das Gegenteil von der individuellen Zusammenstellung für einen Vorstand. Ein Intranet ist die klassische Top-down-Kommunikationszentrale, wo die Geschäftsleitung von oben herab die Nachrichten auf die Mitarbeiter herabrieseln lässt. Auch wenn sich das Bild etwas gewandelt hat und im Social Intranet möglichst viele beitragen sollen, würde ich die Frage umformulieren wollen: Es geht nicht darum, wie eine Startseite aussehen sollte, sondern wie sie ist. Sie muss frisch sein.

Und genau das ist systematisch das Problem. Es ist ja gar nicht Aufgabe und Ziel der Geschäftsführung das Intranet ständig frisch zu halten. Das sind ja keine Unterhaltungskünstler. Es ist also sehr sinnvoll, wenn möglichst viele Führungspersonen und Teams etwas beitragen und so gemeinsam, im Zweifel auch ohne Vorstand, das Intranet ständig aktuell halten. Im besten Fall sogar ohne laufende Steuerung. Und wenn die Damen und Herren aus der obersten Etage dann doch etwas zu sagen haben, finden sie eine intensiv genutzte Plattform vor, auf der ihre Nachricht schnell von fast allen Mitarbeitern wahrgenommen wird.

Bei der Frage nach dem “Wie sieht das dann aus?” würde ich eher antworten: So, dass die neuen Informationen gut und leicht verständlich aufgenommen werden können.

Aus Platzgründen sind im Buch Fragen nicht vollständig abgebildet. Diese Frage finden Sie im Internet unter https://seibert.biz/startseiteintranet. Dort können Sie auch selbst mitdiskutieren. Darauf freuen wir uns.

“Haben Sie eine Art ‘how to sell digital transformation to your boss’?”

Das ist eine spannende Frage. Schon ganz am Anfang im Jahr 2001, als wir die ersten Intranets gebaut haben, habe ich darüber etwas bei Jakob Nielsen gelesen (siehe “Literaturempfehlungen”). Ich halte ihn und sein Team bei der Nielsen Norman Group bis heute für die Leuchttürme der Intranet-Forschung.

Nielsen sprach schon damals von “Strong backing from the top”. Es klappt einfach besser, wenn der Chef auch Bock auf das Intranet und digitale Prozesse hat. Das ist kein einfacher Spruch und auch keine Lappalie. Denn wir erleben immer wieder und nicht selten, dass gerade die relevanten Führungspersonen bei unseren Anfragenden nicht viel Energie für die ganze Sache aufbringen können. Das frustriert die anderen dann. Sie suchen nach den richtigen Argumenten und Ansatzpunkten, um das zu ändern. Und so entsteht vermutlich auch die obige Frage nach der pauschalen Anleitung für den Chef.

Ohne die Geschäftsführung kann ein Intranet nicht sinnvoll etabliert werden. Wenn Sie also nicht ganz oben in der Hierarchie sitzen und sich aktuell als der oder die einzige Erleuchtete fühlen, dann lohnt es sich, die Führungskräfte zu bearbeiten. Und wenn das dann partout nicht klappt, kommt natürlich Frust auf.

Aus Platzgründen sind im Buch Fragen nicht vollständig abgebildet. Diese Frage finden Sie im Internet unter https://seibert.biz/geschaeftsfuehrungintranet. Dort können Sie auch selbst mitdiskutieren. Darauf freuen wir uns.

"Gibt es einen Leitfaden, wie neue Prozesse und Tools im Unternehmen eingeführt werden können?"

Das ist eine wunderschöne Frage, die sich für mich immer mehr zu einem Großteil meines Schaffens herauskristallisiert. Ich habe eine tolle Software gefunden. Wie kann ich nun dafür sorgen, dass jeder in meinem Team und in meiner Organisation auch damit arbeitet?

Lassen Sie mich die Antwort mit einer Gegenfrage beginnen: Warum glauben Sie, dass genau diese Software die richtige wäre? Vielleicht wäre es besser, eine andere einzusetzen? Oder gar keine? Vielleicht unterscheidet sich die Antwort je nach Situation und

Team auch. Für Situation A nehmen wir Software B. Und für Situation C ist Software D und eben nicht auch Software B geeignet.

Die meisten, mit denen ich spreche, glauben, dass sie bereits den Heiligen Gral, die ultimative Lösung, gefunden haben und es jetzt nur noch darum geht, die anderen sozusagen aufzuklären. Es tut Ihrer Sache gut, wenn Sie verstehen, dass diese Annahme falsch ist. So sehr ich auch von unserem eigenen Intranet Linchpin überzeugt bin. Und so viele Situationen ich auch schon erlebt habe – Hunderte –, in denen es sich richtig ausgezahlt hat, so genau weiß ich auch, dass es kein Allzweckwerkzeug für jede Situation in der Teamzusammenarbeit ist. Machen Sie sich frei davon. Wenn Sie akzeptieren, dass Sie nicht den Heiligen Gral, sondern eine Option unter vielen anpreisen, wirkt es schon authentischer und Sie kommen mit den erforderlichen Wartezeiten auch viel besser zurecht.

Aber jetzt mal zum Kern der Antwort: Neue Prozesse und Tools sollte man aus meiner Sicht je nach Reifegrad unterschiedlich ausrollen. Wenn sie noch jung und zart sind, müssen Sie ganz anders agieren, als wenn eh schon fast jeder im Unternehmen mit dem Prozess arbeitet und Sie die letzten Einsiedler, die unter ihrem Stein leben, und einige aufmüpfige Technologie-Verweigerer überzeugen wollen. Je stärker Ihre Lösung etabliert ist, desto mehr Druck und Macht können Sie ausüben. Den Verweigerern können Sie möglicherweise Sanktionen androhen. Und den Einsiedlern unter dem Stein sagen Sie, dass es jetzt nun wirklich Zeit zum Aufwachen ist und man sich doch bitte mal bei einer Einführungsveranstaltung (vermutlich wird die zu dem Zeitpunkt nur noch digital als Webinar angeboten) einfinden soll. Das ist einfach. Denn das ist klassisches Management der Norm, wie es täglich überall praktiziert wird.

Spannend ist es eher, wenn Sie ein kleines Pflänzchen zu einem mächtigen Baum großziehen wollen, der alles andere überragt. Da darf man mal damit beginnen, sich, wie eingangs vorgeschlagen, zu vergegenwärtigen, dass das eine anspruchsvolle Aufgabe ist. Sofortige Ergebnisse sind nicht zu erwarten. Und anfangs wird von Ihrem labilen Botanik-Experiment auch keiner begeistert sein. Sie brauchen einen langen Atem.

Aus Platzgründen sind im Buch Fragen nicht vollständig abgebildet. Diese Frage finden Sie im Internet unter https://seibert.biz/leitfadenintranet. Dort können Sie auch selbst mitdiskutieren. Darauf freuen wir uns.

"Gibt es Strategien, um Ablehnung zu überwinden?"

Das klingt aus meiner Sicht schon dem Ton der Frage nach sehr stark nach Macchiavelli. Über Strategien der Macht, Taktik und Ähnliches habe ich an anderer Stelle im Buch ja schon viel geschrieben. Ich halte davon nicht viel.

Wenn es darum geht, andere zu überzeugen, um die eigenen Ziele zu erreichen, ist aus meiner Sicht grundlegend, die Ablehnung des anderen zu ergründen und sich mit den Ursachen der Ablehnung zu beschäftigen. Ansonsten fahren Sie eine kurzfristige Taktik, die schon mittelfristig nicht gut funktionieren dürfte.

Wenn Sie die Ablehnung allerdings an der Wurzel packen können, dann fällt Ihnen bei künftigen Fällen die Auflösung und Überzeugung auch leichter. Das ist natürlich der aufwendigere Weg.

Eine pauschale Aussage habe ich leider nicht. Wer etwas ablehnt, hat in der Regel einen Grund, von dem er selbst überzeugt ist. Aus seiner Sicht ist es also ein guter Grund. Das muss man respektieren und dann gemeinsam ergründen. Es kann auch sein, dass man darauf stößt, dass Annahmen oder spekulative Meinungen auf beiden Seiten divergieren. Einige Situationen kann man einfach nicht auflösen. "Du glaubst, dass das mit dem Vertrauen und der Transparenz einfach nicht funktionieren kann", gegen einen solchen Glaubenssatz kann man grundsätzlich angehen. Aber dafür braucht die andere Seite schon recht viel Offenheit. Wenn die nicht vorhanden ist oder Sie nicht genug Zeit haben, können Sie sich ja auch darauf einigen, in diesem Punkt zu divergieren und sich für die Offenheit und das Gespräch bedanken. Ich lasse öfter einen solchen Dissens im Raum hängen. Man braucht eine hohe Ambiguitätstoleranz, um das auszuhalten. Und es rumort auch im anderen weiter: "Habe ich wirklich recht? Warum ist der so überzeugt von der Transparenz? Habe ich Beweise für meine Annahme?"

In der Regel ist das Gespräch und die konstruktive Auseinandersetzung zwar nicht die einfachste und auch nicht die schnellste, aber die wirksamste und nachhaltigste Möglichkeit, andere zu überzeugen.

Aus Platzgründen sind im Buch Fragen nicht vollständig abgebildet. Diese Frage finden Sie im Internet unter https://seibert.biz/ablehnungintranet. Dort können Sie auch selbst mitdiskutieren. Darauf freuen wir uns.

“Wie halte ich die Informationen aktuell?”

Operativ ist das ganz einfach: Seite öffnen. Änderung machen. Speichern drücken. Aber so war die Frage vermutlich nicht gemeint. Hintergrund der Frage dürfte das Problem sein, dass Inhalte regelmäßig geprüft und angepasst werden müssen, um aktuell zu bleiben. Das ist umso aufwendiger, je mehr Inhalte erstellt werden. In einem gut genutzten Wiki kommt es ganz natürlich zu unglaublich vielen Karteileichen. Bei einigen hat man Glück und sie sind auch nach Jahren noch brauchbar. Andere Seiten sind so veraltet, dass man in einigen Fällen den Eindruck hat, es wäre besser, es gäbe gar keine Seite als den Schmu, der da kolportiert wird.

Ich verstehe die Frage jetzt so: Wie sollen wir als Organisation mit der Informationsflut und der damit verbundenen Aktualisierungspflicht umgehen?

Die meisten unserer Kunden begegnen diesem Problem gar nicht. Sie lassen es auf sich zukommen und wenn es dann da ist, stellen sie fest, dass es deutlich aushaltbarer ist, als man sich das vorher vorgestellt hatte. Es gibt aber auch konkrete Maßnahmen, die man ergreifen kann. Aber erst mal zu den Gründen, warum es sich bei diesem Problem um einen Scheinriesen wie den lieben Herrn Tur

Tur aus *Jim Knopf* handelt. Der wird auch immer kleiner, je näher man ihm kommt. Nur aus der Ferne wirkt er groß und bedrohlich.

Es ist richtig: Ein Wiki erzeugt viel Redundanz (doppelte Informationen) und auch viele Infos, die nicht relevant genug sind, um regelmäßig gepflegt zu werden. Das wird gerade in zentralistisch geführten Unternehmen mit einer starken Unternehmenskommunikation oft als Herausforderung angesehen. Dort, in der Unternehmenskommunikation, fühlt man sich nämlich für die Inhalte im Intranet – und das Wiki gehört ja mit dazu – verantwortlich. Wenn also auf einmal jeder Inhalte einspielen kann, dann entsteht immer mehr Arbeit für die Unternehmenskommunikation, weil die Inhalte dort ja verantwortet werden. Das ist auch deshalb besonders problematisch, weil die Unternehmenskommunikation naturgemäß über ganz viele Details in der Tiefe der Organisation zu wenig weiß. Sie kann also rein fachlich die Aktualisierungsarbeit nicht leisten. Sie hat sich die Arbeit nicht ausgesucht und ist mit der Pflege überfordert. So eine Situation will man am liebsten gar nicht erst entstehen lassen, oder?

Der Denkansatz ist falsch. Das Wiki und seine Seiten sind kein Angebot der Unternehmenskommunikation. Es ist ein demokratischer Ansatz, der im Sinne einer guten Kommunikation im Unternehmen allen Mitarbeitern zur Verfügung gestellt wird und genutzt werden kann. Wenn eine Person Inhalte erstellt, muss sie sie auch aktuell halten. Wenn sie das nicht tut, verletzt sie eine implizite Vereinbarung über das Wissensmanagement. Das muss keine Sanktionen oder Probleme nach sich ziehen. Aber es geht jedenfalls keine Verantwortung auf die Unternehmenskommunikation über.

Der zweite Ansatzpunkt für eine Änderung der Sichtweise unserer Kunden auf das Aktualitätsproblem geht mit der Digitalisierung von Wissen selbst einher. Ich hatte von dem Einzelfall gesprochen, in dem die veraltete Information schädlich ist. Sie ist so schädlich, dass es besser gewesen wäre, die Information wäre gar nicht vorhanden gewesen. Nun handelt eine Mitarbeiterin auf der Basis dieser Informationen und verursacht zusätzliche Arbeiten im Unternehmen. Das ist lästig. Aber es ist eben auch ein Einzelfall. Einerseits sollten Mitarbeiter darauf achten, wie lange die letzte Aktualisierung eines Dokuments her ist, wie viele Menschen schon Änderungen gemacht haben und wie viele Änderungen es waren. Hat nur eine Person in einer Version ein Dokument vor drei Jahren erstellt, ist es vermutlich ziemlich wertlos. Haben 30 unterschiedliche Personen in 300 Versionen an dem Dokument vor vier Jahren gearbeitet, ist die Wahrscheinlichkeit ziemlich hoch, dass ziemlich viel daran auch heute noch relevant ist. Im Übrigen sorgt ja ein Kommentar an der Seite "Ist das hier noch aktuell?" für 30 Mails an die Teilnehmer von damals, die sich dank Ihrer damaligen Mitarbeit vielleicht noch erinnern können. Mit recht hoher Wahrscheinlichkeit wird es bald eine Antwort geben. Man muss als Mitarbeiter also darauf achten, wie aktuell ein Dokument ist und entsprechend vorsichtig mit altem Kram sein.

Aus Platzgründen sind im Buch Fragen nicht vollständig abgebildet. Diese Frage finden Sie im Internet unter https://seibert.biz/informationenintranet. Dort können Sie auch selbst mitdiskutieren. Darauf freuen wir uns.

"Wie gelingt es, gemeinsame Standards zu erreichen – und ist das überhaupt sinnvoll?"

Die Antwort hängt meines Erachtens von der Reife und dem Fortschritt Ihrer Intranet-Systemeinführung ab. Am Anfang sollten Sie über jeden Nutzer, der das System aktiv als Schreibender nutzt, froh sein. Es ist verhältnismäßig leicht, Leser zu rekrutieren. So viel, wie man in kurzer Zeit lesen kann – oder im Internet-Zeitalter wird ja viel überflogen, was Jakob Nielsen "scanning" nennt –, können Sie gar nicht schreiben. Im Grunde ist es fast egal, wie groß Ihr Unternehmen ist. Die Nachrichten sind immer in Windeseile ausgelesen.

Wenn Sie also noch am Anfang stehen, achten Sie nicht so sehr auf Standardisierung und Einheitlichkeit, sondern bedanken Sie sich für den Beitrag und helfen bei der Aufbereitung. Denn natürlich wollen Sie, dass Nachrichten attraktiv aussehen. Wenn also jemand vergisst, ein Vorschaubild zu definieren, tun Sie es und weisen ihn darauf hin. Aber konstruktiv, nicht mahnend. Eskalieren können Sie später immer noch.

Wenn Sie und Ihr Intranet-Projekt schon ziemlich etabliert sind und Sie glauben, es sich leisten zu können, dann lohnt es sich, die Einhaltung von Standards stärker zu kontrollieren und noch direkter deren Einhaltung einzufordern. Denn für die Anwender ist gerade beim Konsumieren von Nachrichten, aber auch in anderen Bereichen eine einheitliche Aufbereitung wirklich hilfreich.

Zu den ganz hohen Weihen des Schreibens im Internet gehört aus meiner Sicht die invertierte Pyramide, die ich auch erstmals bei Jakob Nielsen kennengelernt habe. Kurz zusammengefasst wollen Sie, dass zuerst die Zusammenfassung spitz im Artikel startet und dann mit zunehmendem Artikel immer mehr Details (Breite) dazu kommen. In vielen Büchern und Fachartikeln wird immer noch ein Bogen gespannt, der am Ende erst aufgelöst wird. Wenn die Leser scannen, funktioniert die umgekehrte Pyramide aber besser. Und das ist etwas, was man nicht so leicht standardisieren kann.

Aus Platzgründen sind im Buch Fragen nicht vollständig abgebildet. Diese Frage finden Sie im Internet unter https://seibert.biz/standardsintranet. Dort können Sie auch selbst mitdiskutieren. Darauf freuen wir uns.

“Wie geht man am besten mit der ‘neuen Unübersichtlichkeit’, der Transparenz, um?”

Die erste Frage, die ich mir stelle, wenn ich über die Antwort nachdenke, ist die folgende: Ist denn bisher bei Ihnen alles ordentlich, übersichtlich und schön strukturiert, damit jeder nur das sieht, was er wissen muss? Diese Art der Informationsverteilung wird bei unseren Kunden manchmal als Need-to-know-Informationsverteilung benannt. Wenn ich mir das in der Realität angesehen habe oder einen Einblick bekam, war das eher ein Euphemismus für politisches Herrschaftswissen im Kontext eines unsäglichen Informationsvakuums. Dieses Vakuum verursacht weitere Politik im Unternehmen, ohnmächtige Mitarbeiter, die gar nicht agieren können, weil grundlegende Infos fehlen, und unglaublich viel Frust. Das Chaos-Empfinden ist in der Regel noch höher, weil gerade diejenigen Menschen, die viel zu wenig Infos haben, einen ständigen Wechsel der Prioritäten und ein Hin und Her der Aktivitäten wahrnehmen. Das Unternehmen verkommt zur lächerlich zappelnden Marionette mit hässlicher Fratze.

Aber zurück zu weniger drastischen Bildern und einer konstruktiven Antwort. Der erste Teil ist das Angebot: Probieren Sie es doch mal mit Transparenz aus. Unübersichtlich ist es heute schon und das bleibt es auch morgen. Jemand, der Ihnen Übersichtlichkeit verkaufen will, der müsste gleich auch noch die Komplexität in der Welt mit abschaffen. Das Problem bei der Übersichtlichkeit ist ja nicht, dass wir vergessen haben, aufzuräumen, sondern dass man gar nicht aufräumen *kann*. Die Menge an relevanten Informationen ist viel zu hoch. Sie wird nie komplett im Intranet stehen können. Und darüber hinaus ist sie ja auch diesen lästigen Veränderungen unterworfen. Wir müssten also ständig irgendwas umschreiben, obwohl wir es intern gar nicht verändert haben. Aber der Markt hat sich einfach ohne unsere Erlaubnis geändert.

Umarmen Sie die Veränderung und die Unübersichtlichkeit. Denn etwas anderes, als damit klar zu kommen, bleibt Ihnen eh nicht übrig.

Aus Platzgründen sind im Buch Fragen nicht vollständig abgebildet. Diese Frage finden Sie im Internet unter https://seibert.biz/transparenzintranet. Dort können Sie auch selbst mitdiskutieren. Darauf freuen wir uns.

“Gibt es Studien, die den Zusammenhang zwischen einem Social Intranet und der Zufriedenheit, Identifikation und Informiertheit der Mitarbeiter belegen können?”

Ja, es gibt dazu mit Sicherheit zahlreiche Studien. Wir haben damals zum Thema Wikis tatsächlich auch aktiv nach solchen Studien gesucht und unsere Erkenntnisse unter https://seibert.biz/finnischewikistudie dokumentiert.

Als Quelle für solche Studien würde ich ACM empfehlen (https://www.acm.org/). Allerdings befinden sich viele Studien hinter einer Paywall, sodass man für den Bezug ein paar Euros ausgeben muss.

Die Frage kann also mit hoher Sicherheit mit Ja beantwortet werden und trotzdem tue ich es nicht selbst und habe aktuell keine Pläne, mich in diesem Umfeld zu engagieren. Das liegt insbesondere daran, dass es einerseits offensichtlich und banal ist, dass eine Zusammenarbeitsplattform, auf der jeder etwas einstellen und verkünden darf, und eine Plattform, die alle offiziellen Unternehmensnachrichten personalisiert und filterbar beherbergt, die Transparenz steigern werden. Wenn die Transparenz steigt, erhöht sich die Informiertheit der Mitarbeiter. Ob die Zufriedenheit und Identifikation der Mitarbeiter steigt, nur weil ich Transparenz habe, ist nicht automatisch gleichzusetzen.

Ich gehe mal davon aus, dass das, was transparent wird, in den meisten Fällen harmlos und bestenfalls durch Einzelentscheidungen, die revidierbar sind, enttäuschend für die Mitarbeiter ist. Aber wenn

Sie eine Kultur haben, in der die Mitarbeiter wirklich systematisch ausgebeutet und wie eine Zitrone ausgequetscht werden, dann ist eine größere Transparenz darüber vermutlich eher nicht förderlich. Komischerweise kaufen auch Unternehmen, bei denen ich zumindest manchmal befürchte, dass sie eher in diese Kategorie fallen, dennoch Software bei uns. Die beschränken dann mithilfe der Rechtefunktionalitäten der Software die Möglichkeiten für Transparenzbildung so stark, dass man anschließend nicht mehr von einem demokratischen Social Intranet, sondern eher von einer reinen Top-down-Kommunikationsplattform sprechen kann. Da blutet mir das Herz.

Aber einer unserer Grundsätze im Unternehmen ist es, uns nicht in die Politik unserer Kunden einzumischen. In gewisser Weise mache ich das mit diesem Buch doch. Aber es ist ja nur ein Angebot.

Aus Platzgründen sind im Buch Fragen nicht vollständig abgebildet. Diese Frage finden Sie im Internet unter https://seibert.biz/studienintranet. Dort können Sie auch selbst mitdiskutieren. Darauf freuen wir uns.

“Gibt es gute Ansätze, wie man den Kulturwandel von der Bring- zur Holschuld unterstützen kann?”

Ich befürchte, dass eine rezeptartige Antwort nach dem Schema eines schrittweisen sequenziellen Vorgehens immer ins Leere laufen dürfte. Meine initiale Reaktion wäre es, zu versuchen, Vertrauen im Unternehmen zu fördern. Fragen Sie sich, was getan werden kann, damit Mitarbeiter in einem geschützten Umfeld eigenständige

Entscheidungen allein und mit ihren Teams treffen können. Können Sie Regularien reduzieren und abschaffen? Wo können Sie Freiheitsgrade erhöhen und bürokratische Hürden abbauen?

Wo haben Sie in der Hierarchie Ihrer Organisation Unterstützer und wo Zweifler?

So ein Wandel kann nur von oben herab erfolgen. Wenn Sie sich in einem Sumpf von Vetternwirtschaft, Missgunst und Herrschaftswissen befinden, kann der nicht in einer Grassroots-Bewegung von unten revolutioniert werden. Im besten Fall sollte die gesamte Führungsmannschaft hinter einem solchen Kulturwandel stehen.

Dazu muss man verstehen, dass die Kultur nur das Abbild des Handelns im Unternehmen ist. Sie müssen also dafür sorgen, dass sich tatsächlich das Handeln in der Organisation verändert. Ein starkes System – und die meisten etablierten Unternehmen sind sehr starke Systeme – wehrt sich gegen Irritation von außen. So eine Änderung ist in besagtem Sumpf eine ebenso wenig willkommene Maßnahme wie eine Gehaltserhöhung für alle.

Besonders toxisch für eine gedeihliche Zusammenarbeit gestalten sich mit Geld unterlegte individuelle Zielvereinbarungen und Boni aus. Wenn Sie so was im Unternehmen noch haben, sollten Sie das unbedingt auf den Prüfstand stellen und systematisch abschaffen.

Was man meiner Meinung nach nicht machen muss, ist, die Mitarbeiter auf diese ganz neue Welt vorzubereiten. “Unsere Leute sind dafür nicht bereit", höre ich da manchmal von Kunden. Ich frage dann gerne zurück: "Welche Leute meinen Sie konkret? Können Sie die mit Namen benennen? Zum Beispiel er hier neben Ihnen?" Nein, der daneben ist dann immer bereit. Und mit Namen will man auch keinen benennen. Man redet ja nicht schlecht über andere in deren Abwesenheit. Aber die Idioten scheinen immer eine undefinierte Masse in der Organisation zu sein, die man am besten nie sucht. Denn wenn man anfängt zu suchen, dann findet man sie nie. Man trifft immer nur auf ziemlich gescheite und coole Menschen. Ja, manchmal sind sie frustriert und haben schon jede Hoffnung aufgegeben, dass ein sinnvolles und vertrauensvolles Miteinander im Unternehmen real wird. Aber auch da kann man den meisten gar nicht so richtig böse sein. Denn irgendwie muss man mit dem alltäglichen Businesstheater ja auch klarkommen. Und wer nicht mithampeln will, der resigniert möglicherweise. Kompetente Mitarbeiter finden geeignete Bewältigungsstrategien.

Aus Platzgründen sind im Buch Fragen nicht vollständig abgebildet. Diese Frage finden Sie im Internet unter https://seibert.biz/kulturwandelintranet. Dort können Sie auch selbst mitdiskutieren. Darauf freuen wir uns.

Adil Nasri: Vorlagen in Intranets

Gastbeitrag von meinem Kollegen Adil Nasri über sein Produkt Blueprint Creator und warum Vorlagen im Intranet so wichtig sind.

An anderer Stelle in diesem Buch werden fünf überzeugende Argumente für die Nutzung von Wikis dargelegt. Hat man diese erst einmal verstanden und verinnerlicht, macht die Arbeit damit richtig Spaß – gerade weil man weiß, dass man einen Mehrwert für die Kolleginnen und Kollegen generiert. Bei der operativen Arbeit ergeben sich für Mitarbeiter jedoch unscheinbare Herausforderungen.

Wiki-Systeme haben insbesondere im Bereich des Wissensmanagements an Bedeutung gewonnen. Dies hängt mit der Auffassung zusammen, dass "Wissen [...] als wichtige Ursache wirtschaftlichen Wachstums – neben den klassischen Faktoren Kapital und Arbeit –" verstanden wird. Durch die Externalisierung dieses Wissens in Wiki-Systeme werden die Vernetzung, Kommunikation und Zusammenarbeit unterstützt, was für Unternehmen deutlich wertvoller als jedes Dokumentenmanagement ist.

Bei der Einführung kollaborativer Intranet-Systeme müssen Nutzer zunächst einmal an ihre neue aktive Rolle herangeführt werden. Viele Anwender stoßen hier auf das Empty-Page-Syndrome, der Herausforderung, Inhalte auf einer leeren Seite niederzuschreiben. Ironischerweise wird diese Sorge gerade durch die Vorteile von Wiki-

Systemen verstärkt: Schnelligkeit und Transparenz. Gerade bei Dokumenten, die von Beginn an die Aufmerksamkeit von Kolleginnen und Kollegen erhalten, sind ganz schnell Hemmschwellen aufgebaut.

In so gut wie allen Wiki- oder Intranet-Einführungsprojekten werden Strategien für die Aktivierung der Nutzer entwickelt. Der wichtigste und langfristig nachhaltigste Ansatz ist die Integration des Systems in den Arbeitsalltag. Von der Dokumentation simpler Entscheidungen, Onboarding-Checklisten für neue Mitarbeiter bis hin zur Zusammenarbeit in großen Projekten fängt alles mit dem Anlegen einer Wiki-Seite ein. Hier ist der Einsatz von Vorlagen oder Blaupausen unabdingbar.

Vorlagenfunktionen haben sich bereits in Microsoft Word bewährt. Sie sollen Nutzern dabei helfen, sich vielmehr auf die Inhaltserstellung als auf die Formatierung dieser zu konzentrieren. Auch in Confluence kann auf Vorlagen zurückgegriffen werden, auf denen Seitenlayouts, Überschriften oder Tabellen vorbereitet werden können. So können Besprechungsnotizen in Windeseile angelegt und geteilt werden.

Um jedoch mehr Struktur in ein vermeintlich unorganisiertes Wiki-System zu bringen, können auch Blaupausen eingesetzt werden. Im Gegensatz zu simplen Vorlagen, die vordefinierte Inhalte auf Seiten zur Verfügung stellen, ist es mit Blaupausen möglich, formularbasiert Seiten zu erstellen. Anstelle des Editors erscheint anfangs ein Formular, das wesentliche Daten wie Datum, Meeting-Teilnehmer etc. abfragt. Das sorgt nicht nur dafür, dass Seiten einheitlich aufgebaut werden, sondern auch, dass die wichtigsten Informationen systematisch erfasst werden.

Diese Funktionalität wird in so gut wie allen Intranet-Einführungsprojekten diskutiert. Gerade Unternehmen, die sehr stark prozessgesteuert sind, finden Blaupausen sehr hilfreich, um mehr Ordnung in das "Wiki-Chaos" zu bringen. Neben der formularbasierten Datenerfassung lassen sich mit Blaupausen nämlich auch Inhalte dynamisch verschlagworten oder Präfixe in Seitentitel automatisiert hinterlegen. Darüber hinaus können Blaupausen auch für gesamte Team- oder Projektbereiche angelegt werden. Auf Knopfdruck werden Arbeitsräume mit festen Seitenstrukturen erstellt. Die Arbeit damit kann also sofort vonstatten gehen, ohne sich Gedanken über Struktur, Aufbau und Formatierung zu machen. Diese Einheitlichkeit gewährleistet die Wiederauffindbarkeit von Inhalten in der Suche und vereinfacht die Navigation für den Nutzer.

Ein großes Hindernis bei unseren Kunden stellt jedoch der Mehraufwand zur Bereitstellung von Blaupausen dar. Da diese immer individuell sind, müssen neben der konzeptionellen Arbeit auch Entwicklungsaufwände geleistet werden. Für viele Confluence-Administratoren ist das eine gewisse Herausforderung: Sie müssen sich nicht nur die spezifischen Fähigkeiten aneignen, sondern auch regelmäßig Kompatibilitätsanpassungen berücksichtigen bzw. einkalkulieren, die mit neuen Versionen und Updates von Confluence immer mal wieder nötig werden. Selbst wenn nur kleinere Änderungen erforderlich sind, müssen sie von technisch versierten Administratoren mit Programmierkenntnissen vorgenommen werden.

Natürlich besteht die Möglichkeit, die Entwicklung von Blaupausen bei einem Dienstleister in Auftrag zu geben, wenn man bereit ist, die finanziellen Aufwände zu tragen. In einem dynamischen Intranet-Umfeld ist dieser Weg nicht wirklich optimal, weil immer wieder Anpassungen aller Art vorgenommen werden müssen. Hier ist die Abhängigkeit zum Dienstleister sehr nachteilig, weshalb viele Kunden sich schweren Herzens dazu entscheiden, auf Blaupausen zu verzichten.

Da diese Situation weder für unsere Kunden noch für uns als Dienstleister zufriedenstellend ist, haben wir mit dem Blueprint Creator einen dynamischen Generator von Blaupausen entwickelt (https://blueprint-creator.com). Mit dieser Lösung lässt sich ein formulargestützter und somit vereinfachter Erstellungsprozess für Seiten und Bereiche ohne Programmierkenntnisse integrieren. So können die Vorteile von Blaupausen ohne die damit einhergehenden Nachteile genutzt werden.

Kurzlink zu diesem Kapitel:
https://seibert.biz/intranetbuchvorlagen

Christoph Rauhut: Digitale Kompetenz

Dieser Beitrag von Christoph Rauhut geht der Frage nach, was digitale Kompetenz in der Unternehmenspraxis der Gegenwart bedeutet.

Einleitung

Digitale Kompetenzen sind in einer sich ständig ändernden, globalen und digitalen Welt unerlässlich. Oft fragen sich Unternehmen, wie sie es schaffen, ihren Mitarbeitern alle notwendigen digitalen Kompetenzen so zu vermitteln, dass diese schnell und performant im Arbeitsalltag umgesetzt werden können.

Durch den Aufbau digitaler Kompetenzen verfolgen Unternehmen weitreichende, wettbewerbsrelevante, aber auch auf die Attraktivität als Arbeitgeber ausgerichtete Ziele. Kosteneinsparungen und Gewinnmaximierung spielen ebenfalls eine große Rolle.

Die meisten Unternehmen starten nicht direkt beim "Wie", sondern bei "Welche". Welche Kompetenzen sind essenziell, um im Wettbewerb mithalten zu können? Erst danach stellt sich die Frage, wie diese aufgebaut werden können. Dabei ist es wichtig bei der Definition zum Unternehmen passender, digitaler Kompetenzen, diese an der Unternehmensstrategie und der Digitalstrategie auszurichten.

Je nach Branche, Industrie und Unternehmen unterscheiden sich digitale Kompetenzen. Unternehmen stehen oft vor der Herausforderung, einen Weg beschreiben zu müssen, der sie erst einmal herausfinden lässt, welche digitalen Kompetenzen die für sie passenden sind und im nächsten Schritt, wie sie diese an ihre Mitarbeiter weitergeben können.

Dieser Beitrag beschreibt das Modell der digitalen Kompetenzaneignung von der digitalen Inkompetenz hin zu einer digitalen Kompetenz und geht dabei speziell auf das Social Intranet als Hilfsmittel zur Aneignung digitaler Kompetenzen im Unternehmen und für den einzelnen Mitarbeiter ein. Es werden sowohl praktische Umsetzungsbeispiele gegeben als auch Rahmenbedingungen für den Einsatz aufgezeigt.

Digitale Kompetenzen – Begriff und Bedeutung

Begriffsdeutung digitaler Kompetenzen

Der Duden definiert den Begriff der "Kompetenz" als einen Sachverstand bzw. eine Fähigkeit zu besitzen. Der Mensch als Individuum und daraus resultierend die gesamte Organisation sollte bzw. muss in verschiedenen Bereichen Kompetenzen ausbilden. Es sollte dementsprechend ein gewisses "Sachverständnis" für bestimmte Themen haben. Zum einen sind dies Kompetenzen im eigenen Fach. Der Schweißer muss schweißen können, der Autobauer muss Automobile herstellen und der Informatiker muss programmieren können. Dass hinter diesen Beispielen für den

Einzelnen weit mehr Kompetenzen stecken, als das bloße “Können” einer Sache.

Um wettbewerbsfähig zu bleiben, müssen die Mitarbeiter eines Unternehmens weitere fachübergreifende Kompetenzen besitzen. Sie sollten sich in der Organisation ihres Unternehmens auskennen. Auch die Unternehmenskultur spielt hier eine große Rolle. Nicht jede Kompetenz lässt sich dabei messen. Oftmals sind es die sozialen Kompetenzen (sogenannte Soft Skills), die einen Mitarbeiter außerhalb seiner fachlichen Kompetenz besonders wertvoll für die Organisation machen.

Was macht sie nun aus? Die digitale Kompetenz? In Zeiten zunehmender Digitalisierung ist es wichtig, technische Fähigkeiten im Umgang mit bestimmten Geräten, Medien und Tools auszubilden und diese in der “digitalen Welt gewinnbringend für das Unternehmen einsetzen zu können” (siehe auch https://seibert.biz/magazindigitalekompetenz). Dies ist die eine Seite der Medaille. Der Mitarbeiter kann ein System, ein Tool bedienen. Darüber hinaus müssen Unternehmen noch in eine andere Richtung denken. Durch die Globalisierung ist es in den meisten Berufen notwendig geworden, asynchron, räumlich getrennt und vor allem digital zu kommunizieren. Dies geschieht meist mit der Unterstützung geeigneter Tools, sogenannter Social Intranets wie Microsoft SharePoint, Teams, Atlassian Confluence oder Messenger-Systemen wie Webex etc. Doch ein Mitarbeiter, der Face to Face gut kommunizieren kann, besitzt in der digitalen Welt ggf. nicht die notwendige Kompetenz. Ein einfaches Beispiel sind Meetings. Kommt ein Mitarbeiter in der realen Welt zu einem

Meeting zu spät, klopft er höflich an die Tür, tritt ein, entschuldigt sich und setzt sich. Jeder Teilnehmer hat seine Anwesenheit bemerkt. Im digitalen Raum ist dies nicht so einfach. Meist spricht bereits jemand, der “Raum” wird unbemerkt betreten und dementsprechend fällt es schwerer, sich bemerkbar zu machen. Der Mitarbeiter muss lernen, wie er am besten mit dieser Situation umgehen kann. Der Begriff “Netiquette” hat sich hier eingebürgert. Die digitale Kompetenz im Unternehmen besitzt dementsprechend vielfältige Facetten, die gezielt gefördert werden müssen.

Digitale Kompetenzen sind für Unternehmen von essenzieller Bedeutung

Das Thema “Digitalisierung” ist in den meisten Industrien nicht mehr wegzudenken. Dennoch herrschen, vor allem in Deutschland, weiterhin Unsicherheiten und Verständnisprobleme. Laut der D21 Initiative des Bundes, die seit 2013 den Stand der Digitalisierung in Deutschland untersucht, erreichten in den Jahren 2018/2019 die Deutschen beim Thema “Digitale Kompetenzen” gerade einmal 55 von 100 möglichen Punkten. Beim Nutzungsverhalten und der Offenheit gegenüber der Digitalisierung sind es 39 bzw. 52 Punkte. Viel Luft nach oben also. Dies schlägt sich auch in den Unternehmen nieder. Viele Menschen überfordert die Digitalisierung noch immer (siehe auch https://seibert.biz/d21digitalindex).

Untersuchungen haben gezeigt, wie wichtig dieses Thema für Unternehmen verschiedener Branchen und Industrien ist. Insbesondere um national und international mit dem Wettbewerb auf Augenhöhe zu bleiben, muss das Unternehmen, aber auch der einzelne Mitarbeiter die digitalen Kompetenzen seines Unternehmens begreifen und umsetzen.

Eine Pauschalantwort, welche digitalen Kompetenzen dies für deutsche Unternehmen sind, gibt es nicht. Sicherlich existieren Kompetenzen, die umfassend und auf mehrere oder sogar alle Industrien anwendbar sind (z.B. die Nutzung moderner Kommunikations- und Zusammenarbeitswerkzeuge), aber eine ebenso große Rolle spielen stets individuelle Kompetenzen. Somit muss ein Unternehmen Fragen beantworten können:

1. Welche digitalen Kompetenzen sind in meinem Marktumfeld essenziell bzw. welche digitalen Kompetenzen bringen mich vor meine Mitbewerber?
2. Wie verankere ich diese Kompetenzen bei unseren Mitarbeitern?
3. Welche digitalen Kompetenzen muss ich als Arbeitgeber anbieten, um attraktiv zu sein/bleiben?

Um wettbewerbsfähig zu bleiben, müssen Unternehmen eine Antwort auf diese Fragen haben bzw. finden und deren Antworten fest in der (digitalen) Unternehmensstrategie verankern. Bevor diese beiden Fragen beantwortet werden, zeigt der folgende Abschnitt auf, welche Phasen Unternehmen und Menschen beim Aufbau einer digitalen Kompetenz durchlaufen.

Der Weg des digitalen Kompetenzaufbaus

Bevor veranschaulicht wird, in welchen Phasen digitale Kompetenzen ermittelt und verankert werden, ist es wichtig zu verstehen, wie sich Unternehmen und damit auch Menschen Kompetenzen aneignen und welchen Weg sie in der Regel dabei durchlaufen (siehe Abbildung 1).

Für eine digitale Inkompetenz gibt es zwei Startpunkte. Entweder ist sie unbewusst oder bewusst. Heißt das Unternehmen bzw. der Mitarbeiter kennt diese digitale Kompetenz nicht oder kennt sie schon, kann sie jedoch nicht umsetzen/bedienen. In der "unbewussten Zone" fühlen sich die Menschen in der Regel wohl. Es herrscht Zufriedenheit. Man weiß ja nicht, was man nicht weiß. Unsicherheit kommt hinzu, wenn ihnen ihre digitale Inkompetenz bewusst wird ("Ich sollte das System/Thema begreifen. Tue es aber nicht"). Dieses Verhalten ist menschlich. Der Mensch/das Unternehmen merkt, dass er/es etwas wissen/können müsste, um wettbewerbsfähig bzw. für seinen Job geeignet zu bleiben. An dieser Stelle ist die Digital-Inkompetenz dem Unternehmen/Mitarbeiter bewusst. Nun muss eine Lösung bzw. ein Weg gefunden werden, wie sie in eine Digital-Kompetenz umgewandelt werden kann. An dieser Stelle müssen Unternehmen zwingend eine Antwort haben. Wie schaffe ich es, meinen Mitarbeitern die nötigen Kompetenzen zu vermitteln und sie schlussendlich zu verankern? Denn nichts ist gefährlicher als Mitarbeiter in einer Unsicherheit alleine zu lassen.

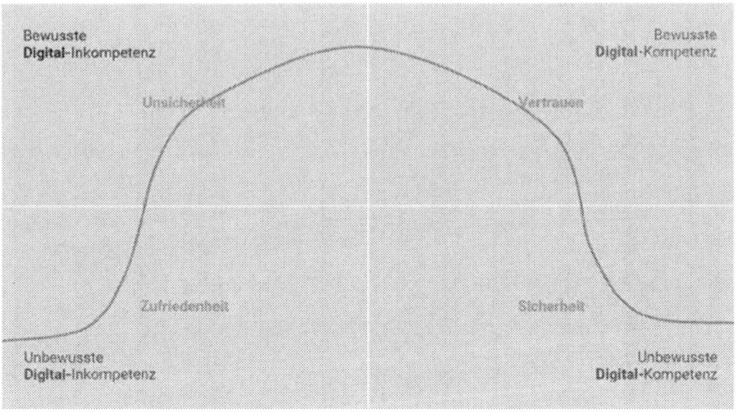

Abbildung 1: Der Weg in eine Unbewusste Digital-Kompetenz

Das Unternehmen sollte schnellstmöglich Maßnahmen ergreifen, um den Mitarbeiter von einer bewussten Digital-Inkompetenz in eine bewusste Digital-Kompetenz ("Ich fange an, das System/das Thema zu begreifen, und es ist gar nicht so schwer") und letztendlich in eine unbewusste Digital-Kompetenz ("Ich wende das System/Thema an, ohne darüber nachzudenken") zu begleiten. Dies schafft zum einen Vertrauen und schlussendlich Vertrauen und Sicherheit beim Arbeitnehmer.

Kritisch ist, wenn sich der gefühlte Zustand, den das Management von den digitalen Kompetenzen seiner Mitarbeiter erhält, von dem der Mitarbeiter unterscheidet. Beispielhaft kann hier die Einführung eines neuen Programms z.B. zur Zusammenarbeit genannt werden. Das Unternehmen als Ganzes hat den Mehrwert dieses Tools erkannt, es wurde eingeführt, aber nicht richtig begleitet. Das Management denkt, dass das Tool den Mitarbeiter bei seiner täglichen Arbeit unterstützt und so einen Mehrwert generiert (Status: Vertrauen oder Sicherheit). Tatsächlich ist der Mitarbeiter bei der Einführung jedoch alleine gelassen worden und fühlt sich unsicher, wann und wie er das Tool benutzen soll und vor allem wofür. Meist werden diese Tools nach kurzer Zeit wieder abgeschafft und die Schuld dem Tool gegeben. Tatsächlich lag es hier an anderen Stellschrauben, die bei der Einführung nicht beachtet wurden.

Wichtig ist, dass das Unternehmen als Ganzes dem Mitarbeiter entweder einen Schritt voraus oder zumindest auf gleicher Höhe sein sollte. Bestes Beispiel ist die Nutzung privater Tools wie Facebook oder WhatsApp für den unternehmensinternen Gebrauch. Moderne Mitarbeiter sehen die Vorteile dieser Systeme wie eine schnelle, unkomplizierte Zusammenarbeit. Problematisch ist das jedoch nicht nur aus datenschutzrechtlichen Gründen. Anstatt jedoch Systeme wie WhatsApp zu "verteufeln", sollten sich Unternehmen fragen, warum ihre Mitarbeiter an dieser Stelle digitale Kompetenzen aufgebaut haben und wie diese das eigene Unternehmen voranbringen können (siehe Abschnitt "Fast Track" im folgenden Kapitel).

Zusammenfassend ist es für Unternehmen wichtig, unbewusste Digital-Inkompetenzen aufzudecken und diese bestenfalls in unbewusste Digital-Kompetenzen umzuwandeln. Der folgende Abschnitt zeigt anhand eines vierphasen Modells den Weg zur Findung und Verankerung digitaler Kompetenzen im Unternehmen.

Drei Phasen und ein Fast Track auf dem Weg zur digitalen Kompetenzverankerung

Anhand des Modells zum Aufbau unbewusster Digital-Kompetenzen lassen sich drei Phasen zur Analyse und Verankerung digitaler Kompetenzen im Unternehmen identifizieren (siehe Abbildung 2):

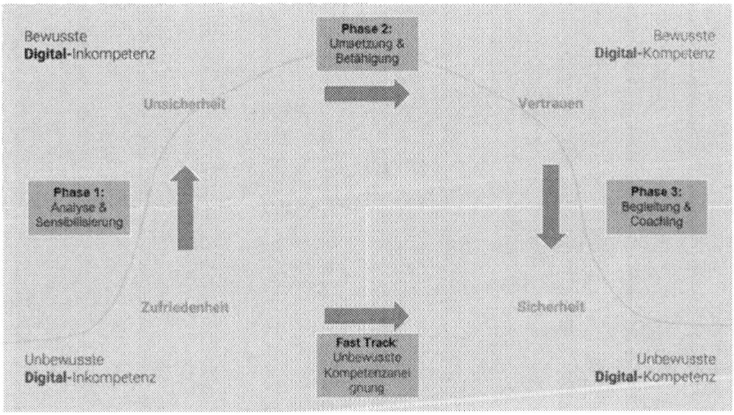

Abbildung 2: Phasen zur digitalen Kompetenzverankerung

Phase 1: Analyse und Sensibilisierung

Bevor darüber gesprochen werden kann, digitale Kompetenzen auszubilden, ist es wichtig zu verstehen, an welcher Stelle digitale Kompetenzen erforderlich sind. Idealerweise leiten sich diese aus der digitalen Strategie des Unternehmens ab und werfen einen umfassenden Blick auf den Markt: Was brauchen unsere Kunden/Zulieferer? Was haben die Wettbewerber? Was würde unseren Mitarbeitern helfen, ihre tägliche Arbeit effizienter zu verrichten? Aber auch eine kritische Auseinandersetzung mit digitalen Trends ist erforderlich. Nicht jeder digitale Trend passt auf jedes Unternehmen. Sind die Kunden eines Unternehmens beispielsweise nicht auf Facebook, lohnt sich die Mühe nicht, auf diesem Kanal eine digitale Präsenz zu haben. Andererseits existieren auch digitale Kompetenzen, die sich branchenübergreifend als hilfreich erwiesen haben, wie z.B. die Einführung einer digitalen Kommunikations- und Kollaborationslösung (s.g. Social Intranet). Gerade bei diesen Lösungen spielen weiche Faktoren wie das bereits erwähnte Kommunikationsverhalten eine große Rolle. Bei der Definition ihrer digitalen Kompetenzen sollten Unternehmen mehrdimensional, nicht nur in Tools (Hard Skills), sondern auch in weichen Faktoren denken.

Es ist wichtig, zu verstehen, wo es damit steht und an welchen Stellen Kompetenzlücken existieren (Gap-Analyse). Nun führen Unternehmen Workshops, aber auch Umfragen bei Mitarbeitern/Führungskräften oder Digital Natives durch. Diese können helfen, Licht ins Dunkel zu bringen. Hierbei ist es wichtig, zu verstehen, dass es im Unternehmen durchaus Mitarbeiter geben kann, die die gewünschte digitale Kompetenz bereits verinnerlicht haben. Das muss zwingend bei der Analyse der Ist-Situation genutzt werden. Denn im zweiten Schritt können diese Mitarbeiter als Multiplikatoren arbeiten, um Kollegen das Thema näher zu bringen. Beispielhafte Inhalte der einzelnen Phasen sind in Abbildung 3 aufgeführt.

Am Ende dieser Phase weiß das Unternehmen, wo es im Rahmen seiner digitalen Ausrichtung steht und wo es hin möchte. Idealerweise wurden neben einer Strategie auch konkrete Ziele definiert. Dieser erste Schritt ist sehr wichtig, um digitale Inkompetenzen aufzuzeigen, auch wenn er das Unternehmen aus der Komfortzone (Zufriedenheit) herausholt und in eine gefühlte Unsicherheit schickt.

Phase 2: Umsetzung und Befähigung

Das Unternehmen ist sich seiner digitalen Inkompetenzen in Phase 1 bewusst geworden. In dieser Phase geht es darum, einen Weg zu definieren, wie diese Inkompetenzen in Kompetenzen verwandelt werden können. Dafür sollten verschiedene Punkte herausgearbeitet werden (Stichwort: Change-Management). Dieses Thema ist sehr komplex, umfassend und vielschichtig, weswegen es an dieser Stelle nur angerissen werden kann. Unternehmen merken am ehesten, wenn Change-Management nicht oder nicht richtig ausgeführt wurde, wenn z.B. bei der Einführung einer Technologie diese nicht oder nicht im Sinne des Unternehmens genutzt wird. Beantwortet werden sollten u.a. folgende Fragen:

> Welche Einstellung haben unsere Mitarbeiter gegenüber dieser digitalen Kompetenz? Spielen Ängste ein Rolle?
> Welchen Nutzen bringen die digitalen Kompetenzen dem Unternehmen und dem Mitarbeiter?
> Welche Hilfsmittel geben wir den Mitarbeitern, damit sie sich die Kompetenzen bestmöglich aneignen können? Wie erlernt der Mitarbeiter diese Kompetenz?
> Wie erreichen wir unsere Mitarbeiter (Kommunikation)?

Eine Beantwortung dieser Fragen ist von essenzieller Bedeutung. Ein Unternehmen besteht aus Mitarbeitern. Eine digitale Unternehmensstrategie ist nur so gut, solange sie von den

Mitarbeitern verfolgt wird, und digitale Kompetenzen müssen im letzten Schritt durch die Mitarbeiter erarbeitet und umgesetzt werden.

Weiterhin gilt bei der Betrachtung geeigneter Kommunikationsmaßnahmen, zuerst zu schauen, welche Einstellung die Mehrheit der Belegschaft gegenüber diesem Thema hat. Sind sie eher offen und freudig, sich diese Kompetenz aneignen zu wollen, oder stehen sie dieser kritisch gegenüber. Es gibt verschiedene Ängste im Zusammenhang mit Technologien, die dem Unternehmen bewusst sein müssen. Erst dann kann geschaut werden, welche Technologie und welche Methoden benutzt werden, um dem Mitarbeiter diese digitale Kompetenz anzueignen. An dieser Stelle spielt die Kommunikation eine entscheidende Rolle. Wie erfährt der Mitarbeiter von der digitalen Kompetenz? Wie wird dem Mitarbeiter der Nutzen dieser digitalen Kompetenz erläutert?

Aus all diesen Informationen "baut" sich das Unternehmen eine Change-Strategie auf, welche in der nächsten Phase ausgerollt und begleitet wird.

Phase 3: Begleitung und Coaching

Basierend auf den Überlegungen der vorhergehenden Phasen werden die definierten Maßnahmen anschließend ausgerollt. Ziel dieser Phase ist es, dem Mitarbeiter aus seiner Verunsicherung bzw. der digitalen Inkompetenz herauszuhelfen und ihn wieder mehr Vertrauen und Sicherheit spüren zu lassen. Hierbei geht es in erster Linie um den Mitarbeiter selbst. Er muss spüren, dass die neue

Kompetenz ihm etwas nützt und er keine Angst vor der Benutzung haben muss.

Selbstverständlich gibt es bei der Umsetzung eine ganze Reihe an Hilfsmitteln, die ein Unternehmen heranziehen kann. Angefangen bei den bereits erwähnten Multiplikatorennetzwerken, über Führungskräfte bzw. Vorbildrollen und geeigneter IT-gestützter Hilfsmittel. branchen- und industrieübergreifend haben sich bei Letzterem s.g. Social Intranets als besonders hilfreich erwiesen (siehe dazu Kapitel "Das Social Intranet als zentrale Drehscheibe der digitalen Kompetenzaneignung"). Sie erreichen schnell und unkompliziert viele Mitarbeiter und können bei guter Umsetzung das zentrale Element diverser Change-Maßnahmen darstellen.

Irgendwann wird dem Mitarbeiter nicht mehr auffallen, dass er eine bestimmte digitale Kompetenz bereits besitzt, da er sie unbewusst im Alltag anwendet. Niemand denkt z.B. mehr über das Bedienen einer Tastatur nach. Die meisten Menschen, die täglich damit arbeiten, werden sie sogar teilweise oder gänzlich "blind" bedienen können.

Natürlich spielt an dieser Stelle auch die Nachhaltigkeit eine Rolle. Denn eine unbewusste oder bewusste digitale Kompetenz kann auch wieder zu einer Inkompetenz werden. Nach dem Urlaub oder einer längeren Pause aufgrund von Elternzeit z.B. fällt es schwerer, sich an Strukturen oder die Bedienung spezieller Tools zu erinnern ("Wo haben wir die Präsentationen abgelegt?"). Für diesen Fall muss das Unternehmen ebenfalls vorsorgen und dem Mitarbeiter helfen, schnell wieder an diese Informationen heranzukommen. Der Weg, den der Mitarbeiter geht, ist nicht mehr so lang, wie die komplette

Kompetenzaneignung, dennoch muss er dabei unterstützt werden. An dieser Stelle spielen Social Intranets ebenfalls eine entscheidende Rolle.

Fast Track: Unbewusste Kompetenzaneignung

Selbstverständlich wird es Mitarbeiter im Unternehmen geben, die sich bestimmte digitale Kompetenzen bereits unbewusst selbst angeeignet haben. Auf der einen Seite kann dies ein Vorteil für das Unternehmen sein.

Die Aneignung geschieht oft unbewusst. Digitale Medien und Technologien werden im privaten Alltag schon lange genutzt, bevor sie im Unternehmen eingesetzt werden. Oder es liegt einfach eine Affinität für ein bestimmtes Thema vor. Sind dies digitale Kompetenzen, die das Unternehmen sowieso in seiner Strategie verankert hat, kann es dies auch für sich nutzen (Stichwort: Multiplikatoren). Ebenfalls kann eine unbewusste Kompetenzaneignung Wegweiser für eine zukünftige digitale Strategie sein. Oft beschäftigen sich Menschen privat schon länger mit Inhalten, als Unternehmen das tun. Dies kann unter Umständen ein Wettbewerbsvorteil sein. Dementsprechend kann bei der Analyse digitaler, unbewusster Kompetenzen auch der einzelne Mitarbeiter eine Rolle spielen.

So wichtig es auch ist, dass Mitarbeiter Vorreiter in Sachen digitaler Kompetenzen sind, umso wichtiger ist es auch, diese zu kennen und einzuschätzen.

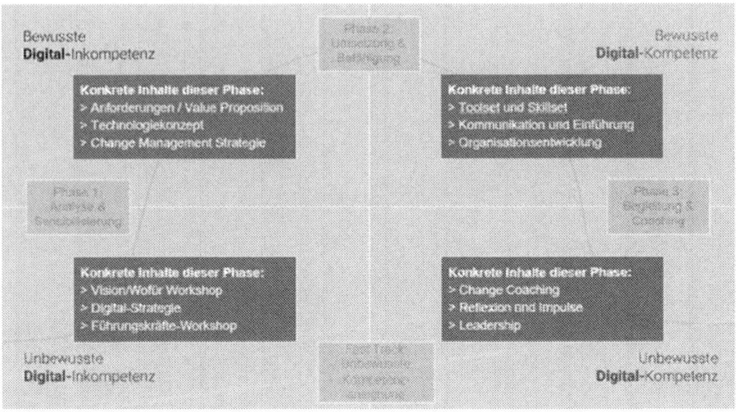

Abbildung 3: Konkrete Inhalte der einzelnen Phasen

Das Social Intranet als zentrale Drehscheibe der digitalen Kompetenzaneignung

Bereits während der Entwicklung der digitalen Strategie und darin inbegriffen digitaler Kompetenzen für das eigene Unternehmen, müssen Hilfsmittel zur Vermittlung dieser digitalen Kompetenzen in Betracht gezogen werden. Diese Hilfsmittel können, müssen jedoch nicht, technologiebasiert sein:

- Blended Learning mittels Präsenz- und Online-Schulungen
- Webinare
- Tutorials im Learning-Management-System (LMS)
- Mentoren/Coaches zur Vermittlung in Gruppen- bzw. Einzelgesprächen
- Communitys im Social Intranet
- Lehr- und Lernmaterialien in Form von Videos, Blogs, Foren etc.

Im Idealfall wählt das Unternehmen immer eine Mischung aus verschiedenen Elementen, um verschiedene Lerntypen unterschiedlich ansprechen zu können. Im Fokus dieses Artikels steht die Unterstützung einer digitalen Kompetenzentwicklung durch den Einsatz eines Social Intranets. Dazu werden im Folgenden Beispiele aufgezeigt, wie Unternehmen dieses Element nutzen können, um digitale Kompetenzen aufzubauen, und welche Voraussetzungen dafür gegeben sein müssen.

Social Intranets (oder auch Enterprise-Networks genannt) existieren nicht erst seit gestern in Unternehmen. Die meisten werden in der ein oder anderen Form bereits ein solches Netzwerk im Einsatz haben. Mehrwerte dieser Netzwerke sind vielfältig und reichen von einer besseren Vernetzung über eine gesteigerte, nachhaltigere Kommunikation bis hin zu einem Ort für das schnelle Suchen und Finden von Informationen. Anwendungsfälle innerhalb eines Social Intranets sind von Unternehmen zu Unternehmen unterschiedlich. Oft befinden sich die Präsentation des eigenen Bereichs (Showroom), der Austausch mit Kollegen im nationalen und internationalen Bereich, die Findung von Ideen (Ideation), Managementblogs etc. unter ihnen. Dementsprechend deckt ein solches Netzwerk viele Bereiche der täglichen Arbeit und Zusammenarbeit ab. Es liegt die Frage nahe, inwieweit dieses zur Vermittlung und Aneignung digitaler Kompetenzen verwendet werden kann.

Der Europäische Referenzrahmen für digitale Kompetenzen (DigComp) und wie ein Social Intranet dazu beiträgt, die darin beschriebenen Kompetenzen zu fördern

Der DigComp-Referenzrahmen beschreibt, was es für Bürger und Bürgerinnen bzw. letztendlich auch für Unternehmen der EU bedeutet, "digital Kompetent" zu sein. Dabei geht es der Initiative um den Menschen. Der Referenzrahmen konzentriert sich nicht auf Technologien oder Software, sondern versucht, den selbstbewussten, kritischen und verantwortungsvollen Umgang der Menschen mit der digitalen Technologie zu unterstützen.
Das Rahmenwerk bietet zudem eine umfassende Beschreibung der Kenntnisse, Fähigkeiten und Einstellungen, die Menschen in fünf Schlüsselbereichen benötigen (https://ec.europa.eu/social/main.jsp?catId=1315&langId=en)

Bei einem Blick ins digitale Kompetenzframework der Europäischen Kommission wird schnell klar, dass sich das Thema "Digitale Kompetenzen" über mehrere Bereiche erstreckt. Diese sind u.a.:

> **Kommunikation und Zusammenarbeit** (Interagieren durch digitale Technologien, Teilen, Zusammenarbeit an Dokumenten, Netiquette, Profile etc.)
> **Informationen und Daten** (Finden und Ablegen von Informationen, Datenhaltung etc.)
> **Digitales Erzeugen von Content** (Entwicklung, Copyright, Ablegen etc.)
> **Sicherheit** (Schutz der eigenen Daten, Persönliche Profildaten, Passwörter etc.)

Lösen von Problemen (Technische Probleme selbstständig lösen, digitale Bedürfnisse erkennen, digitale Lücken erkennen und beheben etc.)

In Unternehmen werden weitere, meist branchenspezifische, digitale Kompetenzen gefordert sein. Im Folgenden wird aufgezeigt, wie ein Social Intranet den Aufbau der durch die EU geforderten digitalen Kompetenzen unterstützen kann. Es werden zudem praktische Anwendungsbeispiele vermittelt.

Digitale Kompetenz: Kommunikation und Zusammenarbeit

Tatsächlich ist diese digitale Kompetenz der zentrale Punkt eines Social Intranets. Durch die Benutzung einer solchen Plattform werden Punkte wie das Teilen von Inhalten, die Zusammenarbeit an Dokumenten oder ein Gefühl für die Netiquette im Netz vermittelt. Natürlich reicht es hier nicht aus, den Mitarbeiter in dieser digitalen Welt auf sich allein gestellt zu lassen. Hier ist das Thema Change-Management gefragt. Dem Mitarbeiter muss gezeigt werden, was er mit diesem Netzwerk alles machen kann, wie es seine tägliche Arbeit erleichtert und was er daraus für einen Mehrwert zieht.

Konkret können das Unternehmen über verschiedene Kanäle vermitteln. Hilfeseiten im Intranet selbst geben eine gute Anlaufstation. Viele arbeiten auch mit dem Einsatz von Multiplikatoren und Botschaftern. Aber auch Schulungen, online oder per Präsenzveranstaltung bzw. Webinar, können hilfreich sein.

Anwendungsbeispiel: Austausch in Communities of Interest/Practice intern oder mit externen Partnern

Digitale Kompetenzen sind im Unternehmen oft nicht gleich verteilt. Ein Mitarbeiter kann auf diesem Gebiet schon etwas mehr, ein anderer auf einem anderen. Dennoch gibt es, besonders global gesehen, Mitarbeiter mit gleichen Interessen. Dies sollten Unternehmen sich zunutze machen. In s.g. Communities of Interest/Practice bieten sie den Mitarbeitern die Möglichkeit, sich über bestimmte Themen auszutauschen, Fragen zu stellen und zu beantworten. Dies bietet wiederum Dritten, die neu im Thema sind, die Möglichkeit, sich einzulesen und die Experten auf diesem Gebiet bereits ausfindig zu machen.

Anwendungsbeispiel: Strategische Projekte digital begleiten

Bereits die Entwicklung einer Strategie sowie die Findung digitaler Kompetenzen kann mithilfe einer sozialen Plattform geschehen. Deren Fokus liegt klar auf dem Austausch und der Kommunikation. Informationen lassen sich dementsprechend nachhaltig online zur Verfügung stellen, Workshopergebnisse transparent aufarbeiten und online besprechen. Die meisten Plattformen bieten zudem, die möglichen Projektmanagement-Funktionen wie Kanban Boards oder Projektpläne zu nutzen.

Digitale Kompetenz: Information und Daten

Ein Social Intranet funktioniert zumeist anders als das gute alte Datenlaufwerk. Viel geschieht über die Suche und das Teilen von

Inhalten. Technisch ist es dementsprechend von immensem Vorteil, wenn die Suche exakt funktioniert. Das beste Suchsystem hat seine Grenzen, wenn es die Informationen nicht hat, nach denen gesucht wird. Es ist wichtig, dem Mitarbeiter aufzuzeigen, wie Inhalte bestmöglich beschrieben werden, was Tagging ist und wie es funktioniert und wo es sinnvoll ist, Informationen zu teilen.

Auch hier geschieht im Unternehmensalltag viel über eine gute Kommunikationspolitik zum Mitarbeiter. Führungskräfte sollten stets mit gutem Beispiel vorangehen. Baut sich der Manager sein eigenes Filesystem auf, werden die Mitarbeiter womöglich keinen neuen Weg einschlagen.

Anwendungsbeispiel: Blended Learning und Digitales Lernen in Communitys

Dem Mitarbeiter digitale Kompetenzen beizubringen, unterscheidet sich im Grunde nicht so stark von der Vermittlung anderer Kompetenzfelder. Auch an dieser Stelle besteht die Möglichkeit, Systeme aus dem Bereich Human Ressource einzusetzen (z.B. das LMS). Unternehmen sollten dies jedoch nicht als ein One-Way sehen, sondern allenfalls als ein sich ergänzendes System verschiedener Angebote verstehen. Der Grund dafür liegt in der Natur des Menschen selbst. Es gibt verschiedene Arten von Menschen mit unterschiedlichen Lerninteressen und Lerntypen (visuell vs. auditiv). Dies ist ein weitreichendes Feld und soll an dieser Stelle nicht näher betrachtet werden. Wichtig ist jedoch, dass unterschiedliche Typen unterschiedlich angesprochen werden müssen.

Entsprechend der Möglichkeiten der Plattform können digitale Lerninhalte unterschiedlich begleitet werden. So kann der Austausch in Lern-Communitys gefördert werden, indem z.B. für jeden Kurs im LMS eine Community zur Vor- und Nachbereitung existiert, in der sich die Teilnehmer und ggf. der Tutor austauschen können. Viele Social Intranets bieten die Möglichkeit der Videoaufzeichnung bzw. Webinaraufzeichnung. Auch dieses Element kann mit der Online-Community verbunden werden. Austausch und Kommunikation spielen auch an dieser Stelle eine zentrale Rolle. Aber auch die Nachhaltigkeit der Information darf nicht vergessen werden. Teilnehmer können im Nachhinein Informationen des Kurses einsehen. Gleiches gilt für Mitarbeiter, die gar nicht am Kurs teilgenommen haben.

Digitale Kompetenz: Erzeugen von Content

Großes Thema ist hier die Zusammenarbeit an Dokumenten. Technisch ist hier eine Menge möglich und jedes System funktioniert ein wenig anders, aber im Kern besitzen sie ähnliche Funktionen. Entscheidend ist, wie bei den anderen Themen auch, dass der Mitarbeiter lernt, loszulassen. Das bedeutet, Inhalte nicht für sich allein, sondern zusammen mit Kollegen zu erarbeiten. Das bedeutet, nicht gleich die perfekte Version zu präsentieren, sondern aktiv nach Feedback zu fragen und dieses gemeinsam umzusetzen.

Hier können verschiedene Ängste eine Rolle spielen. Unternehmen sollten diesen Ängsten frühzeitig begegnen. Mitarbeiter müssen spüren, dass es Vorteile bringt, Inhalte gemeinsam zu erzeugen. Sie müssen sehen, dass Vorbilder im Unternehmen dies ebenfalls tun, und diesen folgen und sie müssen verstehen, dass gemeinsam an etwas zu arbeiten, auf lange Sicht erfolgversprechender für ihre Abteilung/das Unternehmen aber auch für sie selbst ist.

Digitale Kompetenz: Sicherheit

Sicherheit im Netz ist ein großes Thema. In sozialen Intranets braucht sich der einzelne Mitarbeiter keine Gedanken darüber zu machen, ob diese sicher sind. Dies wird in den meisten Fällen ausreichend durch die IT geprüft worden sein.

Dennoch existieren sicherheitsrelevante Themen, die vermittelt werden müssen. Neben Trainings und anderen Lerneinheiten helfen Informationsseiten bzw. Interessensgruppen (s.g. Communitys) sich tiefgreifender mit diesem Thema auseinanderzusetzen.

Digitale Kompetenz: Lösen von Problemen

Auch hierbei spielen Social Intranets eine große Rolle. Alleine die Möglichkeit, nach Inhalten aktiv suchen zu können und diese im Idealfall schnell und unkompliziert zu finden, ist eine große Stärke dieser Systeme. Sollten Inhalte nicht gefunden werden, bieten diese die Möglichkeit, sich durch das Netzwerk Hilfe zu holen. Gibt es bspw. eContentine Community, die sich mit diesem Thema beschäftigt? Kann ich dort Hilfe suchen? Hat jemand in seinem digitalen Profil angegeben, dass er mir eventuell helfen kann?

Sie helfen den Mitarbeitern mit Anwendungsfällen wie einer Support-Community, Expertennetzwerken und Hilfeforen, sich selbst bei technischen Problemen belesen zu können und so schnell Hilfe zu erhalten.

Zusammenfassend kann gesagt werden, dass Social Intranets mit ihren vielfältigen technischen Möglichkeiten die Basis für die Vermittlung digitaler Kompetenzen sein können. Jedoch reicht es nicht aus, eine solche Lösung dem Mitarbeiter ungefiltert zu präsentieren. Geeignete Anwendungsfälle und Change-Maßnahmen sind zwingend, und das begleitend während der gesamten Laufzeit, durchzuführen.

Anwendungsbeispiel: Support-Seiten und Communitys

Viele Unternehmen nutzen ihr Social Intranet, um den Mitarbeitern Hilfe in Form einer Support-Community anzubieten. In diesem Fall finden diese Informationen zu verschiedenen Themen, können aktiv Fragen stellen oder weiterführende Seiten besuchen. Oft stellt sich zu Beginn die Frage, wer Anfragen beantwortet. Im Idealfall regelt dies die Community selbst über das Nutzer-helfen-Nutzern-Prinzip. Hat ein Nutzer zum Beispiel eine Frage zu einer Funktion in Excel, kann er sich an verschiedenen Punkten im Social Intranet Hilfe suchen. Im Idealfall gibt der Nutzer seine Frage in die zentrale Suche ein und findet die Antwort dadurch, dass schon einmal ein Nutzer eine ähnliche Frage gestellt hat und diese durch einen anderen Nutzer beantwortet wurde. Findet er diese nicht, kann er sie in der entsprechenden Community selbst stellen und erhält hoffentlich eine Antwort durch andere Nutzer. Ein anderer Weg geht über ein so genanntes Expertennetzwerk. Vielleicht findet er über die Suche das Profil eines anderen Mitarbeiters, der darin angegeben hat, Excel-Experte zu sein, und kann diesen anrufen.

Unternehmen müssen selbst entscheiden, wie sie den Support für ihre digitalen Kompetenzen aufbauen. Gibt es eine zentrale Seite, von der verschiedene Themengebiete abgespalten sind, oder gibt es mehrere Support-Communitys zu verschiedenen Themen.

Zusammenfassend wurde aufgezeigt, wie Unternehmen die Umsetzung digitaler Kompetenzen durch den Einsatz eines Social Intranets fördern können. Es existieren Rahmenbedingungen, Grenzen und Herausforderungen, derer sich Unternehmen bewusst sein sollten. Diese werden im Folgenden beschrieben.

Rahmenbedingungen, Grenzen und Herausforderungen für eine digitale Kompetenzaneignung

Gerade beim Thema digitale Kompetenzentwicklung ist die Strategie besonders wichtig. Ohne zu wissen, welche digitalen Kompetenzen wie vermittelt werden sollen, wird es für den Mitarbeiter schwierig werden, den Fokus zu behalten. Denn auch er kann nur durch den Prozess geführt werden, wenn er weiß, welche digitalen Kompetenzen er haben sollte, und diese ihm bewusst gemacht werden.

Das Thema Change-Management wurde in diesem Beitrag schon oft erwähnt. Ohne begleitende Maßnahmen (kommunikativ, durch Training, Multiplikatoren etc.), wird es den Mitarbeitern schwerfallen, aus eigener Kraft die geforderten digitalen Kompetenzen zu entwickeln. Natürlich muss das Unternehmen an dieser Stelle abwägen, welche digitalen Kompetenzen so schwerwiegende Änderungen mit sich bringen, dass eine Change-Strategie notwendig wird. Nicht jede neue Funktion in Word bedarf einer eigenen Change-Strategie.

Alle im vorherigen Abschnitt genannten Anwendungsbeispiele haben etwas gemeinsam. Sie drehen sich vorwiegend um den digitalen Austausch, um Informationsverteilung und Kommunikation. Alle diese Elemente stellen an sich bereits eine Menge digitaler Kompetenzen dar. Der Mitarbeiter muss wissen, was Elemente wie digitale Profile, Communitys, Folgen, Liken etc. sind und wann und wofür man diese einsetzt. Und wie man die bereits angesprochene Netiquette wahrt. Bevor Unternehmen deshalb den Einsatz eines Social Intranets zur Aneignung digitaler Kompetenzen planen, sollten sie sicherstellen, dass ihre Mitarbeiter bereits über genügend digitale Kompetenzen verfügen, um damit auch adäquat umgehen zu können. Wenn nicht, sollte das in die digitale Strategie einbezogen und umgesetzt werden.

Dem Unternehmen muss bewusst sein, dass die Technologie allein keine digitale Kompetenz ausmacht. Der Mitarbeiter weiß dann im besten Fall, wo der Knopf zum Teilen eines Inhaltes ist, weiß aber nicht genau, warum er das machen soll und was es ihm für Vorteile bringt. Technologie geht daher immer einher mit einer gewissen Denk- und Verhaltensweise. Wenn der Mitarbeiter verinnerlicht hat, was er warum tun soll, ist die Technologie dahinter schon fast zweitrangig. Selbstverständlich gibt es Systeme, die besser oder schlechter für gewisse Unternehmen und Branchen geeignet sind, doch im Grunde sollte die Technik eine untergeordnete Rolle spielen.

Ebenfalls hat das Thema "Führung und Vorbild" eine essenzielle Bedeutung. Der Manager muss eine digitale Kompetenz seinen Mitarbeitern vorleben. Andernfalls wird es ihnen schwerfallen, sich diese anzueignen. Die meisten Mitarbeiter wollen sich in diesen Dingen dem Vorgesetzten nicht widersetzen, indem sie Daten woanders ablegen, anders kommunizieren und zusammenarbeiten. Unternehmen sollten dementsprechend darauf achten, dass die Manager ebenfalls ausreichend digitale Kompetenzen besitzen, um ein Vorbild für ihre Mitarbeiter zu sein.

Digitale Kompetenzen gehen stark mit Ängsten einher. Unternehmen müssen sich dieser bewusst sein. Ängste können dabei vielfältig sein. Kompetenzverlust durch Teilen von Inhalten, Angst, etwas falsch zu machen/zu sagen, Angst vor Informationstransparenz usw. Während der zweiten Phase (Umsetzung und Befähigung) müssen Unternehmen sich dieser Ängste bewusst werden und wissen, was sie dagegen tun, falls Mitarbeiter diese entwickelt haben oder entwickeln werden.

Ebenfalls ist es wichtig, einen Status quo immer wieder zu hinterfragen:

> Sind die digitalen Kompetenzen, die wir vermittelt haben, noch die richtigen?

> Wie ist der Stand bei unseren Mitarbeitern? Haben sie sich die geforderten digitalen Kompetenzen angeeignet?
> Wenn nicht: Was können wir tun?

Denn nur dann ist sichergestellt, dass das Unternehmen in Bezug auf seine digitalen Kompetenzen stets auf dem neusten Stand und somit wettbewerbsfähig ist.

Fazit

Das Ziel eines jeden Unternehmens sollte es sein, dass seine Mitarbeiter unbewusst digitale Kompetenzen einsetzen, ohne großartig darüber nachdenken zu müssen (unbewusste digitale Kompetenz). Natürlich ist dies immer mit einem gewissen Lernprozess verbunden. Dieser findet sowohl auf Unternehmensebene (diese digitale Kompetenz wird von allen Mitarbeitern verlangt) als auch auf Mitarbeiterebene statt (diese digitale Kompetenz muss ich mir noch aneignen). Ebenso wichtig ist es, die richtigen digitalen Kompetenzen auszuwählen. Denn was bringt es dem Unternehmen, wenn die Mitarbeiter Kompetenzen aufgebaut haben, die im Wettbewerb nicht von Vorteil sind.

Social Intranets dienen hervorragend dazu, dem Mitarbeiter digitale Kompetenzen mittels verschiedener Elemente zu vermitteln (Support-Communitys, Expertennetzwerke etc.). Jedoch hat sich gezeigt, dass eine geführte digitale Kompetenzaneignung essenziell ist. Diese beginnt bei der digitalen Strategie und endet bei der Umsetzung im Social Intranet und/oder in Verbindung mit anderen

Elementen. Größere digitale Kompetenzveränderungen sollten immer durch eine Change-Strategie begleitet werden.

Kurzlink zu diesem Kapitel:
https://seibert.biz/intranetbuchdigitalekompetenz

Literaturempfehlungen

Allen, David (2015) Getting Things Done. The Art of Stress-Free Productivity. Penguin, London

Dobelli, Rolf (2019) Die Kunst des digitalen Lebens: Wie Sie auf News verzichten und die Informationsflut meistern. Piper, München

Gladwell, Malcom (2001) The Tipping Point: How Little Things Can Make a Big Difference. Little, Brown and Company, Boston

Marquet, David L. (2013) Turn the Ship Around! A True Story of Building Leaders by Breaking the Rules. Penguin, London

Nielsen Norman Group: https://www.nngroup.com/topic/intranets/

Nielsen, Jakob (1994) Usability Engineering. Morgan Kaufmann, Burlington

Nielsen, Jakob (1998) Designing Web Usability: The Practice of Simplicity. New Riders, San Francisco

Nielsen, Jakob (2001) Homepage Usability: 50 Websites Deconstructed: Real World Usability Deconstructed (Voices That Matter). New Riders, San Francisco

Oestereich, Bernd und Schröder, Claudia (2017) Das kollegial geführte Unternehmen: Ideen und Praktiken für die agile Organisation von morgen. Franz Vahlen, München

Pfläging, Nils (2014) Organisation für Komplexität. Wie Arbeit wieder lebendig wird und Höchstleistung entsteht. Redline, München

Reinertsen, Donald G. (2009) The Principles of Product Development Flow: Second Generation Lean Product Development. Celeritas Pub

Seibert, Martin, Preuss, Sebastian und Rauer, Matthias (2011) Enterprise Wikis. Die erfolgreiche Einführung und Nutzung von Wikis in Unternehmen. Springer Gabler, Wiesbaden

Vollmer, Lars (2016) Zurück an die Arbeit. Wie aus Business-Theatern wieder echte Unternehmen werden. BoD, Norderstedt

Wohland, Gerhard (2007) Denkwerkzeuge für Höchstleister. Murmann, Hamburg

Kurzlink zu diesem Kapitel:
https://seibert.biz/intranetbuchliteraturempfehlungen

Gendern und Gleichberechtigung

Vermutlich wissen Sie an dieser Stelle des Buches bereits, dass das Unternehmen, in dem ich arbeite, sehr viel Wert auf Partizipation legt und den erwachsenen Umgang mit Menschen pflegt. Und so ist es nachträglich auch nicht mehr verwunderlich für mich, was für einen Aufschrei das Thema Gendern im Rahmen dieses Buches intern erzeugte.

Ich war an der Stelle im Prozess des Schreibens angekommen, an dem sich das Buch schon ziemlich komplett anfühlte und ich mich unweigerlich mit den nächsten Schritten der tatsächlichen Produktion beschäftigen musste. Es ist ein üblicher Prozess, sich bei Sachen, mit denen man sich nicht auskennt, mit Profis zu umgeben, die Erfahrung haben. Herausgekommen ist ein Lektorinnen-Team (ja, alles Frauen), die zusammen wirklich viel Erfahrung mit Texten und der Buchproduktion haben. Die kamen mit gefühlt Hunderten von Fragen auf mich zu, die wir alle nacheinander abarbeiteten.

Und wie gehen wir mit dem Gendern um? Wir haben sieben unterschiedliche Beispiele anhand eines Kapitels durchgespielt. Mit Doppelpunkten, mit Sternen, mit beiden Formen (weiblich und männlich), abwechselnd, neutrale Personenbezeichnungen (-nde) unter Vermeidung von männlichen Wortformen und so weiter. Mir wurde in den Diskussionen klar, dass es für Genden heute keine einheitliche und wirklich etablierte Lösung gibt. Ich erinnerte mich an Warren Buffet: “Wenn Sie unter vielen unterschiedlichen Möglichkeiten mit ähnlicher Qualität wählen müssen, dann wählen

Sie die einfachste." Also folgte ich den Konservativen und beschloss: "Wir nutzen das generische Maskulinum." Sozusagen alles so, wie es schon immer war.

Ein interner Aufschrei der Empörung war die Folge. "Was?! Seid Ihr verrückt geworden?" Wir haben intern einen Firmenwert "Wir gehen nicht den Weg des geringsten Widerstandes. We don't take the easy way out." Und die durchaus berechtigte Kritik war, dass wir es uns hier einfach machen und einfach auf Bewährtes der Vergangenheit setzen. Dabei seien wir doch ein Unternehmen, dass Veränderung voranbringen wolle. Ein Unternehmen, das den Status quo infrage stellt und an sinnvollen Stellen durch eigene Experimente praxisnah aufzeigt, dass es besser geht.

Aus dem Disput bildete sich eine Agile-Org-Gruppe für gendersensiblen Sprachgebrauch. Unsere Lektorin Silja weitete die Beispiele für das Gendern aus, um die Entscheidung voranzubringen. Und wir haben aktuell durchaus Fronten im Unternehmen. Der Großteil steht dem Gendern an sich offen gegenüber und will einfach nur eine klare Richtlinie. Ein Teil findet es sehr wichtig, dass wir die Gleichberechtigung von Frauen und diversen Menschen in der Sprache berücksichtigen. Wieder andere berufen sich darauf, dass das generische Maskulinum gar kein Geschlecht definiere und daher in der Sprache weiter anwendbar sei. Und es gibt welche, die angekündigt haben, sich dem Gendern auf jeden Fall zu verweigern. Ich schreibe das hier, weil das keine unübliche Situation bei uns ist.

Hier ein Dialog aus einem Chat, der die Situation schön illustriert:

Tabea: Hallo an die Lektorinnen ☺ wie handhabt ihr aktuell die Frage zur genderneutralen Sprache? Die Diskussion dazu scheint ja noch nicht abgeschlossen zu sein, ich habe aktuell die neutrale Version mit -nde verwendet, in der hinzugefügten Überschrift wurde allerdings das Binnen-i verwendet. Danke für die Rückmeldung ☺

Martin [In reply to Tabea Gegner]: Diese Seite oder eine damit verknüpfte sollte mal mit einem aktuellen Status versehen werden: (Interner Link) Gilt jetzt erstmal: Jeder macht, was er will?

Stefanie: @mseibert Tabea "Gilt jetzt erstmal: Jeder macht, was er will?" => Ja, so habe ich das verstanden. Ich wüsste von keiner Einigung. Ich meine, es wurde Best Practice genannt.

Stefanie: @Tabea Ich handhabe das so: Ich gendere nicht, es sei denn, es wird explizit gewünscht.

Julia: @Tabea Ich versuche grundsätzlich auf eine gendergerechte Sprache zu achten. Wo möglich, finde ich -nde-Formen eine gute Lösung, ansonsten spricht m. E. auch nichts gegen Doppelnennungen, wenn es nicht in jedem zweiten Satz vorkommt.

Silja: Genau. Ich mache es wie Julia. Es gibt bisher nur den Wunsch nach mehr gendersensibler Sprache. Eine Agile-Org-Gruppe arbeitet daran. Bis dahin gibt es keine Regeln. Bzw. es hieß dort: momentan wie gehabt. Aber wenn ich selber schreibe, versuche ich möglichst gendersensibel zu formulieren, ohne auffällige Typo wie Binnen-I oder gar Sternchen. Damit sich die Texte nicht zu sehr unterscheiden.

Tipps für neutrale Begriffe auf www.geschickt-gendern.de Wenn du Vorschläge hast: es gibt dazu im Extranet eine eigene Seite dazu plus die agile Gruppe.

Martin: Unsere Infothek wird aktuell großflächig von irgendwem mit Doppelpunkten versehen. Das kommt aus dem Personal.

Silja: Ich glaub, ich muss mal wieder was in der Gruppe schreiben. Erst war da viel Aktivität drin, dann versiegte das Interesse. Die konkrete Umsetzung ist ja auch nicht so einfach. Und bis dahin ist natürlich Chaos.

Stefanie: @Silja Da möchte ich ergänzen, auch aus der Erfahrung aus der Agile-Org-Gruppe: Es gibt in Teilen den Wunsch nach Gendern, in anderen Teilen gibt es den überhaupt nicht (bis hin zur ausgesprochenen Gegnerschaft), und dazu zähle z.B. ich. Es hieß in der Gruppe, man wüsste überhaupt nicht, wie sich das innerhalb aller 180 Mitarbeiter verteilt.

Silja: Ja. Genau. Einige sind heiß drauf, andere nicht. Den meisten ist es wohl egal. Aber eine Toolbox wird schon noch rumkommen!

Stefanie: Eine der Befürworterinnen des Genderns sagte, sie habe böse Kommentare erhalten. Also böse im Sinne von: Es ist mir egal, wa ihr da entscheidet, ich mache das so, wie ich will.

Tabea: Hoppla, da hab ich ja eine Diskussion losgetreten danke trotzdem für die Infos! Ich versuche dann mal vorsichtig, das umzusetzen.

Ich habe länger darüber nachgedacht, ob unsere interne Gender-Diskussion in dieses Buch passt. Und zuerst hatte ich mich sogar dagegen entschieden. Nachdem mich dann aber zwei Männer unter unseren Kunden und frühen Lesern darauf ansprachen, dass im Buch ja gar keine Frauen, sondern nur Männer vorkämen, habe ich mich umentschieden. Im Buch nutzen wir jetzt trotzdem wieder das generische Maskulinum. Auch deshalb, weil meine Variante vorher über 400 Seiten hinweg wie Kraut und Rüben wirkte. Aber ich habe das nicht leichtfertig oder in Unwissenheit entschieden.

Auf meinem Notebook klebt aus Gründen, die ich nur bei einer persönlichen Kontaktaufnahme erkläre, ein Aufkleber mit dem Satz "The future is female". Vielleicht sollte das nächste Buch also komplett im Femininum geschrieben werden. Oder die Agile-Org-Gruppe hat bis dahin doch noch eine Lösung entwickelt, die ich dann einfach benutze.

Danksagung

Zuallererst will ich unseren Mitarbeitern danken, die es mir ermöglichen, die Zeit für solche Bücher zu finden. Es ist wunderbar, wenn man die tägliche Arbeit so dokumentieren kann, dass es zumindest theoretisch für andere möglich ist, das aufzunehmen und ggf. auch zu verwerfen. Als ich vor knapp 24 Jahren als 17-Jähriger begonnen habe, durch die Innenstadt zu tingeln, war es nur möglich, über ein persönliches Gespräch zu erfahren, was wir so machen und denken. Das ist sehr lange auch so geblieben, obwohl wir natürlich Websites hatten. Aber in dieser Tiefe ist das heute nur möglich, weil wir so viele eigenständige Teams haben, die richtig gute Sachen für unsere Kunden machen und entsprechend erfolgreich agieren. Dann kann ich mich mehr auf das Teilen unseres Wissens konzentrieren.

Wenn ich fünfmal “Warum” frage, um zur eigentlichen Ursache zu kommen, dann sind vermutlich meine früheren Rückenschmerzen schuld, dass ich dieses Buch geschrieben habe. Denn irgendwann habe ich mir eine tägliche Routine angewöhnt, um Gymnastik und Kraftübungen dagegen zu machen. Heute sind die Rückenschmerzen übrigens weg und ich habe Dank Atomic Habits (Kurzlink: https://seibert.biz/atomichabits) und The Power of Habit (Kurzlink: https://seibert.biz/powerofhabit) inzwischen eine richtige Obsession mit täglichen Routinen entwickelt. Und dazu gehört eben auch das Schreiben. Ohne die Rückenschmerzen wäre das nie entstanden.

An Personen will ich besonders Matthias Rauer danken, der bei uns das Thema Text schon immer betreut hat und mich auch bei diesem Buch unterstützt hat. Das gilt auch für die Lektorin Silja von Rauchhaupt, die schon früh begonnen hat, mir mit dem Manuskript zu helfen. Ohne meine Kolleginnen und Kollegen aus der Beratung wäre es für mich gar nicht möglich, die aktuellen Kundensituationen zu verstehen und darüber hier zu schreiben. Da lobe ich mir die Transparenz in unserem Unternehmen, die es mir erlaubt, viel mitzubekommen, ohne überall mit drin zu hängen. Und ich danke allen Beteiligten für die Bereitschaft, ihre Erkenntnisse intern so offen zu teilen.

Da meine Routine-Obsession auch vor dem Familienleben nicht vollständig halt macht, möchte ich mich auch bei meiner Frau und meinen Kids bedanken, dass ich an dem einen oder anderen Familientag 10 Minuten für dieses Buch abzwacken durfte.

Und Ihnen danke ich für Ihre Aufmerksamkeit und Ihr Interesse. Wenn es das nicht gäbe, bräuchte ich auch allen anderen nicht zu danken. Klopfen Sie sich doch selbst mal auf die Schulter. Und ich hoffe sehr, dass sich die Lektüre lohnt und Sie etwas mitnehmen können. Mir selbst ist unklar, ob die theoretische Erkenntnis über die richtige Richtung oder die direkt umsetzbare Aktion wichtiger ist. Ich wünsche Ihnen von beidem reichlich.